Av. Centenário, 1080
13416-000. Piracicaba, SP, Brasil

Fone : 19-3417-6609
Fax:19-3422-2755

livros@fealq.org.br
fealq.org.br

Dados Internacionais de Catalogação na Publicação
DIVISÃO DE BIBLIOTECA - ESALQ/USP

Floresta com Araucária: Composição Florística e Biota do solo / edição de Elke Jurandy Bran Nogueira Cardoso e Rafael L. F. Vasconcellos. Piracicaba: FEALQ,2015.

269 p. : il.

Bibliografia

1. Araucária 2. Floresta 3. Composição florística 4. Biota do solo I. Cardoso, E. J. B. N. ed., II. Vasconcellos, R. L. de F. ed., III. Título

CDD 634.9751
C268f

ISBN 978-85-7133-078-8

FLORESTA COM ARAUCÁRIA:
COMPOSIÇÃO FLORÍSTICA E BIOTA DO SOLO

FLORESTA COM ARAUCÁRIA:
COMPOSIÇÃO FLORÍSTICA E BIOTA DO SOLO

Editores

Elke Jurandy Bran Nogueira Cardoso
Rafael L. F. Vasconcellos

Autores

Camila Maistro Patreze - *cpatreze@hotmail.com*
Doutora em Biologia Celular e Molecular (USP)
Departamento de Botânica, Instituto de Biociências, UNIRIO,
Rio de Janeiro, RJ.
Especialidade: Botânica aplicada, Genética de populações e Biodiversidade

Carolina Riviera Duarte Maluche Baretta - *carolmaluche@bol.com.br*
Doutora em Agronomia - Solos e Nutrição de Plantas (ESALQ/USP)
Universidade Comunitária da Região de Chapecó, UNOCHAPECÓ,
Chapecó, SC.
Especialidade: Diversidade microbiana no Solo

Carlos Marcelo Ribeiro - *biocarlao@yahoo.com.br*
Mestrado em Microbiologia Agrícola (ESALQ/USP)
Amyris Brasil S.A.
Especialidade: Estudos Ambientais

Daniel Bini - *dani.bini@yahoo.com.br*
Doutor em Solos e Nutrição de Plantas (ESALQ/USP)
Departamento de Ciência Biológicas, UNICENTRO, Guarapuava, PR.
Especialidade: Microbiologia do Solo, Sustentabilidade Ecológica

Daniel Lammel - *drlammel@gmail.com*
Doutor em Ciências (CENA/USP)
Departamento de Bioquímica e Biologia Molecular, UFPR, Curitiba, PR (Pós-doutorado).
Especialidade: Microbiologia do Solo e técnicas moleculares

Dilmar Baretta - *dilmar.baretta@udesc.br*
Doutor em Solos e Nutrição de Plantas (ESALQ/USP)
Departamento de Zootecnia, Centro de Educação Superior do Oeste, UDESC, Chapecó, SC.
Especialidade: Biologia do Solo, Fauna do Solo, Indicadores de Qualidade do Solo e Análise Multivariada

Elke J.B.N. Cardoso - *ejbncard@usp.br*
Coordenadora do Projeto Biota /FAPESP (Processo 2001/05146-6)
Departamento de Ciência do Solo, ESALQ/USP, Piracicaba, SP
Especialidade: Microbiologia e Bioquímica do Solo

Jamil de Morais Pereira - *labradobrasil@yahoo.com.br*
Doutor em Microbiologia Agrícola (ESALQ/USP)
Instituto Federal de Educação, Ciência e Tecnologia do Sul de Minas Gerais - Campus Inconfidentes
Especialidade: Fauna do solo e Fungos Micorrízicos

Joice Andrade Bonfim - *joice.agro@yahoo.com.br*
Doutoranda em Solos e Nutrição de Plantas (ESALQ/USP)
Especialidade: Micorrizas arbusculares e endófitos de micélio escuro em Floresta de Araucária

Júlia Elidia de Lima Perim - *julia.limaa@gmail.com*
Doutoranda em Microbiologia Agrícola (ESALQ/USP)
Especialidade: Ecologia microbiana

Kikyo Yamamoto - *kikyo_yamamoto@yahoo.com.br*
Doutora em Biologia Vegetal (UNICAMP)
Departamento de Biologia Vegetal, Instituto de Biologia, UNICAMP, Campinas, SP.
Especialidade: Botânica e Análises Fitogeográficas

Marina Horta Miyauchi - *marina.horta@yahoo.com.br*
Doutora em Microbiologia Agrícola (ESALQ/USP)
Especialidade: Microbiologia, Bactérias Promotoras do Crescimento de Plantas, Controle Biológico

Marta Camargo de Assis - *marta.assis@embrapa.br*
Doutorado em Ciências Biológicas - Botânica (USP).
EMBRAPA Meio Ambiente, Jaguariúna, SP
Especialidade: Taxonomia de Fanerógamas

Milene Moreira - *milenemor@gmail.com*
Doutora em Agronomia (ESALQ/USP)
IAC. Estação Experimental de Cana de Açúcar, Piracicaba, SP
Especialidade: Fungos Micorrízicos Arbusculares

Natália Macedo Ivanauskas - *natalia@if.sp.gov.br*
Doutora em Biologia Vegetal (UNICAMP)
Seção de Ecologia Florestal, Instituto Florestal, São Paulo, SP
Especialidade: Fitogeografia

Priscila Trigo - *priscilatm@gmail.com*
Mestre em Solos e Nutrição de Plantas (ESALQ/USP)
Instrutora do SENAR, PR
Especialidade: Fauna do Solo

Rafael Borges da Silva Valadares - *rafaelbsvaladares@gmail.com*
Doutor em Agronomia - Solos e Nutrição de Plantas (ESALQ/USP)

Centro de Energia Nuclear na Agricultura, USP, Piracicaba, SP. Pós-Doutorado.
Especialidade: Fungos Micorrízicos de Orquídeas

Rafael L. de F. Vasconcellos - *rlfvasc@usp.br*
Doutor em Solos e Nutrição de Plantas (ESALQ/USP)
EMBRAPA Meio Ambiente, Jaguariúna, SP (Pós-doutorado)
Especialidade: Microbiologia e Ecologia do Solo

Rafaela Neroni - *faelaneroni@yahoo.com.br*
Mestre em Solos e Nutrição de Plantas (ESALQ/USP)
Especialidade: Bactérias Fixadoras de Nitrogênio

Rochelle Lima Ramos dos Santos - *solechel@yahoo.com.br*
Bióloga
Especialidade: Ecologia Vegetal

Rodrigo Trassi Polisel - *nest_usp@yahoo.com.br*
Doutorando em Biologia Vegetal (UNICAMP)
Departamento de Biologia Vegetal, Instituto de Biologia, UNICAMP, Campinas, SP.
Especialidade: Fitossociologia e Fitogeografia

Rose Pereira Muniz de Souza - *rpmsouza@yahoo.com.br*
Mestre em Recursos Florestais (ESALQ/USP)
Especialidade: Fitossociologia e Fitogeografia

Sebastião Venâncio Martins - *venancio@ufv.br*
Doutor em Biologia Vegetal (UNICAMP)
Departamento de Engenharia Florestal, UFV, Viçosa, MG
Especialidade: Ecologia e Restauração Florestal

Simone Cristina Braga Bertini - *scbraga@hotmail.com*
Doutora em Microbiologia Agrícola (ESALQ/USP)
Instituto de Biologia, Universidade Federal de Uberlândia, Uberlândia, MG
Especialidade: Microbiologia e Ecologia do solo

Siu Mui Tsai - *tsai@cena.usp.br*
Doutora em Agronomia - Solos e Nutrição de Plantas (ESALQ/USP)
Centro de Energia Nuclear na Agricultura, USP, Piracicaba, SP
Especialidade: Microbiologia e Ecologia Microbiana Molecular

Tiago Maciel Ribeiro - *tiagomribeiro84@hotmail.com*
Mestre em Ciência Florestal (UFV)
Instituto Estadual do Ambiente, Rio de Janeiro, RJ
Especialidade: Conservação da natureza, Fitossociologia e Restauração Florestal.

Vinícius de Castro Souza - *vcsouza@usp.br*
Doutor em Ciências Biológicas – Botânica (USP)
Departamento de Ciências Biológicas, ESALQ/USP, Piracicaba, SP
Especialidade: Taxonomia de Fanerógamas

AGRADECIMENTOS

Os editores deste livro gostariam de expressar os seus sinceros agradecimentos a todos os autores e colaboradores que, com esta obra, disponibilizaram informações detalhadas sobre a Floresta Ombrófila Mista e, em especial, sobre as majestosas Araucárias. Dentre os temas abordados, destacamos a interdependência entre as plantas, a ecofisiologia, o microbioma e a macrofauna associada às raízes das árvores.

Esses resultados foram alcançados com a participação de alunos de graduação e pós-graduação. A maior parte desenvolveu seus projetos vinculados ao projeto temático coordenado pela Profa. Dra. Elke J.B.N. Cardoso, no âmbito do Programa Biota/FAPESP (Processo 01/05146-6), e com a complementação do auxílio à pesquisa concedido à Pesquisadora Dra. Natália Macedo Ivanauskas pelo CNPq (Processo 479084/2007). Assim, os capítulos referentes ao microbioma da floresta ficaram sob responsabilidade da primeira e a parte dedicada à composição e estrutura da vegetação foi supervisionada pela segunda.

Não poderíamos deixar de mencionar o esforço de outros colegas, professores e pesquisadores da USP e de outras Instituições, os quais se dispuseram a assumir a orientação de alguns pós-graduandos interessados em assuntos específicos dentro do escopo desse livro. Nesse contexto, também agradecemos aos orientadores desses alunos nos Programas de Pós-graduação da Escola Superior de Agricultura "Luiz de Queiroz", do Centro de Energia Nuclear para a Agricultura, da Universidade Estadual de Campinas e da Universidade Federal de Viçosa.

Queremos também expressar os nossos agradecimentos à chefia e aos colegas do Departamento de Ciência do Solo da ESALQ/USP, que nos apoiaram durante os longos anos de pesquisa nesse tema, especialmente com referência aos Programas de Pós-graduação em Solos e Nutrição de Plantas e de Microbiologia Agrícola, que acolheram a maioria dos doutorandos e mestrandos entre os co-autores. Obrigado também ao Prof. Dr. Ricardo R. Rodrigues que convidou a Dra. Natalia Ivanauskas como colaboradora na orientação de pós-graduandos na área florestal.

Também agradecemos aos funcionários do Instituto Florestal e da Fundação Florestal, pelo apoio em campo nas seguintes unidades de conservação de proteção integral: Parque Estadual de Campos do Jordão, Parque Estadual do Alto Ribeira, Estação Ecológica de Bananal, Estação Ecológica de Itaberá e Estação Ecológica de Itapeva. Estendemos o agradecimento à Pedrina Demetrio Conceição, proprietária do fragmento avaliado em Barra do Chapéu e aos técnicos do Laboratório de Microbiologia do Solo do LSO/ESALQ que apoiaram e auxiliaram a maioria das pesquisas, o nosso muito obrigado.

E, finalmente, realçamos a importância do apoio parcial da Fundação Agrisus para a publicação desse livro e somos gratos pela confiança em nós depositada. O mesmo deve ser dito a respeito da Fundação de Estudos Agrários "Luiz de Queiróz" que se dispôs a fazer a editoração e impressão.

Os Editores

Sumário

Capítulo 8 - Componentes da microbiota do solo como indicadores de qualidade do solo em Florestas com Araucária (Biodiversidade) e genética funcional da microbiota do solo

Capítulo 9 - Rizobactérias promotoras do crescimento de plantas (RPCP) em *Araucária*

Capítulo 10 - Interações ecológicas

1

Introdução Geral

Rafael L. de F. Vasconcellos & Elke J.B.N. Cardoso

A *Araucaria angustifolia* Bert. (O.) Kuntze, conhecida como pinheiro-do-Paraná, é a única representante da família Araucariaceae no Brasil (Dutra & Stranz 2009). As florestas com araucária são também chamadas de Floresta Ombrófila Mista e fazem parte do Domínio Mata Atlântica (Figura 1.1). Essas florestas já ocuparam uma área de 180.000 km^2 distribuídas entre os estados do Rio Grande do Sul (25% da superfície), Santa Catarina (31%) e Paraná (40 %), principalmente entre 1.000 e 700 metros de altitude, e nos estados de São Paulo, Minas Gerais e Rio de Janeiro entre 1.400 a 2.000 metros (4%) (Machado & Siqueira 1980; Carvalho, 1994; Parodi, 2000 apud Dutra & Stranz, 2009). Atualmente, devido ao processo de exploração, a floresta com araucária foi reduzida a uma área de aproximadamente 6.000 km^2 formando fragmentos florestais (Bauermann & Behling 2009). Desse modo, a *A. angustifolia* é considerada criticamente ameaçada pela lista vermelha da IUCN (International Union of Conservation of Nature) (Farjon, 2006).

A espécie possui elevada importância social, econômica e ambiental. Estudos antropológicos mostram a importância das florestas de araucária para a subsistência de tribos indígenas principalmente no que diz respeito à utilização do pinhão (semente de araucária) como alimento (Schmitz, 2009), o qual, ainda hoje, é uma iguaria utilizada na culinária típica (Mattos, 1994). A fauna silvestre, além de se beneficiar das sementes fornecidas pela araucária, contribui para a dispersão da espécie. A gralha-azul (*Cyanocorax caeruleus*), a gralha-picaça (*Cyanocorax chrysops*), a tiriba-de-testa-vermelha (*Pyrrhura frontalis*), o papagaio-de-peito-roxo (*Amazona vinacea*) e roedores são alguns exemplos de animais que utilizam os pinhões como recurso alimentar (Mattos,

1994; Anjos, 2009; Christoff et al., 2009). A madeira pode ser utilizada em construção civil e para a produção de papel de boa qualidade (Carvalho, 1994). As árvores também são utilizadas como ornamentações residenciais e a resina retirada da casca pode ser empregada na produção de vernizes e solventes com ampla aplicação industrial (EMBRAPA, 2003).

A araucária possui preferência por solos férteis, bem drenados e com alta umidade (Carvalho, 1994; Silva et al., 2001) existindo uma sensível relação entre densidade basal do solo e comprimento e espessura da raiz (Dillenburg et al., 2009). Essa espécie ainda possui estreita relação com a microbiota e com a fauna edáfica. Trabalhos recentes comprovam a presença de rizobactérias promotoras de crescimento de plantas como *Streptomyces* sp., *Bacillus* sp., Enterobacteriaceae e Pseudomonadaceae com grande potencial biotecnológico (Vasconcellos & Cardoso, 2009, Ribeiro & Cardoso, 2011). Bactérias fixadoras de nitrogênio pertencentes a diferentes grupos fenotípicos como *Pseudomonas, Xanthomonas, Burkholderia, Ralstonia, Hebaspirillum* foram encontrados nos solos das florestas com araucária nativa, em regeneração e replantada, utilizando-se de plantas iscas como caupi, amendoim, soja, bracatinga, maricá e angico (Lammel, 2007). Neroni (2007) identificou 73 isolados potenciais diazotróficos de raízes e solos rizosféricos de *A. angustifolia* apresentando espécies do gênero *Burkholderia, Pseudomonas, Brucella e Novosphingobium* com maior atividade da nitrogenase. Grande diversidade de fungos micorrízicos arbusculares também foi encontrada nas florestas com araucária e fazendo simbiose com *A. angustifolia* (Moreira-Souza & Cardoso, 2002; Moreira et al., 2007). Fungos micorrízicos orquidóides, como *Ceratorhiza e Rhizoctonia-uninucleada*, também foram encontrados em simbiose com *Coppensia doniana* (sin. *Oncidium donianum*), espécie de orquídea amplamente distribuída em campos de altitude do Parque Estadual de Campos do Jordão (Valadares et al., 2012).

A floresta com araucária apresenta grande sensibilidade à perda de diversidade de micro-organismos, o que pode levar à redução da resiliência e da atividade de grupos funcionais importantes. Maior diversidade de bactérias foi encontrada em área nativa em relação ao reflorestamento com queima e reflorestada sem queima (Maluche-Baretta, 2007). Os filos mais frequentes nas três áreas foram *Proteobacteria* e *Actinobacteria*. Os diferentes tipos de floresta com araucária não se diferenciaram quanto ao perfil de ácidos graxos, o qual determina os principais grupos microbianos no ecossistema

(Maluche-Baretta, 2007; Bertini, 2010). Isso indica que existe um perfil próprio para a floresta com araucária (Bertini, 2010). De acordo com os estudos de indicadores biológicos de qualidade ambiental, a área nativa apresenta maiores valores de biomassa microbiana, de atividade respiratória e relação carbono da biomassa microbiana e carbono orgânico total e menores valores de qCO_2 (quociente metabólico) em relação às florestas mais degradadas, indicando melhor qualidade ambiental (Maluche-Baretta, 2007). A atividade microbiana determinada por atividade enzimática parece ser mais influenciada por variáveis físicas e químicas do solo que pelas áreas ou época de coleta (Bertini, 2010). Elevada diversidade da macrofauna e da mesofauna edáfica também tem sido encontrada nas florestas com araucária. A fauna é fundamental para o ecossistema, promovendo a decomposição e a fragmentação da matéria orgânica, a regulação das populações de micro-organismos, e a melhoria das condições físicas do solo como agregação e aumento da aeração e da permeabilidade (Baretta, 2007). Maior diversidade de fauna foi encontrada em áreas nativas quando comparadas com áreas reflorestadas com incidência de queima, sendo grupos como Collembola, Diplopoda, Chilopoda, Isoptera, Araneae, Oligochaeta importantes indicadores de qualidade do solo (Baretta, 2007). Apesar da importância da macrofauna, Azevedo (2010), ao estudar o efeito da interação entre minhoca (*Amynthas corticis*), fungo micorrízico arbuscular (*Gigaspora rosea*) e bactéria diazotrófica em vasos, encontrou redução do desenvolvimento das mudas na presença das minhocas, mesmo quando as plantas eram também inoculadas com FMA e bactéria diazotrófica. A presença de fungo micorrízico, no entanto, propiciou melhor desenvolvimento das mudas de araucária e nenhum efeito das minhocas sobre a colonização radicular foi encontrado.

Em relação à preservação da espécie, o estudo da diversidade genética da *A. angustifolia* em Campos do Jordão – SP mostrou alta diversidade gênica e elevada taxa de cruzamento com baixo compartilhamento de alelos em distâncias acima de 25 metros (Patreze, 2008). Ainda, de acordo com Patreze (2008), para a conservação *ex situ* da espécie, seriam necessárias coletas em cerca de 30 árvores maternas para garantir a variabilidade genética da população efetiva em 100 indivíduos. A preservação da *A. angustifolia* é fundamental para garantir a preservação do ecossistema e toda a sua diversidade.

Esse livro tem como objetivo apresentar resultados de pesquisa multidisciplinar em florestas com araucária desenvolvida a partir do projeto

BIOTA FAPESP e divulgar importantes avanços do conhecimento sobre esse ecossistema tão importante para a sociedade e para o meio ambiente. Destina-se não só a pesquisadores, mas também a todas as pessoas interessadas no melhor conhecimento de nossas florestas e na sua preservação.

Figura 1.1 - Visão geral de uma floresta com araucária localizada em Campos do Jordão, São Paulo, de uma pinha contendo pinhões e de um exemplar da espécie. (Ribeiro, C.M.)

Referências Bibliográficas

Anjos, L. dos. 2009. Aves da Floresta com Araucária. p. 163-169. In: Fonseca, C.R.; Souza, A.F.; Leal-Zanchet A.M.; Dutra, T.L.; Backes, A.; Ganade, G., eds. Floresta com Araucária: Ecologia, Conservação e Desenvolvimento Sustentável. Holos, Editora, Ribeirão Preto.

Azevedo, P.T.M. 2010. Minhocas, fungos micorrízicos arbusculares e bactérias diaztróficas em mudas de *Araucaria angustifolia*. 76 p. Dissertação (Mestrado em Ciências, Área de Concentração: Solos e Nutrição de Plantas) – Escola Superior de Agricultura "Luiz de Queiroz", Universidade de São Paulo, Piracicaba, 2010.

Baretta, D. 2007. Fauna do Solo e outros atributos edáficos como indicadores de qualidade ambiental em áreas com *Araucaria angustifolia* no Estado de São Paulo. 158 p. Tese (Doutorado em Solos e Nutrição de Plantas) – Escola Superior de Agricultura "Luiz de Queiroz", Universidade de São Paulo, Piracicaba, 2007.

Bauermann, S.G; Behling, H. 2009. Dinâmica paleovegetacional da Floresta com Araucária a partir do final do Pleistoceno: o que mostra a palinologia. p. 35-38. In: Fonseca, C.R.; Souza, A.F.; Leal-Zanchet A.M.; Dutra, T.L.; Backes, A.; Ganade, G., eds. Floresta com Araucária: Ecologia, Conservação e Desenvolvimento Sustentável. Holos, Editora, Ribeirão Preto.

Bertini, S.C.B. 2010. Indicadores microbiológicos de qualidade do solo em Florestas de Araucária no Estado de São Paulo. 108 p. Tese (Doutorado em Ciências, Área de Concentração: Microbiologia Agrícola) – Escola Superior de Agricultura "Luiz de Queiroz", Universidade de São Paulo, Piracicaba, 2010.

Carvalho, P.E.R. Espécies florestais brasileiras: recomendações silviculturais, potencialidades e uso da madeira. Colombo, Paraná, Brasil. EMBRAPA, 1994. 639 p.

Christoff, A.U.; Lima, J.; Jung, D.M.H. 2009. Mamíferos não-voadores da Floresta com Araucária e áreas adjacentes no Rio Grande do Sul: ênfase em roedores e suas adaptações ao hábitat. In: Fonseca, C.R.; Souza, A.F.; Leal-Zanchet A.M.; Dutra, T.L.; Backes, A.; Ganade, G., eds. Floresta com Araucária: Ecologia, Conservação e Desenvolvimento Sustentável. Holos,

Editora, Ribeirão Preto.

Dillenburg, L.; Franco, A.M.S.; Coutinho, A.L.; Korndörfer, C.L.; Clebsh, C.C.; Duarte, L.S.; Ferla, L.; Rosa, L.M.G.; Silva, L.G.R.; Garbin, M.L.; Mósena, M.; Zandavalli, R.B.; Yamasaki, S. 2009. Aspectos ecofisiológicos da regeneração de *Araucaria angustifolia*. *In:* Fonseca, C.R.; Souza, A.F.; Leal-Zanchet A.M.; Dutra, T.L.; Backes, A.; Ganade, G., eds. Floresta com Araucária: Ecologia, Conservação e Desenvolvimento Sustentável. Holos, Editora, Ribeirão Preto.

Dutra, T.L.; Stranz, A. 2009. Biogeografia, evolução e ecologia da família Araucariaceae: o que mostra a Paleontologia. p. 15-34. In: Fonseca, C.R.; Souza, A.F.; Leal-Zanchet A.M.; Dutra, T.L.; Backes, A.; Ganade, G., eds. Floresta com Araucária: Ecologia, Conservação e Desenvolvimento Sustentável. Holos, Editora, Ribeirão Preto.

EMBRAPA. Cultivo do pinheiro do Paraná. 2003. Disponível em: http://sistemasdeproducao.cnptia.embrapa.br/FontesHTML/Araucaria/CultivodaAraucaria/ Acesso em 29 de outubro de 2011

Farjon, A. *Araucaria angustifolia*. In: IUCN 2009. 2006 IUCN Red List of Threatened Species. Disponível em: http://www.iucnredlist.org/search.details.php/32975/all Acesso em 25 de setembro de 2011.

Lammel, D.R. 2007. Diversidade de rizóbios em florestas de *Araucaria angustifolia* no Estado de São Paulo. 117 p. Dissertação (Mestrado em Solos e Nutrição de Plantas) – Escola Superior de Agricultura "Luiz de Queiroz", Universidade de São Paulo, Piracicaba, 2007.

Machado, S.A.; Siqueira, J.D.P. 1980. Distribuição natural da *Araucaria angustifolia* (Bert) O. Ktze. In: IUFRO Meeting on Forestry Problems Genus Araucaria, 1., 1979, Curitiba. Forestry problems of genus Araucaria. Curitiba: FUPEF, p 4-9.

Maluche-Baretta, C.R. 2007. Diversidade microbiana em solos sob florestas de *Araucaria angustifolia*. 184 p. Tese (Doutorado em Solos e Nutrição de Plantas) – Escola Superior de Agricultura "Luiz de Queiroz", Universidade de São Paulo, Piracicaba, 2007.

Mattos, J.R. 1994. O pinheiro brasileiro. 2 ed. Artes Gráficas Princesa, SC, Brasil.

Moreira, M.; Baretta, D.; Tsai, S.M.; Gomes da Costa, S.M.; Cardoso, E.J.B.N. 2007. Biodiversity and distribution of arbuscular mycorrhizal fungi in Araucaria Forest. Scientia Agricola 64: 393-399.

Moreira-Souza, M.; Cardoso, E.J.B.N. 2002. Dependência micorrízica de *Araucaria angustifolia* (Bert) O. Ktze. sob doses de fósforo. Revista Brasileira de Ciência do Solo, 26: 905-912.

Neroni, R.F. 2007. Diversidade de bactérias diazotróficas associadas à *Araucaria angustifolia* no Estado de São Paulo. 60 p. Dissertação (Mestrado em Solos e Nutrição de Plantas) – Escola Superior de Agricultura "Luiz de Queiroz", Universidade de São Paulo, Piracicaba, 2007.

Patreze, C.M. 2008. Análise molecular da diversidade genética em uma população natural de *Araucaria angustifolia* (Bertol.) Kuntze no Estado de São Paulo. 127 p. Tese (Doutorado em Ciências) – Centro de Energia Nuclear na Agricultura, Universidade de São Paulo, Piracicaba,2008.

Ribeiro, C. M.; Cardoso, E.J.B.N. 2011. Isolation, selection and characterization of root- associated growth promoting bacteria in Brazil Pine (*Araucaria angustifolia*). Microbiological Research, 167:69-78.

Schmitz, P.I. 2009. Povos indígenas associados à Floresta com Araucária. p. 45-54. In: Fonseca, C.R.; Souza, A.F.; Leal-Zanchet A.M.; Dutra, T.L.; Backes, A.; Ganade, G., eds. Floresta com Araucária: Ecologia, Conservação e Desenvolvimento Sustentável. Holos, Editora, Ribeirão Preto.

Silva, H.D.da; Bellote, A.F.J. Ferreira, C.A.; Bognola, I.A. 2001. Recomendação de solos para *Araucaria angustifolia* com base nas suas propriedades físicas e químicas. Boletim de Pesquisa Florestal 43: 61-74.

Valadares, R.B.S.; Pereira, M.C.; Otero, J.T.; Cardoso, E.J.B.N. 2012. Narrow Fungal Mycorrhizal Diversity in a Population of the Orchid *Coppensia doniana*. Biotropica 44:114-122.

Vasconcellos, R.L.F.; Cardoso, E.J.B.N. 2009. Rhizospheric streptomycetes as potencial biocontrol agents of Fusarium and Armillaria pine rot and as PGPR for *Pinus taeda*. BioControl 54: 807-816.

2

Impactos do fogo na restauração florestal com *Araucaria angustifolia* (Bertol.) O. Kuntze: um estudo de caso no Parque Estadual de Campos do Jordão, SP, Brasil

Tiago Maciel Ribeiro; Sebastião Venâncio Martins; Rodrigo Trassi Polisel; Rochelle Lima Ramos dos Santos & Natália Macedo Ivanauskas.

2.1 Introdução

A Floresta Ombrófila Mista encontra-se entre os 25 ecossistemas mais ricos e ameaçados do planeta. Com a drástica redução em sua área de distribuição, estima-se que os remanescentes ocupem no Brasil uma área equivalente a cerca de 4% da cobertura original, tornando a conservação dessa formação florestal bastante crítica e incluindo *Araucaria angustifolia* (Bertol.) O. Kuntze nas categorias "criticamente ameaçada" e "vulnerável" à extinção, segundo critérios da IUCN (2001) e da Secretaria de Meio Ambiente do estado de São Paulo (São Paulo, 2004), respectivamente. Já segundo IBAMA (1993) a espécie é classificada em perigo na lista nacional.

Desta forma, iniciativas que visem à conservação e restauração destes ecossistemas, conectando remanescentes isolados na paisagem através da restauração florestal em áreas degradadas, Áreas de Preservação Permanente e Reservas Legais são fundamentais para a conservação não apenas da *Araucaria angustifolia* como de toda a biodiversidade a ela associada, com destaque para espécies como *Podocarpus lambertti* Klotz. ex. Endl., também rara e ameaçada (Caiafa et al., 2009).

No entanto, o conhecimento acerca da estrutura, composição e dinâmica das florestas com araucária ainda é incipiente, sobretudo dos remanescentes paulistas. Sendo assim, ações de restauração voltadas a esta formação florestal são limitadas pela escassez de informações sobre os ecossistemas de referência; informações estas que abordem não só a composição e estrutura destas comunidades em diferentes estádios seriais, mas também os efeitos de distúrbios frequentes na dinâmica da fitocenose, como o fogo.

2.2 O fogo e seus impactos nas comunidades vegetais

O fogo possui interações complexas com o crescimento, a sobrevivência e a reprodução das plantas, estimulando em algumas espécies a rebrota a partir de cepas e raízes gemíferas, o florescimento, a liberação e germinação de sementes e, conseqüentemente, o adensamento do banco de plântulas. Contudo, dependendo da intensidade e frequência de ocorrência, o fogo pode provocar desde leves alterações na composição florística e estrutura dos ecossistemas até a sua total destruição. Já o padrão de crescimento (monopodial) minimiza a perda de biomassa aérea durante ou dias após a queima (Heringer & Jacques, 2001). A evolução das espécies em ecossistemas submetidos a este distúrbio com certa freqüência criou, em algumas delas, uma dependência do fogo para se reproduzir. Em alguns casos, esta relação é tão estreita, íntima, que a supressão do fogo na comunidade pode causar extinções locais e perda de biodiversidade (Bond & Wilgen, 1996). Pillar (2003) considera *Araucaria angustifolia* uma espécie dependente do fogo, apontando os incêndios como um fator importante na sua regeneração e colonização.

Os incêndios alteram drasticamente o padrão da sucessão secundária, tornando-a mais complexa e prolongada (Uhl et al., 1981; Uhl & Buchbacher, 1985). Bond & Wilgen (1996), citados por Grant & Loneragan (2001), sugerem que em várias comunidades propensas ou predispostas ao fogo, a sucessão não progride no sentido de uma comunidade estável, em equilíbrio dinâmico (clímax). Esta é constantemente interrompida pelas queimas frequentes, favorecendo a dominância de espécies iniciais da sucessão como a *Araucaria angustifolia* na Floresta Ombrófila Mista. Obviamente, em condições mais severas de regime de fogo, alteradas por interferência antrópica ou por mudanças climáticas, as espécies lenhosas como um todo podem ter sua sustentabilidade comprometida, favorecendo as espécies herbáceas de ciclo curto tanto autóctones quanto alóctones, caso o intervalo entre dois incêndios consecutivos permita a dispersão das espécies desta forma de vida. Mesmo aquelas espécies lenhosas com habilidade em rebrotar, quando sob regime de queimas muito freqüentes e intensas, podem perder sua capacidade de reprodução assexuada, devido à redução de suas reservas energéticas, bem como ao aumento da pressão de herbívoros (Pinto, 1999). Neste cenário, a Floresta Ombrófila Mista tende a ser ocupada pelos campos naturais do entorno, ou numa situação ainda pior, ser invadida por gramíneas oportunistas, tais como *Brachiaria* spp., dispersas por eventuais pastagens implantadas na região, tornando a fitofisionomia mais aberta, mais campestre.

Entre as adaptações evolutivas das plantas à ocorrência do fogo, o tipo e a espessura da casca são as que têm recebido mais atenção dos pesquisadores nos últimos anos, haja vista sua função como isolante térmico. As características da casca, as quais variam em função do porte do indivíduo e da espécie considerada, em conjunto com uma série de variáveis ambientais que definem a intensidade do fogo, determinam quais indivíduos sobreviverão ou não a um eventual incêndio (Uhl et al., 1990; Ivanauskas et al., 2003), sendo que a sobrevivência está intimamente relacionada à integridade do câmbio do caule e da raiz, bem como das gemas (Heringer & Jacques, 2001).

Nas formações mais fechadas, o dossel sombreia a superfície, alterando a umidade, temperatura e velocidade do vento nos estratos inferiores, inclusive a umidade do solo, que mantém o combustível fino úmido por mais tempo. Sendo assim, nestes ambientes a propagação da linha de fogo é dificultada, podendo inclusive resultar em “ilhas” ou “manchas” de vegetação que permanecem intactas, devido à extinção do fogo pelo excesso de umidade e baixa renovação de oxigênio. Ao contrário, indivíduos localizados próximos às bordas de um fragmento e/ou em extensas áreas perturbadas, como grandes clareiras, são mais susceptíveis a queimas mais severas (Miranda et al., 1993; Kauffman et al., 1994).

2.3 O uso de poleiros naturais e artificiais na restauração das florestas com araucária

Vários estudos têm demonstrado que o uso de poleiros naturais e/ou artificiais incrementam as taxas de dispersão de sementes florestais por aves em áreas degradadas. O número de sementes sob poleiros pode ser até 150 vezes maior do que em fisionomias totalmente campestres (McDonnel & Stiles, 1983; McDonnel 1986; McClanahan & Wolfe, 1993; Miriti, 1998).

Zanini & Ganade (2005), avaliando a eficiência de poleiros artificiais na dispersão de sementes florestais em área abandonada após colheita de um plantio de *Pinus taeda,* na FLONA de São Francisco de Paula-RS, verificaram valores superiores para densidade e riqueza de sementes dispersas sob os poleiros do que em parcelas controle, em todos os 12 meses de monitoramento, sendo estas diferenças mais pronunciadas em janeiro, quando a frutificação é máxima nas florestas naturais do entorno (a mais próxima distante cerca de 50 metros da área de estudo). Ainda no mesmo estudo, as autoras constataram valores estatisticamente superiores para riqueza e densidade de plântulas nas parcelas com poleiros artificiais e naquelas com vegetação pioneira (predominantemente gramíneas), o que salienta a importância dos mecanismos de facilitação promovidos pela vegetação inicial na condução da sucessão secundária. No entanto, o incremento na dispersão obtida pela utilização de poleiros neste estudo foi bem inferior quando comparado a estudos similares, além de ter sido ineficiente na atração de sementes de *Araucaria angustifolia*, uma vez que nenhuma semente desta espécie fora contabilizada. As autoras afirmam que a ausência de coletores de sementes instalados acima do nível do solo pode ter contribuído para subestimação da chuva de sementes, uma vez que muitas sementes podem ter sido predadas ou removidas via dispersão secundária no período entre duas avaliações consecutivas, embora algumas possam ter sido recontadas. Além disso, a maior complexidade estrutural dos poleiros naturais utilizados em outros estudos e o fornecimento de alimento pelas espécies zoocóricas resultam na maior atratividade destes em relação aos poleiros artificiais implantados por Zanini & Ganade (2005).

A vegetação pioneira (inicial) pode influenciar o estabelecimento de espécies de grupos sucessionais tardios em áreas sob restauração, alterando as condições microambientais (p.ex. intensidade e qualidade da radiação, disponibilidade hídrica e nutricional), a atração ou repelência a predadores de sementes e herbívoros, controlando o balanço entre a facilitação e a inibição durante os estádios sucessionais iniciais (De Steven, 1991; Gill & Marks, 1991; Hammond, 1995; Ganade, 1996; Callaway & Walker, 1997). Wilson (1999) afirma que processos de facilitação são mais comuns nos estádios iniciais de sucessão, quando as condições ambientais são mais severas. Reportando novamente ao estudo de Zanini & Ganade (2005), a facilitação promovida pela vegetação pioneira na abundância e riqueza de plântulas lenhosas foi atribuída à amenização das condições ambientais adversas, tais como as baixas temperaturas e disponibilidade hídrica no inverno e a insolação direta nos meses mais quentes, entre outros; e, sobretudo, devido à deposição de serapilheira e sombreamento pelos arbustos e árvores de pequeno porte.

A competição por nutrientes tem sido apontada como processo decisivo na regulação da inibição da sucessão secundária (Tilman, 1985; Wilson & Tilman, 1993, 1995). No entanto, um estudo conduzido em área de distribuição da Floresta Ombrófila Mista demonstrou que a fertilização com NPK e calcário dolomítico não afetou significativamente a sucessão secundária, provavelmente devido às características ecofisiológicas adquiridas ao longo da evolução das espécies desta floresta subtropical, como argumentado pelas autoras (Zanini & Ganade, 2005). Neste sentido, as condições ambientais frequentemente encontradas em áreas abandonadas após o uso por longos períodos na região, tais como acidez elevada, baixas saturação por bases e disponibilidade hídrica, podem ter selecionado espécies cuja auto-ecologia tolera estas adversidades, apresentando crescimento lento e respostas nulas ou desprezíveis à fertilização (Grime, 1977; Chapin, 1980). O mesmo já fora observado para plântulas de árvores tropicais colonizando campos abandonados na Amazônia Central, em solos de baixíssima fertilidade natural (Ganade & Brown, 2002).

A alta mortalidade de plântulas observada em todas as parcelas foi atribuída ao ataque de *Acromyrmex rugosus*, uma espécie de formiga cortadeira, bem como à competição entre plântulas, sobretudo nas parcelas de maior densidade, sob poleiros artificiais. Sendo assim, estes processos ecológicos podem limitar ou até mesmo impedir o avanço da sucessão secundária nesta região, sendo necessários novos estudos direcionados à avaliação do potencial inibitório destas interações na restauração das florestas com araucária, em diferentes condições ecológicas (Zanini & Ganade, 2005).

As autoras concluem que a utilização de poleiros constitui-se numa importante ferramenta para acelerar a restauração das florestas com araucária, desde que fragmentos naturais próximos e em bom estado de conservação possam assegurar uma disponibilidade satisfatória de sementes e de agentes dispersores. Generalizando, os poleiros naturais constituídos por espécies de pequenos frutos carnosos são mais indicados, uma vez que exercem maior atração a pequenas aves generalistas, responsáveis pela dispersão de grande parte das espécies florestais de estádios iniciais da sucessão (McDonnel & Stiles, 1983).

2.4 A dinâmica de nucleação da floresta com araucária sobre os campos naturais

O termo "nucleação" representa o processo de desenvolvimento de uma comunidade em meio à outra, por meio do estabelecimento de um ou poucos indivíduos de espécies pioneiras da comunidade em expansão, formando "ilhas" ou "núcleos" circundados pela comunidade predominante. Estes indivíduos facilitam o estabelecimento de outras espécies arbóreas mais exigentes em seu sub-bosque e, uma vez isolados de interferências antrópicas e naturais de grande severidade, tendem a se fundir e tornar-se a comunidade predominante na paisagem, em longo prazo (Duarte et al., 2009).

O estudo de Duarte et al. (2006) demonstrou que a colonização das espécies lenhosas da floresta com araucária é significativamente maior sob a copa de árvores e arbustos isolados no campo do que em áreas totalmente abertas, evidenciando a importância das "plantas-berçário" ou "plantas nucleadoras". Ainda no mesmo estudo, os autores afirmam que a densidade de plântulas sob a copa de *Araucaria angustifolia* foi muito superior ao observado para outras espécies lenhosas, como *Baccharis uncinella*, *Myrceugenia euosma* e *Pinus elliotti*, evidenciando a maior eficiência da araucária em catalisar o processo de nucleação sobre os campos adjacentes. A importância de vertebrados, especialmente aves e mamíferos, na dispersão de plantas lenhosas ao longo do processo de nucleação das manchas de floresta com araucária sobre os campos também foi evidenciada neste estudo, com maior contribuição do primeiro grupo em capões menores e do segundo grupo em capões maiores. A maior complexidade estrutural dos capões mais desenvolvidos certamente oferece condições de maior proteção para os mamíferos terrícolas, quando comparados a ambientes mais expostos como os capões menores e sob as copas das plantas nucleadoras (De Walt et al., 2003). Os autores concluíram que a conservação deste mosaico vegetacional passa obrigatoriamente por esforços voltados à proteção e reabilitação das populações animais que participam decisivamente na dinâmica do ecossistema (Duarte et al., 2009).

A irradiação das florestas com araucária sobre os campos pode ocorrer através da expansão radial a partir das bordas das florestas contínuas ou através do estabelecimento de núcleos ou ilhas de vegetação arbustivo-arbórea sobre a matriz campestre (Forneck et al., 2003; Muller & Forneck, 2004; Muller, 2005). Por sua vez, os núcleos também tendem a expandirse gradualmente e lentamente a partir de suas bordas. Os cientistas que se dedicam ao estudo de mosaicos vegetacionais floresta-campo crêem que distúrbios naturais e antrópicos, como incêndios e o pastoreio, limitam esta expansão florestal sobre os campos, contribuindo para a manutenção deste mosaico (Pillar et al., 2009).

2.5 Potencialidades e limitações das florestas plantadas na catalisação da regeneração florestal em áreas desmatadas

O Brasil possui cerca de 5,2 milhões de hectares de florestas plantadas, ocupando a sétima posição entre os países de maior destaque nesta atividade produtiva, com 2,7% da área mundial (FAO, 2005). Há fortes evidências de que plantios florestais podem facilitar a sucessão secundária em áreas degradadas, por meio de alterações microclimáticas, acúmulo de matéria orgânica nas camadas superficiais do solo e aumento da complexidade estrutural do ambiente, tornando o mesmo mais permeável à flora e fauna silvestre. Modificações na luminosidade, temperatura e umidade na superfície do solo favorecem a germinação e crescimento das plântulas transportadas pelo vento, animais ou por outros vetores, a partir de remanescentes florestais vizinhos (Parrota et al., 1997).

Viani et al. (2010), realizando uma revisão dos estudos sobre regeneração natural em plantios florestais comerciais, constataram que as metodologias e condições ambientais abordadas são bastante heterogêneas, dificultando desta forma generalizações consistentes. No entanto, todos os estudos avaliados indicam que fatores históricos e ambientais, tais como densidade de copas e disponibilidade de luz no sub-bosque, espécie florestal plantada, idade do plantio, distância ao remanescente de vegetação nativa mais próximo, práticas silviculturais adotadas e histórico de uso da área influenciam a riqueza, densidade e estrutura da regeneração natural sob os plantios florestais. Os autores argumentam ainda que, embora os estudos conduzidos no Brasil sejam abundantes, estes se concentram em determinadas regiões fitogeográficas (Floresta Ombrófila Densa, Estacional Semidecidual, Cerrado e regiões de contato entre as duas últimas, em Minas Gerais e São Paulo), e se limitam, em sua grande maioria, a aspectos meramente descritivos. Desta forma, recomendam que novas investigações abordem experimentalmente aspectos específicos que influenciam direta ou indiretamente a dinâmica da regeneração natural em plantios florestais, visando a proposição de sistemas de manejo capazes de otimizar simultaneamente a produção e conservação, contemplando também outras regiões fitogeográficas de destaque na silvicultura nacional.

Além do potencial dos plantios florestais na restauração autóctone, ou seja, na própria área do plantio, outro aspecto ainda pouco investigado é a sua utilização na restauração alóctone, fornecendo mudas para serem transplantadas em áreas sob restauração ou em viveiros para posterior plantio. Os escassos resultados disponíveis na literatura são auspiciosos (Viani et al.,2007). As diferenças nas taxas de sobrevivência verificadas após o transplante de plântulas e de indivíduos arbustivo-arbóreos jovens são atribuídas às condições climáticas no momento do resgate, à altura dos indivíduos e principalmente à espécie e ao número de indivíduos de cada uma delas submetidos a este procedimento (Viani et al., 2007). Muitas das espécies já testadas em estudos desta natureza não são encontradas em viveiros de mudas nativas, devido a dificuldades de coleta (escassez, sazonalidade), armazenamento e quebra de dormência das sementes. Logo, esta estratégia poderá contribuir para que os projetos de restauração florestal alcancem maior diversidade florística e funcional, merecendo maior atenção por parte dos pesquisadores.

O padrão espacial da regeneração natural no sub-bosque de plantios florestais homogêneos é tido como em mosaico ou agregado, com trechos sem regeneração arbórea alguma e outros abrangendo um conjunto diversificado de espécies em alta densidade, de diferentes grupos ecológicos (Tabarelli et al., 1993). Estas variações ocorrem muitas vezes numa escala espacial reduzida, podendo ser efeito de manchas de solo com maior fertilidade natural e/ou disponibilidade hídrica; da distribuição espacial irregular da chuva de sementes; da abertura de clareiras por mortalidade natural ou desbastes; das características intrínsecas das síndromes de dispersão das espécies barocóricas e autocóricas, concentrando as plântulas nas proximidades das matrizes, bem como das espécies zoocóricas quando na ausência de dispersores (Carneiro & Rodrigues, 2007).

Vários fatores têm sido mencionados por pesquisadores como determinantes do êxito da regeneração natural em plantios florestais. Tais fatores são tidos como filtros adicionais àqueles que já atuam em comunidades naturais, cujas importâncias relativas variam no tempo e no espaço, determinando as regras de reconstrução (“assembly rules”) das comunidades nativas sob os plantios florestais (Viani et al., 2010). Entre eles, podemos destacar:

A - Densidade de copas e disponibilidade de luz

Alguns estudos citados por Viani et al. (2010) apontam correlação positiva entre o sombreamento do sub-bosque e a densidade e riqueza da regeneração natural, argumentando que índices menores de radiação e a deposição de serapilheira favorecem a eliminação de gramíneas e de outras espécies herbáceas invasoras. Além disso, maiores níveis de sombreamento podem estar relacionados a uma maior complexidade da estrutura vertical da comunidade e da arquitetura das copas das árvores plantadas e regenerantes, potencializando o fluxo de aves e morcegos no plantio e, consequentemente, a chuva de sementes. No entanto, o sombreamento excessivo, combinado ou não com a deposição de uma espessa camada de serapilheira, pode alcançar valores inferiores ao ponto de compensação luminosa da maioria das espécies vegetais nativas, inclusive aquelas típicas de ambientes sombreados, dificultando sobremaneira a colonização do sub-bosque. Além disso, nestas situações a competição por recursos tais como água e nutrientes é mais acirrada, devido à densa trama de raízes superficiais, inibindo a regeneração natural (Fonseca et al., 2009). Sendo assim, a luminosidade parece favorecer a regeneração natural apenas em um determinado espectro de radiação, o qual possivelmente é variável em função da região ecológica e de suas respectivas espécies adaptadas às condições vigentes.

A densidade de copas relaciona-se também com a quantidade de serapilheira depositada sobre o solo, a qual também influencia na dinâmica da regeneração natural (Viani et al., 2010). Dependendo das condições ambientais (temperatura, umidade, riqueza e abundância de micro-organismos decompositores), da sazonalidade de produção de serapilheira e das características químicas do material vegetal (sobretudo relação Carbono/ Nitrogênio), a serapilheira pode apresentar maior ou menor espessura. Este acúmulo, segundo Parrota (1999), tende a ser mais prejudicial para as espécies de sementes pequenas (ortodoxas), pois suas reservas energéticas são menores, dificultando sua emergência.

B- Idade do plantio

Obviamente, quanto mais antigo o plantio, maior o período

de desenvolvimento da sucessão secundária em seu sub-bosque. Nesse sentido, com o avanço da idade do plantio, há uma tendência de aumento do sombreamento, da competição, da complexidade estrutural da vegetação (crescimento dos valores de riqueza, densidade, diâmetro médio, altura média, entre outros) e da participação relativa das espécies tardias na comunidade regenerante. Além disso, com o aumento da área basal e da altura do dossel, as árvores plantadas passam a oferecer maior resistência ao fluxo do vento, diminuindo o aporte de sementes de espécies anemocóricas no plantio. Isto favorece indiretamente o aumento da participação relativa das espécies zoocóricas na comunidade regenerante (Keenan et al., 1997).

C- Espécie Florestal

A espécie plantada é um dos principais filtros que direcionam o processo evolutivo de comunidades regenerantes, pois está associada a um intervalo de sombreamento e de acúmulo de serapilheira peculiar, discutidos anteriormente (Viani et al., 2010). As espécies plantadas atuam de maneira análoga às árvores do dossel em uma floresta natural, modificando as características bióticas e abióticas sob suas copas e desta forma selecionando, ainda que indireta e parcialmente, as espécies que aí se desenvolvem.

Espécies potencialmente invasoras devem ser evitadas ou, no mínimo, monitoradas para que não contaminem ecossistemas naturais vizinhos. No Brasil, já foram descritas várias espécies arbóreas que apresentam este risco, tais como *Leucaena leucocephala*, várias espécies do gênero *Acacia, Pinus taeda, Pinus elliottii*, entre outros. As duas últimas espécies são citadas na literatura invadindo restingas, formações de cerrado e campos sulinos (GISP, 2005).

Andrae et al. (2005) apontam o potencial de pequenos povoamentos de *Pinus* sp. e de *Araucaria angustifolia*, estabelecidos em sítios degradados em região de Floresta Estacional Decidual no Rio Grande do Sul, em catalisar a regeneração natural em seus sub-bosques. Os autores avaliaram 12 pequenos povoamentos de *Pinus* sp., com idades entre 25 a 30 anos, e um de *Araucaria angustifolia*, com 28 anos, cujas áreas variaram de 0,2 a 1 ha. Ambas as espécies são consideradas exóticas na região. A riqueza amostrada no povoamento de araucária (13 espécies por parcela de 5 x 5 m, em média) foi superior ao observado nos povoamentos de *Pinus* (2 a 10 espécies por parcela de 5 x 5 m, em média). A regeneração de *Pinus* foi observada em apenas 45% das parcelas sob os talhões desta espécie, sendo esta negativamente relacionada à espessura da serapilheira. O índice de diversidade de Shannon alcançou o surpreendente valor de 3,4 para um dos povoamentos, semelhante a valores observados em florestas naturais do sul do Brasil. Os autores concluíram que, de forma geral, desenvolveu-se um sub-bosque bem diversificado em termos de distribuição horizontal e composição florística. Todavia, ressaltaram que a pequena dimensão dos povoamentos e as condições favoráveis do entorno, dominado por capoeiras desenvolvidas em áreas de pousio, certamente potencializaram a chuva de sementes no interior dos talhões.

D- Distância a remanescentes de vegetação natural

Nas situações em que ainda existam remanescentes naturais no entorno, a regeneração natural sob os plantios tende a apresentar maior densidade nas áreas de borda, as quais são mais expostas aos ventos e mais frequentadas por dispersores (Lombardi & Motta Júnior, 1992). O grau de isolamento do plantio em relação a remanescentes florestais interfere decisivamente na facilidade com que os diásporos alcançam o sítio de regeneração, pois se associa à distância que os dispersores (aves e morcegos, principalmente) terão de superar entre as áreas fontes de sementes e os plantios florestais (Viani et al., 2010). Assim, quanto mais fragmentada for a paisagem na qual a área a ser restaurada estiver inserida, maior será a dependência de um número maior de espécies de diferentes grupos funcionais (sobretudo as espécies zoocóricas de frutos grandes e pesados) a serem introduzidas artificialmente no plantio inicial e em intervenções subsequentes (Ivanauskas et al., 2007). No entanto, em plantios de pequena escala inseridos numa matriz florestal este efeito é reduzido ou nulo, uma vez que nestas condições a dispersão é mais eficaz e homogênea dentro e entre talhões.

Estudos recentes têm demonstrado que a ausência de áreas fontes de sementes é o principal fator a limitar a regeneração sob os plantios em muitas situações, uma vez que baixos níveis deste fator (fragmentos pequenos, sem conectividade entre si e mal conservados) já demonstram efeito significativo na abundância e riqueza do estrato regenerante, quando comparados com plantios totalmente isolados de remanescentes florestais, ambos estabelecidos em áreas degradadas, como observado em plantios de *Eucalyptus* spp. na Etiópia (Senbeta et al., 2002; Yirdaw & Lukkanen, 2003).

E- Práticas Silviculturais

O manejo pré e pós-plantio pode alterar sensivelmente as condições dos sítios de regeneração. Considerando o preparo de solo, métodos mais intensivos, com revolvimento do mesmo e incorporação de resíduos, relacionam-se negativamente com a diversidade do sub-bosque. Este desfavorecimento pode ser causado pela mortalidade de estruturas reprodutivas e das sementes armazenadas nas camadas mais superficiais do solo, por meio de impactos com os pneus dos tratores, discos dos arados, grades e outros implementos, diminuindo a resiliência da área.

Já o período de rotação ou o ciclo de corte determina o tempo disponível para o decorrer da sucessão secundária. Ciclos de corte muito reduzidos, como aqueles praticados em plantios voltados para produção de carvão vegetal e celulose, diminuem a probabilidade de colonização por espécies tardias e/ou com baixas taxas de dispersão (Keenan et al., 1997). Desta forma, ciclos de corte mais longos são sempre mais desejáveis, pois proporcionam mais tempo para os ganhos em complexidade estrutural da comunidade regenerante, além de diminuir os impactos ambientais negativos das colheitas neste estrato (Carneiro & Rodrigues, 2007).

Do ponto de vista da conservação e restauração ecológica, deve-se sempre optar por práticas que promovam a heterogeneidade em plantios que são tradicionalmente bastante homogêneos. O primeiro aspecto seria a adoção de plantios mistos, ou seja, o uso múltiplo da área. Porém, esta alternativa encontra fortes limitações no Brasil, pois a grande maioria dos nossos plantios tem como principal objetivo auferir ganhos econômicos e o pouco conhecimento silvicultural atualmente disponível sobre estes sistemas desestimula o setor florestal produtivo (Viani et al., 2010).

Outra prática que contribui neste sentido seria a condução do sub-bosque, evitando ou diminuindo as operações de roçada, bem como o uso de herbicidas pré e pós-emergentes. Se por um lado esta medida contribui para reduzir os custos da implantação e manutenção dos plantios e colabora para o controle biológico de pragas, por outro lado o desenvolvimento do sub-bosque pode atingir um estádio que impeça a exploração da floresta plantada pelos órgãos de fiscalização ambiental, sobretudo em plantios planejados para ciclos de corte mais longos. Sendo assim, em muitos casos a razão principal das roçadas periódicas seria justamente evitar que a regeneração natural atinja uma complexidade florística e estrutural que impeça eventuais desbastes e o corte raso da floresta plantada.

Podem ser citadas ainda as práticas que favorecem o aumento do teor de matéria orgânica do solo (desrama, manutenção dos resíduos das explorações anteriores na área) e ainda as técnicas que minimizem o revolvimento e compactação do solo durante as operações de preparo do terreno, plantio e colheita.

Plantios muito adensados diminuem consideravelmente a intensidade luminosa que atinge o piso florestal. Embora possam inibir mais rapidamente o estabelecimento de plantas heliófitas invasoras, geralmente causam os efeitos do sombreamento excessivo expostos anteriormente. Os espaçamentos mais utilizados nos plantios comerciais de *Eucalyptus* no Brasil geralmente não causam inibição da regeneração natural por déficit de luz.

F - Histórico de uso da área

Um dos principais aspectos relacionados ao histórico de uso da área é justamente a ocorrência de fogo. Este distúrbio pode diminuir a densidade e riqueza do banco de sementes do solo, inibir ou dificultar a regeneração de espécies não tolerantes à queima ou que não possuem estratégias reprodutivas por meio de estruturas vegetativas (Dalling et al., 1997; Marod et al., 2002; Melo et al., 2007). Sendo assim, áreas submetidas a queimadas ou incêndios tendem a apresentar maior resistência ao desenvolvimento da regeneração natural em florestas plantadas. Cabe ressaltar que as florestas com araucária são mais susceptíveis a queimas de maior intensidade, uma vez que a presença de resina na casca potencializa incêndios de copa.

Outro aspecto importante são as atividades desenvolvidas na área anteriormente ao plantio. Sítios recentemente desmatados tendem a impulsionar a regeneração natural em florestas plantadas, enquanto sítios utilizados por atividades agropecuárias por um longo período podem apresentar sérias restrições ao desenvolvimento de um sub-bosque, uma vez que o banco de sementes das espécies arbóreas geralmente é de baixa densidade e diversidade e as estruturas vegetativas com potencial de rebrota foram destruídas, seja por capinas manuais, mecânicas, químicas, pisoteio ou pastejo, entre outros.

Nestas condições, a dependência de áreas externas fontes de sementes torna-se crucial para a reabilitação ecológica.

2.6 Um estudo de caso no Parque Estadual de Campos do Jordão, SP, Brasil

Para ilustrar o tema deste capítulo, apresentaremos um recente estudo conduzido no Parque Estadual de Campos do Jordão, SP, Brasil (Ribeiro et al., 2012), cujos objetivos foram avaliar a efetividade do reflorestamento puro com *Araucaria angustifolia* como estratégia de restauração florestal no Parque Estadual de Campos do Jordão e os efeitos do fogo na composição florística, riqueza e diversidade deste reflorestamento.

A área de estudo está inserida no domínio de Floresta Ombrófila Mista, em um planalto sobre a Serra da Mantiqueira, preservando remanescentes naturais restritos aos fundos de vale, estando os interflúvios predominantemente ocupados por campos naturais (Souza, 2008). O Parque Estadual de Campos do Jordão (PECJ) conta com 8.341 ha de área, equivalente a um terço do município de Campos do Jordão, o qual faz divisa com o estado de Minas Gerais. O relevo é fortemente dissecado pela extensa rede de drenagem da Bacia do Alto Sapucaí, com altitudes variando de 1.500 a 2.000m (Almeida, 1974). O clima da região é o temperado brando sem estiagem (Cfb), de acordo com o sistema de classificação de Köppen (Seibert et al., 1975). A precipitação média anual é de 1.804 mm, com temperaturas médias variando de 17,5°C no mês mais quente (Fevereiro) a 11,5°C no mês mais frio (Junho), não raro com mínimas abaixo de O°C (Moreira et al., 2006; Baretta et al., 2007; citados por Moreira et al., 2009). Foram selecionados dois reflorestamentos com *Araucaria angustifolia*:

1. Reflorestamento introduzido em 1959, sem perturbações antrópicas a partir de então, denominado reflorestamento I (RI; 22°39´48´´S e 45°27´03´´W).

2. Reflorestamento introduzido em 1958, submetido a uma queima acidental em Julho de 2001, denominado reflorestamento II (RII; 22°39´32´´S e 45°26´33´´W).

Ambos os solos são de textura argilosa (Tabela 2.1), dispostos em toposequências, altitudes (cerca de 1550m) e exposição semelhantes. A matriz vegetacional do entorno é composta por remanescentes de Floresta Ombrófila Mista intercalados por campos naturais (Moreira et al., 2009).

TABELA 2.1- Características físicas e químicas dos solos dos Reflorestamentos I e II, camada 0-20cm, no Parque Estadual de Campos do Jordão, Campos do Jordão, SP, Brasil. Fonte: Moreira et al., 2006

	Características Químicas						Características Físicas		
	M.O	P(resina)	K	Ca	Mg	H + Al	Areia	Silte	Argila
	g dm^{-3}	mg dm^{-3}	mmolc dm^{-3}				g kg^{-1}		
Reflorestamento I	88	10	2,3	2	4	347	510	180	310
Reflorestamento II	65	8	2,8	1	2	281	570	60	370

O delineamento amostral foi executado com a finalidade de amostrar indivíduos de árvores e arbustos que dominam a fisionomia da floresta com araucária. A floresta também foi dividida em dois componentes, sendo um adulto e outro regenerante.

Para a amostragem do componente adulto, foram alocadas 17 parcelas permanentes de 10x20 m no reflorestamento intacto (RI) e oito parcelas nas mesmas dimensões no reflorestamento submetido ao incêndio (RII), totalizando 0,34 ha e 0,16 ha de área amostral, respectivamente. A pequena área dos reflorestamentos impediu que se amostrassem áreas maiores e com igual número de repetições. As parcelas foram dispostas de forma contígua, de modo a cobrir ao máximo a área disponível em cada reflorestamento, aproximando-se de um censo.

Foram considerados como adultos todas as árvores ou arbustos com perímetro à altura do peito (1,3 m) superior ou igual a 15 cm (PAP $\geq$ 15 cm). Para os indivíduos que perfilharam abaixo da altura do peito, foram incluídos somente aqueles que atenderam ao critério de inclusão para pelo menos uma de suas ramificações.

Para amostragem do estrato de regeneração, foram instaladas em cada parcela de 10x20 m, cinco subparcelas de 1x1 m, totalizando 85 m^2 e 40 m^2 de área amostral, para os reflorestamentos I e II, respectivamente. O posicionamento das subparcelas foi definido por sorteio das coordenadas do vértice superior esquerdo, tendo como referência as laterais da parcela de 10x20 m, tidas como eixos cartesianos. Para medida destas coordenadas no campo, foi utilizado um Vertex. Foram amostrados todos os indivíduos arbustivos ou arbóreos com altura $\geq$ 30 cm e PAP < 15 cm.

Todo o material botânico foi devidamente numerado, organizado em prensas, desidratado e encaminhado para a Seção de Ecologia Florestal do Instituto Florestal do estado de São Paulo, onde foi identificado através de comparações com os materiais do acervo do herbário do Instituto Florestal de São Paulo (SPSF), consultas a especialistas de reconhecida competência e à literatura especializada. As coletas férteis foram incorporadas ao acervo do Herbário D. Bento Pickel (SPSF). Foi adotado o sistema de classificação do Angiosperm Phylogeny Group III (APG III, 2009).

No reflorestamento sem queima (RI) foram amostrados 836 indivíduos arbustivo-arbóreos distribuídos em 64 espécies, 44 gêneros e 31 famílias botânicas, sendo sete espécies identificadas no nível de gênero e uma apenas no nível de família. Das 64 espécies observadas, 22 foram exclusivas do componente regenerante, 16 ocorreram somente no componente adulto e 26 estavam presentes em ambos (Tabela 2.2). Dos 836 indivíduos observados, 428 foram considerados adultos e 408 foram amostrados entre os regenerantes. Entre o total de adultos, 34 estavam mortos em pé (7,9%) e entre os regenerantes foram apenas quatro indivíduos (1,0%).

TABELA 2.2 - Ocorrência das espécies amostradas por área (Reflorestamentos I e II) e por estrato (Superior e Inferior), no Parque Estadual de Campos do Jordão, Campos do Jordão, São Paulo, Brasil. RI – Reflorestamento I, RII – Reflorestamento II, S. – Estrato superior. I. – Estrato Inferior

Família/Espécie	**RI**		**RII**	
	S.	I.	S.	I.
ANACARDIACEAE				
Schinus polygamus (Cav.) Cabrera	●	●	●	
ANNONACEAE				
Annona rugulosa (Schltdl.) H.Rainer		●		
AQUIFOLIACEAE				
Ilex microdonta Reissek	●		●	●
Ilex pseudobuxus Reissek		●		
Ilex theezans Mart. ex Reissek	●			
ARALIACEAE				
Dendropanax cuneatus (DC.) Decne. & Planch.		●		
ARAUCARIACEAE				
Araucaria angustifolia (Bertol.) Kuntze	●	●	●	●

TABELA 2.2 - Ocorrência das espécies amostradas por área (Reflorestamentos I e II) e por estrato (Superior e Inferior), no Parque Estadual de Campos do Jordão, Campos do Jordão, São Paulo, Brasil. RI – Reflorestamento I, RII – Reflorestamento II, S. – Estrato superior. I. – Estrato Inferior

Família/Espécie	RI		RII	
	S.	I.	S.	I.
ASTERACEAE				
Baccharis oreophila Malme	●	●	●	●
Baccharis cf. *semiserrata* DC.	●	●		
Baccharis 2		●		
Baccharis 3		●		
Dasyphyllum spinescens (Less.) Cabrera	●			
Eupatorium sp.				●
Gochnatia polymorpha (Less.) Cabrera	●	●		
Piptocarpha axilaris (Less.) Baker	●	●		
Piptocarpha regnelli (Sch.Bip.) Cabrera	●		●	
Vernonia cf. *puberula* Less.		●		
BERBERIDACEAE				
Berberis laurina Billb.		●		
BIGNONIACEAE				
Jacaranda puberula Cham.		●		
BORAGINACEAE				
Cordia trichotoma (Vell.) Arráb. ex Steud.	●			
CARDIOPTERIDACEAE				
Citronela sp.		●		
CELASTRACEAE				
Maytenus glaucescens Reissek	●			
DICKSONIACEAE				
Dicksonia sellowiana Hook.	●			
ESCALLONIACEAE				
Escallonia farinacea A. St.-Hil.	●	●	●	
EUPHORBIACEAE				
Sapium glandulosum (L.) Morong	●			
LAMIACEAE				
Salvia arenaria A.St.-Hil. ex Benth.		●		

TABELA 2.2 - Ocorrência das espécies amostradas por área (Reflorestamentos I e II) e por estrato (Superior e Inferior), no Parque Estadual de Campos do Jordão, Campos do Jordão, São Paulo, Brasil. RI – Reflorestamento I, RII – Reflorestamento II, S. – Estrato superior. I. – Estrato Inferior

Família/Espécie	RI		RII	
	S.	I.	S.	I.
LAURACEAE				
Endlicheria paniculata (Spreng.) J.F.Macbr.	●	●	●	
Persea alba Nees & Mart.	●			
MELASTOMATACEAE				
Leandra sp.		●		
Meriania sanchezii R. Goldemb.		●		
Miconia cinerascens Miq.	●	●		
Miconia latecrenata (DC.) Naudin		●		
Miconia theaezans (Bonpl.) Cogn.		●		
Miconia sp.		●		
MELIACEAE				
Cedrela fissilis Vell.	●			
MYRTACEAE				
Calyptranthes lucida Mart. ex DC.	●			
Eugenia ligustrina (Sw.) Willd.		●		
Myrceugenia miersiana (Gardner) D.Legrand & Kausel	●	●		
Myrceugenia ovata (Hook. & Arn.) O.Berg	●	●		
Myrceugenia sp.	●	●	●	
Myrcia hartwegiana (O.Berg) Kiaersk.	●	●	●	●
Myrcia laruotteana Cambess.	●	●	●	●
Myrcia oligantha O.Berg		●		
Myrcia retorta Cambess.	●			
Myrcia cf. *tomentosa* (Aubl.) DC.	●			
Myrciaria ciliolata (Cambess.) O.Berg	●	●		
PICRAMNIACEAE				
Picramnia parvifolia Engl.	●	●	●	●
PODOCARPACEAE				
Podocarpus lambertii Klotzsch ex Endl.	●	●	●	

TABELA 2.2 - Ocorrência das espécies amostradas por área (Reflorestamentos I e II) e por estrato (Superior e Inferior), no Parque Estadual de Campos do Jordão, Campos do Jordão, São Paulo, Brasil. RI – Reflorestamento I, RII – Reflorestamento II, S. – Estrato superior. I. – Estrato Inferior

Família/Espécie	**RI**		**RII**	
	S.	I.	S.	I.
PRIMULACEAE				
Myrsine coriacea (Sw.) R.Br. ex Roem. & Schult.		●		●
Myrsine umbellata Mart.	●	●		●
PROTEACEAE				
Roupala brasiliensis Klotzsch	●			
RHAMNACEAE				
Rhamnus sphaerosperma Sw.	●	●	●	●
ROSACEAE				
Prunus myrtifolia (L.) Urb.	●	●		
RUBIACEAE				
Alibertia concolor (Cham.) K.Schum.		●		
Diodia polymorpha Cham. & Schltdl.		●		●
Psychotria stachioides Benth.		●		
RUTACEAE				
Zanthoxylum rhoifolium Lam.	●			
SOLANACEAE				
Brunfelsia brasiliensis (Spreng.) L.B.Sm. & Downs				●
Solanum argenteum Dunal	●	●		
Solanum pseudoquina A.St.-Hil.	●	●		●
Solanum swartzianum Roem. & Schult.		●		
Solanum sp.			●	
Solanaceae 1		●		
SYMPLOCACEAE				
Symplocos celastrinea Mart.	●	●	●	
Symplocos falcata Brand	●	●	●	
THYMELAEACEAE				
Daphnopsis sellowiana Taub.	●		●	●
WINTERACEAE				
Drimys brasiliensis Miers	●	●	●	●

As famílias com maior destaque em riqueza no componente adulto foram Myrtaceae (9 espécies), Asteraceae (6 espécies), Aquifoliaceae, Solanaceae e Symplocaceae (2 espécies); enquanto no regenerante se distinguiram Myrtaceae (8 espécies), Asteraceae (7 espécies), Melastomataceae (6 espécies) e Solanaceae (4 espécies).

Já em termos de número de indivíduos, Myrtaceae, Podocarpaceae, Araucariaceae e Rhamnaceae (37,85%, 14,95%, 7,48% e 7,01% do total de indivíduos amostrados, respectivamente), se destacaram entre os adultos, ao passo que Melastomataceae, Myrtaceae, Rubiaceae e Myrsinaceae (41,67%, 18,63%, 7,35% e 7,11%, respectivamente) se sobressaíram entre os regenerantes. O destaque das famílias Podocarpaceae, Araucariaceae e Rhamnaceae neste aspecto deve-se à elevada densidade relativa observada para *Podocarpus lambertii, Araucaria angustifolia* e *Rhamnus sphareosperma* no estrato superior, respectivamente. Estas mesmas espécies apresentaram densidades relativas mais modestas no estrato inferior (0,49%, 2,45% e 0,25%, respectivamente), o que pode indicar certo comprometimento da regeneração natural e permanência destas espécies na comunidade numa perspectiva de longo prazo. Isso faz sentido já que *P. lambertii e A. angustifolia* são pioneiras atípicas, ou seja, embora tenham tempo de vida longo e madeira com densidade média a alta, características típicas de espécies finais da sucessão, comportam-se como pioneiras colonizando áreas abertas.

Em relação ao componente adulto, os gêneros que se destacaram em riqueza foram *Myrcia* (4 espécies), *Myrceugenia* (3 espécies), *Baccharis, Ilex, Piptocarpha, Solanum* e *Symplocos* (2 espécies); enquanto *Baccharis, Miconia* (4 espécies) *Myrceugenia, Myrcia, Solanum* (3 espécies) *Myrsine* e *Symplocos* (2 espécies) se destacaram entre os regenerantes.

Analisando o Reflorestamento submetido à queima acidental (RII), foram amostrados 175 indivíduos distribuídos em 24 espécies, 20 gêneros e 16 famílias botânicas, sendo três espécies identificadas no nível de gênero. Das 24 espécies observadas, seis foram exclusivas do componente regenerante, oito ocorreram somente entre os adultos e dez foram comuns a ambos os componentes (Tabela 2.2). Considerando o total de indivíduos, 78 foram considerados adultos e 97 regenerantes, dos quais 11 adultos (14,1%) e três regenerantes (3,1%) mortos em pé.

No componente adulto do reflorestamento RII, os gêneros de maior destaque em riqueza foram *Myrcia* e *Symplocos* (2 espécies cada). Já entre os regenerantes sobressaíram os gêneros *Myrcia* e *Myrsine* (2 espécies cada). *Myrcia hartwegiana* e *Myrcia laruotteana* foram comuns aos dois estratos, sendo que suas densidades relativas foram notórias apenas entre os regenerantes (36,08% e 14,43%, respectivamente, contra apenas um indivíduo adulto de cada espécie). Nota-se que na área vizinha (RI) estas duas espécies ocorreram em ambos os componentes, sendo *Myrcia hartwegiana* a segunda espécie mais representativa na comunidade (Tabela 2.2). Nesse caso possivelmente suas populações contribuíram e contribuem no processo de regeneração natural, bem como os remanescentes naturais do entorno.

As famílias com maior destaque em riqueza entre os adultos do Reflorestamento II foram Myrtaceae (3 espécies), Asteraceae e Symplocaceae (2 espécies cada). Já entre os regenerantes destacaram-se as famílias Asteraceae, Myrsinaceae, Myrtaceae e Solanaceae (2 espécies cada).

Considerando o número de indivíduos, Podocarpaceae e Asteraceae foram mais representativas no componente adulto (32% e 11,5% de densidade relativa, respectivamente); ao passo que Myrtaceae e Rhamnaceae representaram 50,5% e 16,5% dos indivíduos regenerantes amostrados, respectivamente.

Maior dominância de *Myrcia hartwegiana, Myrcia laruotteana* e *Rhamnus sphaerosperma* foi observada na comunidade regenerante pós-fogo, em níveis bem superiores ao observado em RI ($\mu Ij < \mu IIj$, pelo teste t a 5% de probabilidade, para ambas as espécies, sendo μij a média do número de indivíduos por sub-parcela da j-ésima espécie no i-ésimo reflorestamento; μI = 0,45 e 0,13 Ind./sub-parcela e μII = 0,88 e 0,35 Ind./sub-parcela, para *Myrcia hartwegiana* e *Myrcia laruotteana*, respectivamente). Tais espécies podem ter se beneficiado das modificações bióticas e abióticas advindas da queima, ainda que temporariamente, tais como aumento da oferta de recursos (luz, nutrientes, temperatura), decréscimo da competição, liberação de etileno na fumaça (o qual eleva a permeabilidade dos tegumentos da semente); os quais podem ter estimulado o florescimento, liberação e germinação de sementes, bem como o crescimento de plântulas (Daubenmire, 1968; Grime, 1979; Christensen, 1985).

Por outro lado, a ausência ou baixa densidade no estrato inferior de espécies abundantes no estrato superior, em ambas as áreas, tais como *Podocarpus lambertii* e *Baccharis oreophila*, pode indicar certa susceptibilidade da regeneração natural destas espécies à passagem do fogo e/ou ao avanço sucessional em reflorestamentos isolados deste distúrbio.

Os adultos dos reflorestamentos I e II mostraram-se muito semelhantes floristicamente (0,40 e 0,57 pelo índice de Jaccard e Sorensen, respectivamente), com 17 espécies em comum. De todas as espécies amostradas em RII, apenas *Solanum* sp. não ocorreu em RI (Tabela 2.2). Estes resultados demonstram que o fogo parece não ter gerado uma substituição significativa de espécies deste componente, embora não saibamos de fato o nível de similaridade entre as áreas antes do distúrbio.

Já os regenerantes dos reflorestamentos I e II não podem, a rigor, ser considerados semelhantes floristicamente (0,21 e 0,35 para os Índices de Jaccard e Sorensen, respectivamente). No entanto, numa observação mais cuidadosa, nota-se que apenas quatro espécies das 15 amostradas no estrato inferior em II não foram amostradas em I (*Brunfelsia brasiliensis, Daphnopsis sellowiana, Eupatorium* sp., *Ilex microdonta*), ou seja, a área II compartilha mais de dois terços de suas espécies com a área I, considerando apenas os indivíduos regenerantes (Tabela 2.2). A superioridade de RI em riqueza de espécies (48 contra 15 espécies em RII) faz com que os dois trechos sejam considerados distintos floristicamente através dos Índices utilizados, embora RII comungue a maior parte de suas espécies com RI.

Confrontando os componentes adulto e regenerante do reflorestamento I, percebe-se grande afinidade florística entre eles (0,41 e 0,58 para os Índices de Jaccard e Sorensen, respectivamente), compartilhando 26 espécies. O mesmo pode-se dizer para o reflorestamento II (0,38 e 0,55 para os Índices de Jaccard e Sorensen, respectivamente), tendo em comum nove espécies (Tabela 2.2). Numa mesma comparação, Souza (2008) encontrou valores elevados em um remanescente florestal em bom estado de conservação do mesmo parque (acima de 0,28 e 0,40 para os Índices de Jaccard e Sorensen, respectivamente).

Tomando o reflorestamento intacto (RI), o Índice de Diversidade de Shannon (H´) estimado para o estrato superior foi de 2,68 ($2{,}66 < H' < 2{,}87$ pelo teste JackKnife, a 95% de probabilidade), com 1:9,95 para o valor do Coeficiente de Mistura de Jentsch (QM) e 0,71 para o Índice de Equabilidade de Pielou (J). O estrato inferior apresentou o mesmo valor de H´ (2,68), porém com um intervalo de confiança mais elástico (2,57< H´ < 2,99), sendo QM = 1:8,33 e J´= 0,69. Considerando o reflorestamento submetido à queima acidental (RII), os valores obtidos para o componente adulto e regenerante foram, respectivamente: H´= 2,39 (2,15 < H´ < 3,12) e 2,07 (1,9 < H´ < 2,54); QM = 1: 4,11 e 1: 6,06 e J = 0,81 e 0,75. A diferença de área amostral entre os reflorestamentos I e II pode ter exercido influência decisiva no menor número médio de árvores por espécie (traduzido por QM), o que implica em valores mais elevados de J´ em ambos os estratos de II em relação a I, bem como nos intervalos de confiança para H´ mais amplos.

De acordo com análises de diversidade para comparar os locais quanto ao efeito do fogo, observou-se diferença apenas entre os regenerantes dos reflorestamentos I e II, sendo RI superior a RII. Isto pode indicar que o fogo causou redução considerável e significativa na diversidade das formas de vida estudadas apenas neste componente, o qual já se espera ser mais susceptível a este distúrbio, dado à menor espessura da casca, altura dos indivíduos, reservas energéticas, área foliar, entre outros. Considerando a diversidade de espécies por parcela, a composição dos adultos em RI e RII mostrou-se diferente, sendo que essa diferença é ainda mais proeminente quando se observam somente os componentes regenerantes. O fogo também foi um fator importante para a redução da riqueza de espécies tanto nas parcelas quanto somente nos estratos regenerantes. Não foram constatadas diferenças significativas entre equabilidade (i.e. homogeneidade de espécies na distribuição de indivíduos) para o componente adulto, contudo, foi observada diferença para o componente regenerante. Logo, percebe-se o efeito do fogo em ambos os estratos, e novamente um efeito mais pronunciado no estrato inferior e ainda se observa um aumento considerável da dominância entre as plantas regenerantes, refletindo o efeito seletivo do fogo quando há menor número de espécies

Desta forma, fica evidente o efeito do fogo reduzindo a riqueza e diversidade da vegetação arbustivo-arbórea, provavelmente pelo menor número de espécies que são favorecidas ou que possuem maior grau de tolerância a este distúrbio no ecossistema impactado. Logo o fogo pode não ter exercido seletividade apenas entre os indivíduos já estabelecidos na comunidade, mas também no padrão de recrutamento das espécies a partir do banco de sementes, favorecendo determinadas espécies cujas sementes são estimuladas a germinar após a queima da vegetação, bem como inviabilizando a germinação de outras espécies sensíveis a este impacto (Whelan, 1995; Mucunguzi & Oryem-Origa, 1996).

A diversidade de espécies (Indice de Shannon H') em ambas as áreas (entre 2,0 < H´ < 3,12) foi baixa quando comparada com estudos realizados em trechos de floresta natural em bom estado de conservação no mesmo parque, utilizando o mesmo critério de inclusão. Souza (2008) encontrou valores de H´ de 3,08 e 3,41, amostrando respectivamente 58 e 55 espécies para os componentes adulto e regenerante, em um trecho de 1ha de floresta. Já Los (2004) cita um valor para H´de 3,43 para o estrato superior, utilizando seis blocos descontínuos de 0,25ha cada. Em uma floresta secundária em avançado estágio de regeneração (120 anos) em Barra do Chapéu-SP, Souza (2008) relata valores de H´de 3,81 e 3,44, amostrando 123 e 74 espécies para os estratos superior e inferior respectivamente.

Em um estudo conduzido no sub-bosque de reflorestamentos com *Araucaria angustifolia* em diferentes idades no estado do Paraná, Barbosa et al. (2009) encontraram diferença significativa a 5% de probabilidade entre os índices de diversidade de Shannon estimados para reflorestamentos de 12, 34 e 43 anos, sendo o primeiro (H´=2,0) diferente dos dois últimos (H´=2,47 e 2,44 respectivamente). Infelizmente, as diferenças no método de amostragem (critério de inclusão, delineamento, tamanho das parcelas, entre outros), bem como no regime de distúrbio (sub-bosque em plantio comercial x sub-bosque em reflorestamento), dificultam a comparação dos resultados apresentados.

Ainda que exista uma tendência dos órgãos públicos em se cobrar elevada diversidade em projetos de restauração, resultados como os apresentados aqui e em outros estudos (Andrae et al., 2005; Mochiutti et al., 2008) apontam que quando o entorno é formado por uma matriz florestal em bom estado de conservação, como acontece no Parque Estadual de Campos do Jordão e boa parte da Serra da Mantiqueira, ou ainda por uma paisagem com boa conectividade entre fragmentos fontes de sementes e dispersores, a introdução de mudas e/ou sementes de um número restrito de espécies nucleadoras, ou até mesmo reflorestamentos puros, pode constituir-se numa estratégia eficiente para a restauração florestal. Há ainda alguns estudos apontando a superioridade de plantios puros em relação a plantios mistos ou mesmo a florestas secundárias em termos de densidade e diversidade de espécies no sub-bosque (Chada et al., 2004; Lee et al., 2005; Santos et al.,

2007; Costa,2008).

A resolução n°08/2007 da Secretaria de Meio Ambiente do Estado de São Paulo (São Paulo, 2007) define, entre outras exigências, um número mínimo de 80 espécies arbóreas até o final do período estabelecido em projeto de restauração, salvo algumas formações com baixa diversidade intrínseca. No entanto, Durigan et al. (2010) argumentam que plantios de alta diversidade não garantem, por si só, o sucesso das iniciativas de restauração, uma vez que na quase totalidade dos casos as condições bióticas e abióticas iniciais são desfavoráveis à sobrevivência, crescimento e regeneração da maioria das espécies, sobretudo aquelas mais exigentes, de estágios sucessionais mais avançados; além de aumentar o risco de contaminações biológicas e genéticas, através da introdução de espécies invasoras devido a erros de identificação taxonômica e de ecótipos distintos, com genes previamente inexistentes ou que já teriam sido eliminados via seleção natural (Lesica & Allendorf, 1999; Broadhurst et al., 2006). Além disso, os autores consideraram que não existe um modelo único aplicável a todas as situações de restauração florestal; paradigma este acatado internacionalmente (*no one size fits all*) e comprovado no presente estudo.

2.6.1 Conclusões

Reflorestamentos puros de *Araucaria angustifolia* podem ser considerados uma alternativa viável para a restauração da Floresta Ombrófila Mista em áreas em que a matriz da paisagem ainda seja florestal, uma vez que a espécie funciona como catalisadora de regeneração de outras espécies em seu sub-bosque.

O sucesso de um projeto de restauração florestal com *A. angustifolia* pode ser comprometido com a ocorrência de incêndios florestais, que mesmo não causando a morte de todas as árvores desta espécie, pode alterar severamente a composição florística da floresta em regeneração no sub-bosque, pela eliminação de espécies mais sensíveis ao fogo.

Agradecimentos

Os autores agradecem ao Instituto Florestal do Estado de São Paulo, pela infra-estrutura de apoio disponibilizada; à Marta C. Assis e Rejane Esteves pelo apoio em campo e aos taxonomistas Geraldo A.D.C. Franco, Onsy Tadeu Aguiar e João Batista Baitello. Também agradecemos ao CNPq pela bolsa de mestrado concedida ao primeiro autor e ao programa Biota/FAPESP (2001/05146-6) pelo apoio à pesquisa.

Referências Bibliográficas

Almeida, F.F.M. 1974. Fundamentos Geológicos do Relevo Paulista. São Paulo (SP), IG/USP. Série Teses e Monografias (14), 102p.

Andrae, F.H.; Palumbo, R.; Marchiori, J.N.C.; Durlo, M.A. 2005. O sub-bosque de reflorestamentos de Pinus em sítios degradados da região da Floresta Estacional Decidual do Rio Grande do Sul. Ciência Florestal 15(1):43-63.

Barbosa, C.E.A.; Benato, T.; Cavalheiro, A.L.; Torezan, J.M. 2009. Diversity of regenerating plants in reforestations with *Araucaria angustifolia* (Bertol.) O. Kuntze of 12, 22,35, and 43 years of age in Paraná State, Brazil. Restoration Ecology 17(1):60-67.

Baretta, D.; Brescovit, A.D.; Knysak, I.; Cardoso, E.J.B.N. 2007. Trap and soil monolith sampled edaphic spiders (*Arachnida: Araneae*) in *Araucaria angustifolia* forest. Scientia Agricola 64:375-383. Bond, W.J., Wilgen, B.W. van. 1996. Fire and plants. Chapman & Hall, London, UK.

Broadhurst, L.M.; North, T.; Young, A.G. 2006. Should we be more critical of remant seed sources being used for revegetation? Ecological Management and Restoration 7(3):211-217.

Caiafa, A.N.; Martins, S.V.; Nunes, J.A.; Eisenlohr, P.V. 2009. Espécies arbóreas raras. p. 245-261. *In*: Martins, S.V. ed. Ecologia de florestas tropicais do Brasil. Editora UFV, Viçosa, MG, Brasil.

Callaway, R.M.; Walker, L.R. 1997. Competition and facilitation: a synthetic approach to interactions in plant communities. Ecology 78:1958-1965.

Carneiro, P.H.M.; Rodrigues, R.R. 2007. Management of monospecific commercial reforestations for the forest restoration of native species with high diversity. p. 129-144. *In*: Rodrigues, R.R.; Martins, S.V.; Gandolfi, S. eds. High Diversity Forest Restoration in Degraded Areas: Methods and Projects in Brazil. Nova Science Publishers, New York, USA.

Chada, S.S.; Campello, E.F.C.; Faria, S.M. 2004. Sucessão vegetal em uma encosta reflorestada com leguminosas arbóreas em Angra dos Reis, RJ. Revista Árvore 28(6): 801-809.

Chapin, F.S. 1980. The mineral nutrition of wild plants. Annual Review of

Ecology and Systematics 11:233-260. Christensen, N.L. 1985. Shrubland fire regimes and their evolutionary consequences. p.85-100. *In:* PICKETT S.T.A.; WHITE, P.S. eds. The ecology of natural disturbance and patch dynamics. Academic, London, UK.

Costa, J.N.M.N. 2008. Efeito de diferentes modelos de plantios de restauração e dos grupos funcionais das espécies plantadas na estrutura da comunidade e suas contribuições na riqueza e diversidade da paisagem agrícola. 2008, 100p. Dissertação (Mestrado em Ciências da Engenharia Ambiental), Universidade Federal de São Carlos, São Carlos-SP.

Dalling, J.W.; Swaine, M.D.; Garwood, N.C. 1997. Soil seed bank community in seasonally moist lowland tropical forest, Panama. Journal of Tropical Ecology 13(5):659-680.

Daubenmire, R. 1968. Ecology of fire in grasslands. Advances in Ecological Research 5:209-266.

De Steven, D. 1991. Experiments on mechanisms of tree establishment in old-field sucession: seedling emergence. Ecology 72:1066-1075.

De Walt, S.J.; Maliakal, S.K.; Denslow, J.L. 2003. Changes in vegetation structure and composition along a tropical forest chronosequence: implications for wildlife. Forest Ecology and Management 182:139-151.

Duarte, L.S.; Dos Santos, M.G.; Hartz, S.M.; Pillar, V.D. 2006. Role of nurse plants on Araucaria Forest expansion over grassland in south Brazil. Austral Ecology 31: 520-528.

Duarte, L.S.; Hartz, S.M.; Pillar, V.P. 2009. A dinâmica de nucleação dos pinhais sobre os campos no planalto sul- riograndense. p.75-84. *In:* Fonseca, C.R.; Souza, A.F.; Leal-Zanchet, A.N.; Dutra, T.; Backes, A.; Ganado, G. eds. Floresta com Araucária: ecologia, conservação e desenvolvimento sustentável. Editora Holos, Ribeirão Preto, SP, Brasil.

Durigan, G.; Engel, V.L.; Torezan, J.M.; Melo, A.C.G.; Marques, C.M.; Martins, S.V.; Reis, A.; Scarano, F.R. 2010. Normas jurídicas para a restauração ecológica: uma barreira a mais a dificultar o êxito das iniciativas? Revista Árvore 34(3):471-485.

FAO. Food and Agriculture Organization. 2005. Global forest resources assessment progress towards sustainable forest management. Food and Agriculture Organization of the United Nations, Roma, Italy.

Fonseca, C.R.; Ganade, G.; Baldissera, R.; Becker, C.G.; Boelter, C.R.; Brescovit, A.D.; Campos, L.M.; Fleck, T.; Fonseca, V.S.; Hartz, S.M.; Joner, F.; Kaffer, M.I.; Leal-Zanchet, A.M.; Marceli, M.P.; Mondin, C.A.; Paz, C.P.; Petry, M.V.; Putzke, J.; Vergara, M.; Mesquita, A.S.; Vieira, E.M. 2009. Princípios modernos de manejo florestal e a conservação da biodiversidade associada à Floresta com Araucária. p.287-302. *In:* Fonseca, C.R.; Souza, A.F.; Leal-Zanchet, A.N.; Dutra, T.; Backes, A.; Ganado, G. eds. Floresta com Araucária: ecologia, conservação e desenvolvimento sustentável. Editora Holos, Ribeirão Preto, SP, Brasil.

Forneck, E.D.; Muller, S.C.; Porto, M.L.; Pfadenhauer, J. 2003. Composição, distribuição e estratégias de dispersão das espécies lenhosas em manchas insulares florestais nos campos do morro Santana, Porto Alegre, RS, Brasil. UFC, Fortaleza-CE.

Ganade, G. 1996. Seedling establishment in Amazon rainforest and old fields. Ph.D.thesis. University of London, London, United Kingdom.

Ganade, G.; Brown, V.K. 2002. Succesion in old pastures of central Amazonia: role of soil fertility and plant litter. Ecology 83:743-754.

Gill, D.S.; Marks, P.L. 1991. Tree and shrub seedling colonization of old fields in central New York. Ecological Monographs 61:183-205.

GISP - The global invasive species program. 2005. South America invaded: the growing danger of invasive alien species. Secretaria do GISP, Nairobi.

Grant, C.D.; Loneragan, W.A. 2001. The effects of burning on the understorey composition of rehabilitated bauxite mines in Western Australia: community changes and vegetation sucession. Forest Ecology and Management 145:255-279.

Grime, J.P. 1977. Evidence for the existence of three primary strategies in plants and its relevance to ecological and evolutionary theory. The American Naturalist 111:1169-1194.

Grime, J.P. 1979. Plant strategies and vegetation processes. John Wiley, Chichester, UK.

Hammond, D.S. 1995. Post-dispersal seed and seedling mortality of tropical dry forest trees after shifting agriculture, Chiapas, México. Journal of Tropical Ecology 11:295-313.

Heringer, I.; Jacques, A.V.A. 2001. Adaptação das plantas ao fogo: enfoque na transição floresta-campo. Ciência Rural 31(6): 1085-1090.

IBAMA. Instituto Brasileiro do Meio Ambiente e dos Recursos Naturais Renováveis. 1993. Listagem oficial das espécies vegetais brasileiras ameaçadas de extinção. Disponível em: http://www.ibama.gov.br. Acesso em: 30/09/2010.

IUCN. IUCN Red List of Threatened Species (Version 3.1). 2001. Disponível em http://www.iucnredlist.org. Acesso em: 30/09/2010.

Ivanauskas, N.M; Monteiro, R; Rodrigues, R.R. 2003. Alterations following a fire in a Forest community of Alto Rio Xingu (Mato Grosso, Brazil). Forest Ecology and Management 184:239-250.

Ivanauskas, N.M.; Rodrigues, R.R.; Souza, V.C. 2007. The importance of the regional floristic diversity for the forest restoration successfulness. p. 63-76. *In:* Rodrigues, R.R.; Martins, S.V.; Gandolfi, S. eds. High diversity forest restoration in degraded areas: methods and projects in Brazil. Nova Science Publishers, New York, USA.

Kauffman, J.B.; Cummings, D.L.; Ward, D.E. 1994. Relationships of fire, biomass and nutrient dynamics along a vegetation gradient in the Brazilian cerrado. Journal of Ecology 82: 356-359.

Keenan, R.; Lamb, D.; Woldring, O.; Irvine, T.; Jensen, R. 1997. Restoration of plant biodiversity beneath tropical tree plantations in northern Australia. Forest Ecology and Management 99: 117-131.

Lee, E.; Hau, B.C.H.; Corlett, R.T. 2005. Natural regeneration in exotic tree plantations in Hong Kong, China. Forest Ecology and Management 212: 358-366.

Lesica, P.; Allendorf, F.W. 1999. Ecological genetics and the restoration of plant communities: mix or match? Restoration Ecology 13(3):432-440.

Lombardi, J.A.; Motta Junior, J.C. 1992. Levantamento do sub-bosque de um reflorestamento monoespecífico de *Pinus elliotti* em relação às síndromes de dispersão. Turrialba 42(4):438-442.

Los, M.M. 2004. Florística, estrutura e diversidade de floresta com Araucária em áreas de diferentes tamanhos. 79p. Dissertação (Mestrado em Ecologia). Instituto de Biociências, Universidade de São Paulo, São Paulo-SP.

Marod, D.; Kutintara, U.; Tanaka, H.; Nakashikuza, T. 2002. The effects of drought and fire on seed and seedling dynamics in a tropical seasonal forest in Thailand. Plant Ecology 161:41-57.

McClanahan, T.R.; Wolfe, R.W. 1993. Accelerating forest succession in a fragmented landscape: the role of birds and perches. Conservation Biology 7:279-287.

McDonnel, M.J. 1986. Old field vegetation height and the dispersal pattern of bird-disseminated woody plants. Bulletin Torrey Botanic Club 113:6-11.

McDonnel, M.J.; Stiles, E.W. 1983. The structural complexity of old field vegetation and the recruitment of bird- dispersed plant species. Oecologia 56:109-116.

Melo, A.C.G.; Durigan, G.; Gorenstein, M.R. 2007. Efeito do fogo sobre o banco de sementes em faixa de borda de Floresta Estacional Semidecidual, SP, Brasil. Acta Botanica Brasilica 21(4):927-934.

Miranda, A.C.; Miranda, H.S.; Dias, I.F.O.; Dias, B.F.S. 1993. Soil and air temperatures during prescribed cerrados fires in Central Brazil. Journal of Tropical Ecology 9:313-320.

Miriti, M. 1998. Regeneração florestal em pastagens abandonadas na Amazônia Central: competição, predação e dispersão de sementes. p. 179-191. *In:* Gascon, C.; Moutinho, P. eds. Floresta Amazônica: dinâmica, regeneração e manejo. Instituto Nacional de Pesquisas da Amazônia, Manaus-AM, Brasil.

Mochiutti, S.; Higa, A.R.; Simon, A.A. 2008. Fitossociologia dos estratos arbóreo e de regeneração natural em um povoamento de Acácia-negra (*Acacia mearnsii* De Wild.) na região da Floresta Estacional Semidecidual no Rio Grande do Sul. Ciência Florestal 18(2):207-222.

Moreira, M.; Baretta, D.; Tsai, S.M.; Cardoso, E.J.B.N. 2006. Spore density and root colonization by arbuscular mycorrhizal fungi in preserved or disturbed *Araucaria angustifolia* (Bert.) O. Ktze. ecosystems. Scientia Agricola 63:380-385.

Moreira, M.; Baretta, D.; Tsai, S. M.; Cardoso, E.J.B.N. 2009. Arbuscular Mycorrhizal fungal communities in native and in replanted Araucaria Forest. Scientia Agricola 66:677-684.

Mucunguzi, P.; Oryem-Origa, H. 1996. Effects of heat and fire on the germination of *Acacia sieberiana* D.C. and *Acacia gerrardii* Benth. in Uganda. Journal of Tropical Ecology 12:1-10.

Muller, S.C.; Forneck, E.D. 2004. Forest-grassland mosaics in the hills of Porto Alegre city: a study case of forest expansion patterns in Santana hill, Rio Grande do Sul, Brazil. Porto Alegre -RS.

Muller, S.C. 2005. Padrões de espécies e tipos funcionais de plantas lenhosas em bordas de floresta e campo sob influência do fogo. Tese de Doutorado, UFRGS, Porto Alegre-RS.

Parrota, J.A. 1999. Productivity, nutrient cycling and succession in single and mixed-species plantations of *Casuarina equisetifolia*, *Eucalyptus robusta* and *Leucaena leucocephala* in Puerto Rico. Forest Ecology and Management 124:45-77.

Parrota, J.A.; Turnbull, J.W.; Jones, N. 1997. Catalyzing native forest regeneration on degraded tropical lands. Forest Ecology and Management 99:1-7.

Pielou, E.C. 1966. Introduction to mathematical ecology. Wiley-Interscience, New York, USA.

Pillar, V.D.P. 2003. Dinâmica da expansão florestal em mosaicos de floresta e campos no sul do Brasil. p. 209-216. *In:* Sales. C., org. Ecossistemas Brasileiros: Manejo e conservação. Expressão Gráfica e Editora. Fortaleza-CE.

Pillar, V.D.P.; Muller, S.C.; Oliveira, J.M.; Machado, R.E. 2009. Mosaicos de campos e Floresta com Araucária: dilemas para a conservação. p.273-283. *In:* Fonseca, C.R.; Souza, A.F.; Leal-Zanchet, A.N.; Dutra, T.; Backes, A.; Ganado,

G., eds. Floresta com Araucária: ecologia, conservação e desenvolvimento sustentável. Editora Holos, Ribeirão Preto, SP.

Pinto, A.S. 1999. A relação entre fenologia de espécies lenhosas e a disponibilidade hídrica em um Cerrado. 44p. Dissertação (Mestrado) – Universidade de Brasília, Brasília –DF.

Ribeiro, T.M. 2011. Florística e estrutura da comunidade arbustivo-arbórea em florestas naturais e restauradas com *Araucaria angustifolia* (Bertol.) O. Kuntze no estado de São Paulo, Brasil. 246p. Dissertação (Mestrado) – Universidade Federal de Viçosa, MG.

Ribeiro, T.M.; Martins, S.V.; Ivanauskas, N.M.; Polisel, R.T.; Santos, R.L.R. 2012. Restauração florestal com *Araucaria angustifolia* (Bertol.) O. Kuntze no Parque Estadual de Campos do Jordão, SP: efeitos do fogo na estrutura do componente abustivo-arbóreo. Scientia Forestalis 40:279-290.

Santos, F.F.M.; Melo, A.C.G.; Durigan, G. 2007. Regeneração natural sob diferentes modelos de plantio de mata ciliar em região de cerrado no município de Assis, SP. IF Série Regional 31:225-228.

São Paulo. Secretaria do Meio Ambiente. Resolução SMA 08 de 07 de março de 2007. Fixa a orientação para o reflorestamento heterogêneo de áreas degradadas e dá providências correlatas. Diário Oficial do Estado de São Paulo, Seção 1, p.28. 08 mar. 2007.

São Paulo. Secretaria do Meio Ambiente. Resolução SMA 48 de 18 de setembro de 2004. Lista oficial das espécies da flora ameaçadas de extinção no Estado de São Paulo. Diário Oficial do Estado de São Paulo, Seção 1, p.26, 22 set. 2004.

Seibert, C.L.; Negreiros, O.C.; Bueno, R.A.; Emerich, W.; Moura-Netto, B.V.; Marcondes, M.A.P; Cesar, S.F.; Guillanimon, J.R.; Montagna, R.A.A.; Barreto, J.R.; Oliveira, M.C.; Godoi, A. 1975. Plano de manejo no Parque Estadual de Campos de Jordão. Boletim Técnico do Instituto Florestal de São Paulo 19:1-153.

Senbeta, F.; Teketay, D.; Naslund, B.A. 2002. Native woody species regeneration in exotic tree plantations at Munessa-Shashemene forest, southern Ethiopia. New Forests, 24:131-145.

Souza, R.P.M. 2008. Estrutura da comunidade arbórea de trechos de florestas de Araucaria no estado de São Paulo, Brasil. 2008. Dissertação de Mestrado em Recursos Florestais. Escola Superior de Agricultura Luiz de Queiroz – ESALQ/USP. Piracicaba-SP.

Tabarelli, M.; Villani, J.P.; Mantovani, W. 1993. A recuperação da floresta atlântica sob plantios de *Eucalyptus* no núcleo Santa Virgínia, SP. Revista do Instituto Florestal 5(2):187-201.

Tilman, D. 1995. The resource-ratio hypothesis of plant succession. American Naturalist 125:827-852.

Uhl, C.; Buschbacher, R. 1985. A disturb synergism between cattle ranch burning practices and selective tree harvesting in the eastern Amazon. Biotropica 17(4):265-268.

Uhl, C.; Clark, K.; Clark, H. 1981. Murphy, P. Early plant succession after cutting and burning in the upper Rio Negro region of the amazon basin. Journal of Ecology 69:631-649.

Uhl, C.; Kauffman, J.B.; Silva, E.D. 1990. Os caminhos do fogo na amazônia. Ciência Hoje 11: 25–32.

Viani, R.A.G.; Nave, A.G.; Rodrigues, R.R. 2007. Transference of seedlings and alóctone young individuals as ecological restoration methodology. p. 145-170. *In*: Rodrigues, R.R.; Martins, S.V.; Gandolfi, S., eds. High diversity forest restoration in degraded areas: methods and projects in Brazil. Nova Science Publishers, New York, USA.

Viani, R.A.G.; Durigan, G.; Melo, A.C.G. 2010. A regeneração natural sob plantações florestais: desertos verdes ou redutos de biodiversidade? Ciência Florestal 20(3): 533-552. an, R.J. 1995. The ecology of fire. Cambridge University Press, Cambrige, UK.

Wilson, S.D. 1999. Plant interactions during secondary succession. p.611-632. *In*: Walker L. ed. Ecossystems of disturbed ground. Elsevier, New York, USA.

Wilson, S.D.; Tilman, D. 1993. Plant competition in relation to disturbance, fertility and resource availability. Ecology 74:599-611.

Wilson, S.D.; Tilman, D. 1995. Competitive responses of eight old-field plant species in four environments. Ecology 76:1169-1180.

Yirdaw, E.; Luukkanen, O. 2003. Indigenous woody species diversity in *Eucalyptus globules* Labill. plantations in the Ethiopian highlands. Biodiversity and Conservation 12:567- 582.

Zanini, L.; Ganade, G. 2005. Restoration of Araucaria forest: the role of perches, pioneer vegetation and soil fertility. Restoration Ecology 13(13):507-514.

3

Componente residente do sub-bosque em florestas com araucária no estado de São Paulo

Rodrigo Trassi Polisel, Marta Camargo de Assis, Kikyo Yamamoto & Natália Macedo Ivanauskas

3.1 Introdução

A expressão "estrato herbáceo" é empregada em muitos estudos sobre o sub-bosque florestal, mas pode ser inadequada por compreender diversas formas de vida, inclusive as não herbáceas e arbustivas que podem ocupar diferentes posições ao longo da estrutura vertical da floresta em resposta ao gradiente de luz em seu interior (Richards, 1996). Neste capítulo, optamos por denominar o objeto de estudo como comunidade de sub-bosque, sendo esta a que completa o seu ciclo de vida no interior da floresta sob luz difusa (Müller & Waechter, 2001).

O sub-bosque florestal compreende uma flora influenciada em escala regional por fatores climáticos, como temperatura e precipitação, e aparentemente por fatores edáficos, além de características de luz e de fragmentação numa escala local. Estes mesmos fatores podem influenciar a comunidade de sub-bosque quanto à distribuição de riqueza e abundância relativas das formas de vida (Polisel, 2011a).

As espécies presentes no sub-bosque podem ser divididas em dois componentes que competem pelo mesmo recurso nas fases iniciais de desenvolvimento: as residentes e as transientes. As espécies residentes passam todo o seu ciclo de vida subordinadas às condições de dossel (p.ex. ervas, subarbustos e arbustos). Já as espécies transientes só estão provisoriamente no sub-bosque enquanto imaturas nesta comunidade (p.ex. indivíduos jovens de espécies arbóreas) (Gilliam et al., 1994). As trepadeiras, tanto as lenhosas (lianas) como as herbáceas (vinhas), podem ser residentes ou transientes dependendo do alcance em altura na floresta, isto é, de completarem ou não o ciclo de vida abaixo do dossel, ou da necessidade de alcançá-lo para se tornarem reprodutivas.

Em estudos de sub-bosque, há duas maneiras usuais para delimitar o universo amostral. Na primeira, adota-se uma altura máxima abaixo da qual todas as formas de vida são registradas, inclusive os elementos transientes. Na segunda, determinam-se as formas de vida a serem incluídas na amostragem, independentemente da altura (Aranha, 2008; Polisel, 2011a). Esta segunda abordagem é aqui adotada, com a exclusão das parasitas e epífitas obrigatórias e inclusão de trepadeiras, ervas, subarbustos, arbustos, bambusóides e árvores residentes de pequeno porte (com perímetro à 1,30 m menor que 15 cm).

São apresentadas as composições florísticas de sub-bosque de quatro trechos de floresta com araucária no estado de São Paulo. No interior de cada uma das parcelas de 10 x 20 m, onde foram realizados os estudos do componente arbóreo (Souza, 2008; Ribeiro, 2011), foram aleatoriamente distribuídas cinco parcelas de 1 x 1 m para a amostragem do sub-bosque. Estas parcelas foram alocadas em florestas naturais com araucária nos municípios de Barra do Chapéu (BC), Campos do Jordão (CJ) e Itaberá (IT), num total de 50 parcelas para o componente arbóreo e 250 parcelas de sub-bosque. Já em um trecho de reflorestamento com araucária em Bananal foram estabelecidas 43 parcelas para o componente arbóreo e 215 subparcelas para o sub-bosque. Além disso, coletas foram efetuadas ao longo da área de estudo para o incremento da riqueza florística na área. As relações florísticas entre as áreas foi obtida por meio de análise de agrupamento (uso do índice de Jaccard e método de ligação UPGMA). A contribuição da comunidade de sub-bosque à riqueza total de cada área também foi analisada.

3.2 Dados de riqueza do componente residente de sub-bosque

No sub-bosque residente de quatro trechos de floresta com araucária no estado de São Paulo foi registrado um total de 266 espécies, pertencentes a 136 gêneros e 63 famílias. Deste total, 39 foram de Pterophyta *s.s.* e 227 de Magnoliophyta (Tabela 3.1). Os parâmetros florísticos de cada localidade estão organizados nas Tabelas 3.2 e 3.3.

Tabela 3.1- Listagem florística e número do coletor das espécies presentes no sub-bosque de quatro trechos de floresta com araucária no estado de São Paulo, Brasil.

Família/Espécie	Hábito	CJ	BC	BA	IT	R	Coletor
Acanthaceae (Cynthia Kameyama)							
Mendoncia puberula (Mart.) Ness	T	1	1				1015
Mendoncia velloziana Mart.	T	1		1			882
Staurogyne itatiaiae (Wawra) Leonard	SA			1			533/719
Alstroemeriaceae (Marta Camargo de Assis)							
Bomaria edulis (Tussac) Herb.	T		1				
Anemiaceae							
Anemia phyllitidis (L.) Sw.	E	1	1	1	1	1	883
Apiaceae							
Eryngium cf. *elegans* Cham. & Schltdl.	E	1				1	1016
Hydrocotyle callicephala Urb.	E	1		1			860
Hydrocotyle leucocephala Cham. & Schltdl.	E	1		1		1	1017
Apocynaceae							
Condylocarpon isthmicum A. DC.	T		1	1			986
Forsteronia pilosa Müll. Arg.	T		1		1		1010
Orthosia urceolata E. Fourn.	T		1	1	1		991
Peltastes peltatus (Vell.) Woodson	T		1	1	1		
Prestonia calycina Müll. Arg.	T	1					1018
Araceae							
Anthurium itanhaense Engl.	E			1			651
Asterostigma lividum (Lodd.) Engl.	E	1	1		1		523
Philodendron appendiculatum Naudruz & Mayo	E		1	1			1038
Aristolochiaceae							
Aristolochia cf. *arcuata* Mast.	T			1			
Aristolochia galeata Mart. & Zucc.	T				1		
Aspleniaceae (Jefferson Prado)							
Asplenium auritum Sw.	E	1		1			233
Asplenium cristatum Lam.	E			1			611
Asplenium harpeodes Kunze	E	1					238
Asplenium incurvatum Fée	E	1					280

Tabela 3.1- Listagem florística e número do coletor das espécies presentes no sub-bosque de quatro trechos de floresta com araucária no estado de São Paulo, Brasil.

Família/Espécie	Hábito	CJ	BC	BA	IT	R	Coletor
Asplenium sp.	E	1					70
Asteraceae (Rosangela Bianchini)							
Baccharis singularis (DC.) Baker	A			1			509
Baccharis crispa Spreng.	A	1		1		1	210
Emilia sagittata DC.	E	1	1	1		1	461
Erechtites valerianifolius (Link ex Spreng.) DC.	E	1				1	859
Eupatorium sp.1	A			1			838
Eupatorium sp.2	SA			1			
Jaegeria hirta (Lag.) Less.	E	1				1	189
Mikania cf. *capricornis* Baker	T	1					1020
Mikania hirsutissima DC.	T		1	1			316
Mikania lindbergii Baker	T		1	1			731/789
Mikania ternata (Vell.) B.L. Rob.	T	1	1				223
Mikania cf. *triangularis* Baker	T	1					212
Mikania sp.1	T				1		1042
Mikania sp.2	T			1			729
Mikania sp.3	T			1			727
Piptocarpha cf. *notata* (Less.) Baker	T			1			791
Balsamniaceae							
Impatiens walleriana Hook. f.	E			1		1	
Begoniaceae							
Begonia cucullata Willd.	E	1		1		1	878
Begonia sp.1	T			1			
Begonia sp.2	T			1			614
Bignoniaceae							
Adenocalymma sp.	T	1					
Anemopaegma sp.	T	1	1		1		
Podranea ricasoliana (Tanfani) Sprague	T	1					
Tanaecium pyramidatum (Rich.) L.G. Lohmann	T				1		

Tabela 3.1- Listagem florística e número do coletor das espécies presentes no sub-bosque de quatro trechos de floresta com araucária no estado de São Paulo, Brasil.

Família/Espécie	Hábito	CJ	BC	BA	IT	R	Coletor
Bignoniaceae 1	T		1	1			850
Bignoniaceae 2	T				1		
Bignoniaceae 3	T		1				
Blechnaceae (Jefferson Prado)							
Blechnum binervatum var. acutum (Desv.) R.M. Tryon & Stolze	E	1		1			231
Blechnum brasiliense L.	E		1				467
Blechnum occidentale L.	E		1				297
Blechnum proliferum Rosenst.	E			1			911
Blechnum sp.	E	1			1		
Bromeliaceae (Marta Camargo de Assis)							
Aechmea distichanta M.B.Foster	E	1					
Bromelia fastuosa Lindl.	E			1			
Wittrockia cf. *cyathiformis* (Vell.) Leme	E	1					
Bromeliaceae 1	E	1					
Bromeliaceae 2	E		1				
Bromeliaceae 3	E			1			
Campanulaceae							
Siphocampylus fimbriatus Regel	SA	1	1				284
Cannabaceae							
Celtis iguanaea (Jacq.) Sarg.	T				1		
Caryophyllaceae							
Drymaria cordata (L.) Willd. ex Schult.	E	1		1			190
Celastraceae							
Hippocratea volubilis L.	T			1	1		1039
Maytenus glaucescens Reissek.	Ar	1					213
Commelinaceae (Maria do Carmo E. do Amaral)							
Commelina erecta L.	E		1			1	506
Dichorisandra cf. *pubescens* Mart.	E		1	1			466

Tabela 3.1- Listagem florística e número do coletor das espécies presentes no sub-bosque de quatro trechos de floresta com araucária no estado de São Paulo, Brasil.

Família/Espécie	Hábito	CJ	BC	BA	IT	R	Coletor
Dichorisandra thyrsiflora J.C. Mikan	E		1		1		452
Tripogandra diuretica (Mart.) Handlos	E	1	1	1		1	507
Cucurbitaceae							
Cayaponia sp.	T	1					1022
Cucurbitaceae 1	T		1				1046
Cucurbitaceae 2	T	1					1023
Cyperaceae (George John Shepherd)							
Pleurostachys stricta Kunth	E		1				475
Pleurostachys sp.1	E				1		
Pleurostachys sp.2	E		1				516
Rhynchosphora corimbosa (L.) Britt.	E	1				1	187/191
Rhynchosphora sp.	E		1				516
Scleria latifolia Sw.	E		1	1			577
Dilleniaceae							
Doliocarpus cf. *dentatus* (Aubl.) Standl.	T			1			836
Dioscoreaceae							
Dioscorea laxiflora Mart. ex Griseb	T		1	1	1		689
Dryopteridaceae (Jefferson Prado)							
Elaphoglossum vagans (Mett.) Hieron.	E	1					
Polystichum montevidense (Spreng.) Rosenst.	E	1					232/234
Erythroxylaceae							
Erythroxylum cuneifolium (Mart.) O.E.Schulz.	Ar		1				499
Euphorbiaceae (Inês Cordeiro)							
Acalypha gracilis Müll. Arg*	A		1				504
Dalechampia cf. *leandrii* Baill.	T	1					1024
Dalechampia triphylla Lam.	T		1				1043
Fragariopsis scandens A. St. Hil.	T	1					
Manihot grahamii Hook.	A		1				
Petrea volubilis L.	T				1		1040

Tabela 3.1- Listagem florística e número do coletor das espécies presentes no sub-bosque de quatro trechos de floresta com araucária no estado de São Paulo, Brasil.

Família/Espécie	Hábito	CJ	BC	BA	IT	R	Coletor
Tragia volubilis L.	T		1				
Fabaceae - Cerciideae							
Phanera microstachya (Raddi) L.P.Queiroz	T		1		1		
Fabaceae - Faboideae (Rodrigo Sampaio)							
Desmodium cf. *incanum* DC.	E			1		1	587
Machaerium sp.nov. inéd.	T			1			817
Gesneriaceae							
Nematanthus cf. *wettsteinii* (Fritsch) H.E. Moore	E			1			758
Gleicheniaceae (Jefferson Prado)							
Sticherus penninger (Mart.) Copel	E			1			898
Griseliniaceae							
Griselinia ruscifolia (Clos) Taub.	Ar	1					
Lamiaceae (Élide Pinheiro)							
Hyptis fasciculata Benth	SA			1		1	
Ocimum carnosum (Spreng.) Link & Otto ex Benth.*	SA	1	1			1	194
Peltodon radicans Pohl	E	1	1	1		1	193
Plumella vulgaris L.	SA	1					203
Salvia arenaria A. St.-Hil.	A	1					195
Salvia sp.1	A	1					1026
Salvia sp.2	SA	1					329
Lauraceae (João Batista Baitello)							
Cassytha filiformis L.	P			1			
Lentibulariaceae (Juliana Sampaio)							
Utricularia tricolor A. St.-Hil.	E			1			896
Lythraceae							
Cuphea calophylla Cham. & Schltdl.*	SA		1			1	464
Cuphea ingrata Cham. & Schltdl.	SA	1					188
Loganiaceae							
Strychnos brasiliensis (Spreng.) Mart.	T				1		

Tabela 3.1- Listagem florística e número do coletor das espécies presentes no sub-bosque de quatro trechos de floresta com araucária no estado de São Paulo, Brasil.

Família/Espécie	Hábito	CJ	BC	BA	IT	R	Coletor
Lycopodiaceae (Jefferson Prado)							
Lycopodiella clavatum L	E	1		1			849
Malpighiaceae							
Heteropteris intermedia Griseb.	T		1	1	1		1045
Heteropteris martiana A. Juss	T		1				
Heteropteris nitida Kunth	T		1				1042
Heteropteris sp.	T			1			904
Malvaceae							
Triunfetta semitriloba Jacq.	A		1	1		1	408
Marantaceae (João Marcelo Braga)							
Calathea communis Wand. & S. Vieira	E		1				455/456
Ctenanthe lanceolata Petersen	E		1				400
Ctenanthe sp.	E			1			
Marantaceae	E			1			
Melastomataceae (Maria Leonor Del Rei)							
Aciotis cf. *paludosa* (Mart. ex DC.) Triana	E	1					1025
Clidemia urceolata DC.	T		1				459/501
Leandra acutiflora (Naudin) Cogn.	A	1					217
Leandra australis (Cham.) Cogn.	A		1				458/474
Leandra carassana (DC.) Cogn.	A	1					141
Leandra fragilis Cogn.	SA			1	1		537.605
Leandra regnellii (Triana) Cogn.	A		1	1			548
Leandra sulfurea Cogn.	SA	1					319
Leandra xanthocoma (Naudin) Cogn.	A		1	1			872
Leandra sp.1	SA		1	1			841/842
Leandra sp.2	SA			1			581
Pleiochiton blepharodes (Cogn.) Triana	SA			1			551/552
Meliaceae (João Aurélio Pastore)							
Cabralea canjerana (Vell.) Mart. **	Ar			1			602
Menispermaceae							
Cissampelos andromorpha Eichler	T		1				1047

Tabela 3.1- Listagem florística e número do coletor das espécies presentes no sub-bosque de quatro trechos de floresta com araucária no estado de São Paulo, Brasil.

Família/Espécie	Hábito	CJ	BC	BA	IT	R	Coletor
Onagraceae							
Fuchsia regia (Vell.) Munz	T	1					1027
Orchidaceae (Wellington Forster)							
Habenaria parviflora Lindl.	E	1		1			588
Microchilus sp.	E		1				315
Promenaea cf. *stapelioides* Lind.	E				1		1041
Wullschlaegelia aphylla (Sw.) Rchb. f.	E		1				530
Oxalidaceae							
Oxalis triangularis A. St.-Hil.	E		1				
Phyllanthaceae							
Phyllanthus rosellus Müll. Arg.	E	1					204
Phyllanthus tenellus Roxb.	E		1			1	158
Piperaceae (Micheline Carvalho-Silva)							
Peperomia mandioccana Miq.	E	1					220
Peperomia glabella (Sw.) A. Dietr.	E	1	1				289
Peperomia rotundifolia (L.) Kunth	E	1	1				214
Peperomia urocarpa Fisch. & Meyer	E				1		
Peperomia sp.1	E		1				
Piper frutescens C. DC.	A		1				517
Piper gaudichaudianum Kunth	A		1				473
Piper glabratum Kunth	A	1					236
Piper cf. *hispidum* Sw.	A				1		
Piper molliconum Kunth	A		1	1	1		462
Piper crassinervium Kunth	A			1			557
Piper strictifolium D. Monteiro & E.F. Guim.	A			1			633/731
Plantaginaceae							
Plantago australis Lam.	E	1					
Poaceae (Hilda Longhi-Wagner - CJ)							
Chusquea cf. *ramosissima* Pilg.	B	1					222

Tabela 3.1- Listagem florística e número do coletor das espécies presentes no sub-bosque de quatro trechos de floresta com araucária no estado de São Paulo, Brasil.

Família/Espécie	Hábito	CJ	BC	BA	IT	R	Coletor
Chusquea sp.1	B		1				
Chusquea sp.2	B		1				
Festuca ulochaeta Nees ex Steud	E		1				500
Guadua sp.1	B	1					
Guadua sp.2	B	1					
Homolepis glutinosa (Sw.) Zuloaga & Soderstr.	E	1					200
Ichnanthus pallens (Sw.) Munro ex Benth.	E	1	1		1	1	54/201
Panicum cf. *hebotes* Trin.	E	1					45
Panicum pilosum Sw.	E	1					219
Pseudechinolaena polystachya (Kunth) Staff	E	1					186
Setaria poiretiana (Schult) Kunth	E		1				639
Poaceae 1	E				1		
Poaceae 2	E				1		
Poaceae 3	E				1		
Poaceae 4	E				1		
Poaceae 5	E			1			874
Poaceae 6	E			1			870
Poaceae 7	E		1				642
Poaceae 8	E			1			
Poaceae 9	E		1				531
Poaceae 10	E			1			
Poaceae 11	E		1				521/522
Poaceae 12	E			1			
Poaceae 13	E			1			599/899
Poaceae 14	E		1				486
Poaceae 15	E		1				
Polygalaceae							
Polygala lancifolia A.St-Hil.	SA	1					856

Tabela 3.1- Listagem florística e número do coletor das espécies presentes no sub-bosque de quatro trechos de floresta com araucária no estado de São Paulo, Brasil.

Família/Espécie	**Hábito**	**CJ**	**BC**	**BA**	**IT**	**R**	**Coletor**
Polypodiaceae (Jefferson Prado)							
Campyloneurum austrobrasilianum (Alston) de la Sota	E	1					276
Campyloneurum fallax Fée	E	1					278
Campyloneurum major (Hieron. ex Hicken) Lellinger	E	1					277
Campyloneurum lapathifolium (Poir) Ching	E	1					239
Micrograma squamulosa (Kaulf.) de la Sota	E	1					471
Niphidium crassifolium (L.) Lellinger	E			1			834
Pleopeltis hirsutissima Raddi	E	1		1			66
Pleopeltis pleopeltidis (Fée) de la Sota	E	1					240
Serpocaulon fraxinifolium (Jacq.) A.R.Sm.	E			1			866
Pteridaceae (Jefferson Prado)							
Cheilanthes radiata (L.) Fée	E				1		1050
Cheilanthes regularis Mett.	E	1					281
Histiopteris incisa (Thunb.) J.Sm.	E		1	1			
Pteridium aquilinum (L.) Kuhn	E			1		1	
Pteris deflexa Link.	E			1			720
Rosaceae							
Rubus erithroclados L.	SA	1					1029
Rubus rosifolius Sm. Ex Baker	SA	1		1		1	
Rubus cf. *urticifolius* Poir	SA	1		1			760
Rubiaceae							
Borreria palustris Müll. Arg.	SA	1	1	1			205
Borreria verticillata (L.) G. Mey.	T	1		1		1	534
Coccocypselum condalia Pers.	E	1					196
Coccocypselum cordifolium Nees & Mart.	E			1			613
Coccocypselum lanceolatum (Ruiz & Pav.) Pers.	E		1	1			539

Tabela 3.1- Listagem florística e número do coletor das espécies presentes no sub-bosque de quatro trechos de floresta com araucária no estado de São Paulo, Brasil.

Família/Espécie	Hábito	CJ	BC	BA	IT	R	Coletor
Emmeorhyza umbellata Nees & Mart	T		1	1			574
Galianthe brasiliensis (Spreng.) E.L.Cabral & Bacigalupo	A	1		1			578
Galium asperulum (A. Gray) Rydb.	T	1					230
Manettia gracilis Cham. & Schltdl.	T	1	1				511
Manettia sp.	T				1		1044
Margaritopsis cephalantha (Müll. Arg.) C.M. Taylor	A			1			540/794
Palicourea marcgravii A. St. -Hil.	A				1		1043
Psychotria racemosa Rich.	A				1		546
Psychotria ruelliifolia (Cham. & Schltdl.) Müll. Arg.	A			1			535/767
Psychotria stachyoides Benth.	SA	1		1	1		820
Psychotria subtriflora Müll. Arg.	SA	1		1			571
Psychotria cf. *vellosiana* Benth.	A				1		
Psychotria vellosiana Benth.	A	1		1	1		786
Sapindaceae (Maria Silvia Ferrucci)							
Cardiospermum halicacabum L.	T		1			1	
Paullinia bicorniculata Somner	T			1			
Paullinia carpopoda Cambess.	T		1				987
Paullinia meliifolia Juss.	T		1		1		484/512
Paullinia trigonia Vell.	T			1			726
Paullinia rhomboidea Radlk.	T		1	1	1		1048
Serjania macrostachya Radlk.	T			1			987
Serjania marginata Casar.	T			1			
Serjania multiflora Cambess.	T	1		1			
Serjania sp.1	T		1				
Serjania sp.2	T				1		111
Urvillea ulmacea Radlk.	T				1		113
Smilacaceae							

Tabela 3.1- Listagem florística e número do coletor das espécies presentes no sub-bosque de quatro trechos de floresta com araucária no estado de São Paulo, Brasil.

Família/Espécie	Hábito	CJ	BC	BA	IT	R	Coletor
Smilax elastica Griseb.	T		1				148
Smilax spicata Vell.	T	1					1035
Smilax stenophylla A. DC.	T			1			828
Solanaceae (Leandro Giacomin, João Stehlmann)							
Brunfelsia pauciflora (Cham. & Schltdl.) Benth.	A	1	1		1		447
Capsicum flexuosum Sendtn.	Ar	1	1				
Capsicum recurvatum Witasek	A	1					140
Cestrum corymbosum Schltdl.	A	1				1	211
Cestrum nocturnum L.	SA	1					
Cestrum mariquitense Kunth	Ar				1		1045
Cestrum sp.	A		1				
Solanum cf. *aculeatissimum* Jacq.	SA			1			
Solanum brusquense L.B. Sm. & Downs	SA	1					1036
Solanum sp.nov. inéd.	SA	1					228
Solanum sp.2	A			1			803
Solanaceae 1	A		1				
Solanaceae 2	SA		1				
Solanaceae 3	SA		1				
Streliztiaceae							
Strelitzia sp.	E			1			884
Thelypteridaceae (Jefferson Prado)							
Macrothelypteris torresiana (Gaud.) Ching	E	1		1			1031
Thelypteris amambayensis (Christ) Ponce	E			1			865
Thelypteris mosenii (C. Chr.) C.F. Reed	E	1					237
Thelypteris tamandarei (Rosenst.) Ponce	E	1					1033
Thelypteris sp.1	E				1		1003
Thelypteris sp.2	E				1		

Tabela 3.1- Listagem florística e número do coletor das espécies presentes no sub-bosque de quatro trechos de floresta com araucária no estado de São Paulo, Brasil.

Família/Espécie	Hábito	CJ	BC	BA	IT	R	Coletor
Urticaceae (Sérgio Romaniuc Neto)							
Boehmeria caudata (Poir.) Bonpl.	A		1	1			656
Pilea pubescens Kostern.	E		1				497
Pilea hilariana Wedd.	E	1					197
Valerianaceae							
Valeriana scandens L.	T	1	1	1			323
Verbenaceae (Cynthia Kameyama)							
Verbenaceae 1	A		1		1		485
Violaceae							
Anchietea pyrifolia A. St. -Hil.	T			1			831/833
Hybanthus communis (A. St. -Hil.) Taub.	A			1		1	749/831
Vitaceae							
Cissus striata Ruiz & Pav.	T	1		1		1	1037
indeterminada							
indeterminada 1	T			1			
indeterminada 2	E				1		
indeterminada 3	E		1				
indeterminada 4	E		1				
indeterminada 5	E		1				
TOTAL		**104**	**95**	**107**	**47**	**27**	

Legenda: * Espécie não registrada na amostragem fitossociológica. ** Ecótipo de pequeno porte da espécie *Cabralea canjerana*. **Nome entre parênteses após a família representa o taxonomista que identificou as espécies do respectivo grupo. Legenda: Hábito: A: arbusto, Ar: árvore de pequeno porte, B: bambusóide, E: erva, P: parasita, SA: sub-arbusto, T: trepadeira, CJ: Campos do Jordão, BC: Barra do Chapéu, BA: Bananal e IT: Itaberá. R: planta ruderal (Carneiro & Irgang 2005, Lorenzi 2001). Coletor: número de coleta de Rodrigo T. Polisel.**

Tabela 3.2 - Síntese dos principais parâmetros florísticos de trechos de floresta com araucária no estado de São Paulo.

Descritores florísticos	CJ	BC	BA	IT
Tamanho da área amostral (m^2)	250	250	215	250
Riqueza de espécies	104	95	107	47
Riqueza de famílias	42	36	48	26
Número de famílias com apenas uma espécie	23	15	21	18
Número de espécies exclusivas	64	51	57	26

Legenda: CJ: Parque Estadual de Campos do Jordão; BC: Propriedade particular de Barra do Chapéu; BA: Estação Ecológica de Bananal; IT: Estação Ecológica de Itaberá.

Tabela 3.3- Síntese dos táxons de maior riqueza em trechos de floresta com araucária no estado de São Paulo.

Táxons	CJ	BC	BA	IT
Famílias mais importantes (número de espécies)	Rubiaceae (9) Poaceae (8) Asteraceae (8) Solanaceae (7) Polypodiaceae (7) Lamiaceae (6) Piperaceae (4) Melastomataceae (4) Euphorbiaceae (3) Bignoniaceae (3)	Poaceae (10) Piperaceae (6) Solanaceae (6) Sapindaceae (5) Asteraceae (5) Melastomataceae (5) Euphorbiaceae (5) Cyperaceae (4) Rubiaceae (4) Bignoniaceae (3)	Rubiaceae (11) Asteraceae (11) Poaceae (6) Melastomataceae (6) Sapindaceae (5) Piperaceae (3)	Rubiaceae (6) Poaceae (5) Sapindaceae (5) Piperaceae (3) Bignoniaceae (3)
Gêneros mais importantes (número de espécies)	*Asplenium* (4) *Campyloneurum* (4) *Psychotria* (4) *Leandra* (3) *Salvia* (3) *Peperomia* (3) *Rubus* (3)	*Leandra* (5) *Heteropteris* (3) *Peperomia* (3)	*Leandra* (5) *Psychotria* (4) *Mikania* (4) *Paullinia* (3) *Begonia* (3)	*Psychotria* (4) *Paullinia* (3)

*Legenda: CJ: Campos do Jordão, BC: Barra do Chapéu, BA: Bananal, IT: Itaberá. * - Grupo não morfotipado.*

3.3 Novos registros para a ciência

Em Campos do Jordão, foi registrada uma espécie nova do gênero *Solanum* em processo de publicação (Leandro Giacomin, comunicação pessoal). A seção *Gonatotrichum*, que reúne esta espécie, possui outras três, todas restritas aos complexos montanhosos ao longo dos estados de São Paulo, Rio de Janeiro e Minas Gerais (Serra da Mantiqueira, Itatiaia e Bocaina)(Giacomin, 2010). Este grupo possui um endemismo muito claro para a região, já que a nova espécie foi registrada apenas para a porção sul da Mantiqueira meridional (Giacomin, 2010). A descrição recente exemplifica a lacuna de informações sobre o componente residente do sub-bosque, pois a coleta foi realizada em áreas onde já foram realizados inventários e prospecções de floras locais, como por exemplo, o Plano de Manejo do Parque Estadual de Campos do Jordão (PECJ) (Seibert et al., 1975).

Ainda em Campos do Jordão, a presença de *Pilea hilariana* no sub-bosque florestal é outro indicador da flora de altitude da região sudeste do Brasil. A espécie foi incluída na categoria vulnerável à extinção, de acordo com proposta de Gaglioti (2011), uma vez que apresenta distribuição restrita a esta região, em áreas com forte impacto antrópico, além do fato de haver poucas coletas nos herbários desta espécie.

Na localidade de Bananal, foi registrada uma espécie nova de trepadeira do gênero *Machaerium* (Ana M. G. de Azevedo Tozzi, comunicação pessoal), a qual se encontra em processo de descrição por pesquisadores da Universidade Estadual de Campinas e da Universidade Federal do Rio de Janeiro.

3.4 Contribuição do componente residente do sub-bosque para a riqueza da comunidade vegetal

Gentry & Dodson (1987) e Gentry (1992) afirmam que cerca de 75% da riqueza de espécies vasculares em florestas úmidas é composta por epífitas e espécies de sub-bosque. No entanto, a maior parte dos inventários florísticos realizados na Floresta Atlântica concentra sua amostragem no componente arbustivo e arbóreo, desconsiderando que as ervas, trepadeiras (lianas ou vinhas), epífitas, hemiepífitas e parasitas são responsáveis por parcela significativa (cerca de 50%) da biodiversidade deste ecossistema (Lima &

Guedes-Bruni, 1994; Ivanauskas et al., 2001).

No caso dos trechos de Floresta Ombrófila Mista inventariados em São Paulo, em estudos que adotaram o mesmo protocolo amostral, a riqueza de árvores e arbustos variou consideravelmente: entre as espécies vegetais registradas em Campos do Jordão, 36% foram árvores e arbustos; em Bananal e Barra do Chapéu esse componente contribuiu com percentuais de 55% e 56% e em Itaberá atingiu o percentual mais elevado, com 74% da riqueza total inventariada em um hectare (Tabela 3.4). Assim, a maior contribuição do componente residente do sub-bosque para a riqueza total da floresta (exceto epífitas obrigatórias, não incluídas no estudo) ocorreu no trecho estudado em Campos do Jordão (64%) e a menor contribuição se deu em Itaberá (25%) (Tabela 3.4).

Tabela 3.4 - Riqueza do componente arbóreo (PAP > 15 cm) e do componente residente de sub- bosque em quatro trechos de floresta com araucária no estado de São Paulo.

Riqueza	Localidade			
	CJ	BA	BC	IT
Componente residente do sub-bosque	104	107	95	47
Componente arbóreo	58	131	123	137
Total	162	238	218	184

Legenda: CJ – Campos do Jordão, BA – Bananal, BC – Barra do Chapéu e IT – Itaberá. Dados do estrato arbóreo fornecidos por Ribeiro (2011) e Souza (2008).

O elevado percentual de espécies do sub-bosque em relação à riqueza total obtida em Campos do Jordão também foi registrado numa Floresta Ombrófila Mista Altomontana em Urupema (SC), onde o componente do sub-bosque contribuiu com 68% da riqueza total (133 de 194 espécies, Martins-Ramos et al., 2011). Vale ressaltar que este estudo não efetuou levantamento fitossociológico, mas sim coletas de materiais férteis e estéreis, tanto no interior da floresta como na transição floresta/campo.

Meireles (2009), em estudo realizado na Mantiqueira meridional, notou que a riqueza de espécies arbustivas e arbóreas decresce com o aumento de altitude. No entanto a comunidade do sub-bosque das áreas estudadas parece não responder a este padrão: as áreas mais elevadas (Campos do Jordão e Bananal: ca. 1.400 e 1.100 m.s.m., respectivamente) apresentaram maior riqueza no sub-bosque do que aquelas em altitudes menores (Barra do Chapéu e Itaberá: ca. 800 e 700 m.s.m., respectivamente).

Apesar das alterações climáticas estarem relacionadas com as variações de altitude, o efeito da sazonalidade e a fragmentação por origem antrópica dos remanescentes naturais não podem ser desconsiderados, já que a riqueza no sub-bosque de florestas estacionais tende a ser menor do que nas florestas ombrófilas (Hora & Soares, 2002). Assim, embora o clima regional descrito para as quatro áreas estudadas seja do tipo Cfb (temperado úmido sem estação seca e com o verão brando), a localização em áreas de maior altitude, com presença de garoas e/ou neblina e trechos de florestas mais contínuos sugerem maior umidade e condições propícias às plantas de sub-bosque em Campos do Jordão e Bananal, onde as florestas do entorno são ombrófilas. Já as localidades de Barra do Chapéu e Itaberá estão localizadas em áreas de contato entre florestas ombrófilas (densas e mistas) e florestas estacionais semideciduais, além de haver maior fragmentação dos remanescentes florestais (Souza, 2008; Ribeiro, 2011).

3.5 Composição florística do sub-bosque dos quatro trechos de floresta com araucária

Diferenças florísticas entre as áreas de estudo podem ser notadas no nível de famílias botânicas (Figura 3.1A): Campos do Jordão e Bananal formaram um agrupamento e Barra do Chapéu e Itaberá outro, ambos com índice de Jaccard próximo a 25%. A maior similaridade entre estes pares de localidades pode ser atribuída à menor distância geográfica e à influência das formações do entorno, pois Bananal e Campos do Jordão localizam-se nas áreas de domínio de florestas ombrófilas das Serras da Bocaina e Mantiqueira, enquanto Barra do Chapéu e Itaberá encontram-se próximas ao estado do Paraná, em áreas com maior influência das florestas estacionais.

A pouca afinidade florística entre as quatro áreas estudadas também se revelou nos blocos distintos obtidos na análise de agrupamento no nível de espécies (Figura 3.1B), com valores de similaridade de Jaccard obtidos nas comparações 'par a par' inferiores a 0,25 (valores abaixo desse limite são considerados baixos segundo Müller-Dombois & Ellenberg, 1974). Somente *Anemia phyllitidis* foi registrada em todas as localidades (Tabela 3.1).

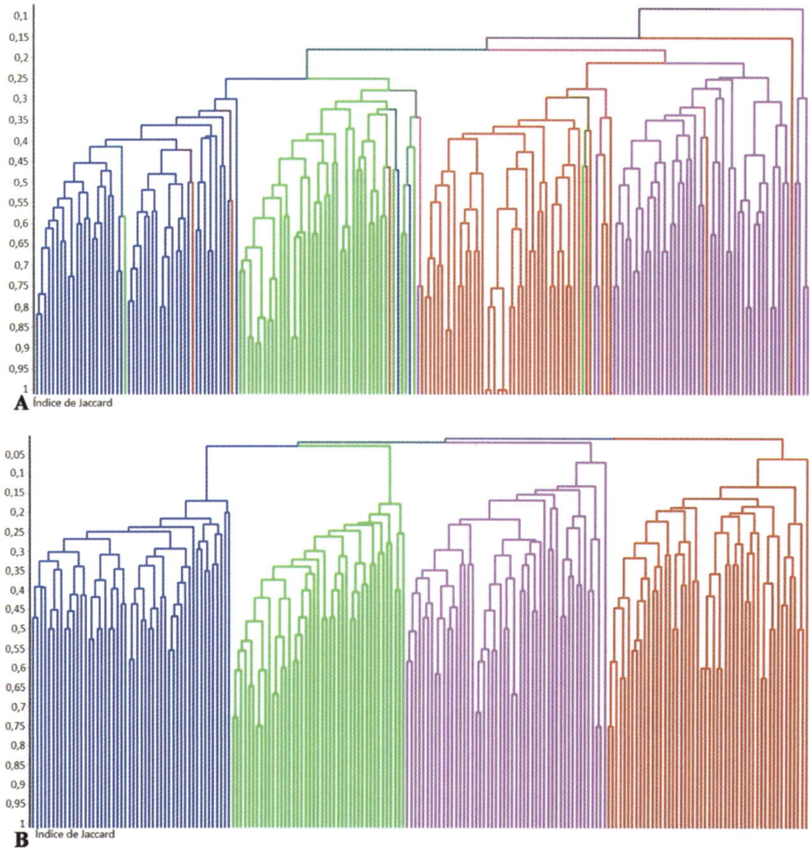

Figura 3.1 - Dendrograma de similaridade florística (UPGMA, índice de Jaccard) da comunidade residente do sub-bosque de três áreas de floresta com araucária nativa (CJ, BC e IT) e de um reflorestamento de araucária (BA) no estado de São Paulo com base nas famílias botânicas (A) e nas espécies (B). Legenda: traço azul: Campos do Jordão, traço verde: Bananal, traço rosa: Barra do Chapéu, traço vermelho: Itaberá.

Ao longo da costa atlântica brasileira ocorrem gêneros considerados típicos de zonas frias, tais como *Azara*, *Banara*, *Griselinia*, *Drymis, Araucaria* e *Podocarpus* (Klein, 1960; Rizzini, 1997; Leite, 2000). Espécies destes gêneros usualmente são arbustivas ou arbóreas, portanto raramente registradas no sub-bosque residente da Floresta Ombrófila Mista. No presente estudo, *Griselinia ruscifolia* foi o único "elemento andino" registrado nos inventários realizados em sub-bosque.

Alguns táxons como as pteróftas *s.s.* e as espécies de Marantaceae parecem ser particularmente úteis para apoiar a caracterização e a análise de afinidades florísticas do sub- bosque. Segundo Prado (1997), as pteróftas *s.s.* ocorrem principalmente em florestas da região serrana do leste do estado, onde estão as localidades de Campos do Jordão e Bananal. Além disso, elas preferem o sub-bosque de mata, em locais de maior umidade, em detrimento das clareiras maiores (Lima & Gandolfi, 2009). De fato, a presença de pteróftas *s.s.* no sub-bosque foi marcante na localidade de Campos do Jordão, onde 21 espécies foram registradas. Já em Bananal, 14 espécies foram observadas.

Assim, embora as quatro florestas estudadas sejam referidas igualmente como Floresta Ombrófila Mista, apenas os trechos em Campos do Jordão e Bananal possuem flora característica destas florestas ombrófilas, enquanto os trechos em Barra do Chapéu e Itaberá apresentam-se mais similares às florestas estacionais (Figura 3.1).

Ainda com relação às marantáceas, a presença de duas espécies desta família em Bananal (*Ctenanthe* sp. e Marantaceae 1) e de duas em Barra do Chapéu (*Calathea communis* e *Ctenanthe lanceolata*) parece indicar que os sub-bosques destes trechos são semelhantes aos da Floresta Ombrófila Densa do Paraná (Ilha do Mel, Kozera, 2001) e do sul de São Paulo (Sete Barras, Lima & Gandolfi, 2009). Em contraste, nenhuma espécie desta família foi registrada em Campos do Jordão ou em Itaberá. A correlação negativa desta família com a maior cobertura do dossel e sua preferência por clareiras maiores (Lima & Moura, 2006) foi verificada em Barra do Chapéu e também em Juquitiba (SP) por Polisel (2011b). A temperatura relativamente baixa pode explicar a ausência desta família em Campos do Jordão, enquanto a temperatura e a pluviosidade comparativamente mais altas podem explicar sua presença em Bananal e em Barra do Chapéu.

3.6 Espécies ruderais

Foram registradas 27 espécies ruderais nos quatro trechos de floresta com araucária, sendo que Campos do Jordão (17 espécies) e Bananal (16) foram os trechos com maior número dessas espécies, seguidos por Barra do Chapéu (11) e Itaberá (duas).

Rizzini (1997) alerta que uma espécie com comportamento ruderal numa região geográfica pode não o ter em outra. Além disso, muitas espécies consideradas ruderais apresentam distribuição geográfica relativamente limitada, como é o caso de *Ocymum micranthum*, presente apenas na América do Sul subtropical (Carneiro & Irgang, 2005), ou de *Calceolaria tripartita*, erva comum nos Andes chilenos e que ocorre na forma ruderal apenas em regiões de altitudes elevadas da Serra da Mantiqueira no sudeste do Brasil (Souza & Lorenzi 2005). Assim, tal como já foi observado por Costa & Durigan (2010), a 'ruderabilidade' pode ser um fenômeno mais biogeográfico do que taxonômico.

Infelizmente, pouco se conhece sobre o comportamento das espécies consideradas ruderais dentro do ambiente restritivo do interior de floresta ou sobre a sua real distribuição geográfica. Embora Carneiro & Irgang (2005) considerarem o percentual de ruderais como um indicador do nível de perturbação local, sua aplicabilidade não é óbvia na comparação de áreas geograficamente distantes como as estudadas neste capítulo: do total de espécies inventariadas nos sub-bosques, as espécies ruderais somaram 16% da riqueza de Campos do Jordão, 15% em Bananal, 10% em Barra do Chapéu e apenas 4% em Itaberá, mas não encontramos evidências para relacionar os percentuais encontrados com o grau de conservação aparente nas áreas. Além disso, das 27 espécies ruderais inventariadas, metade delas ocorreu apenas em uma localidade e apenas uma ocorreu em todas as áreas (*Anemia phyllitidis*).

Dentre as espécies ruderais registradas, onze (42%) apresentaram padrões de distribuição amplos (*sensu* Carneiro e Irgang, 2005), ao menos no continente americano. As restantes estão restritas a áreas geográficas no centro-sul do continente sulamericano.

Em Campos do Jordão, a presença das espécies ruderais *Hydrocotyle leucocephala, Baccharis trimera, Emilia sagittata, Erechtites valerianifolius* e *Jaegeria hirta* poderia ser explicada pelo eventual pisoteio do sub-bosque pelo gado[1]. Apesar disso, esta é a localidade onde não há corte raso documentado ou conhecido pelos moradores locais. *Emilia sagittata* também foi registrada em Barra do Chapéu e Bananal, representando ampla distribuição na área de

1 A criação de gado é proibida em unidades de conservação, mas ocasionalmente esses bovinos foram observados em campo, provenientes de propriedades particulares do entorno.

amostragem em São Paulo. Já *Hydrocotyle leucocephala* e *Baccharis trimera* também foram registradas em Bananal, local onde houve corte raso há mais de 50 anos. A menor proporção de ruderais (4%) foi observada em Itaberá, onde a comunidade de sub-bosque apresentou a menor riqueza florística.

3.7 Considerações finais

Ervas, subarbustos, arbustos e trepadeiras são formas de vida subamostradas em estudos florísticos, resultando em poucas exsicatas destas formas de vida nos herbários, o que, por sua vez, dificulta o processo de identificação e eleva o número de morfoespécies. Além disso, parece ser mais comum o registro de novas espécies ou novas ocorrências para determinada região geográfica em comparação com as espécies arbóreas nas mesmas localidades.

Os quatro trechos de floresta com araucária avaliados em São Paulo apresentam claras diferenças florísticas entre si. A influência das fitofisionomias do entorno pode ser notada na composição do sub-bosque em cada uma das áreas. Contudo, ainda não há dados suficientes sobre a composição e dinâmica do sub-bosque de florestas com araucária que permitam avaliar possíveis interferências antrópicas ou fatores de degradação para este componente.

A heterogeneidade na riqueza e composição florística do sub-bosque residente de florestas com araucária, muitas vezes inversamente proporcional aos mesmos parâmetros obtidos para o componente arbustivo e arbóreo, deve ser levada em consideração para as ações de manejo e conservação da Floresta Ombrófila Mista.

Agradecimentos

Os autores agradecem aos taxonomistas de diversas instituições pelo auxílio na identificação botânica. Agradecemos também aos funcionários da administração e auxiliares de campo do Instituto Florestal do Parque Estadual de Campos do Jordão, Estação Ecológica de Bananal e Estação Ecológica de Itaberá. Agradecemos à Sra. Pedrina Demetrio Conceição pela permissão em realizar o levantamento na sua propriedade em Barra do Chapéu. Este trabalho recebeu apoio do programa Biota/FAPESP (2001/05146-6) e CNPq (479084/2007-6). O primeiro autor agradece à FAPESP pela bolsa de iniciação científica (2006/03288-1) e ao CNPq pela bolsa de mestrado vinculada ao Programa de Pós-graduação em Biologia Vegetal da UNICAMP..

Referências Bibliográficas

Aranha, B.A. 2008. Determinismo ambiental e estocasticidade em uma comunidade do subosque da FlorestaAtlântica. 64p. Dissertação de Mestrado. Universidade Estadual de Campinas, Campinas, SP.

Carneiro, A.M.; Irgang, B.E. 2005. Origem e distribuição geográfica das espécies ruderais da Vila de Santo Amaro, General Câmara, Rio Grande do Sul. Iheringia, Série Botânica 60(2):175-188.

Costa, J.N.M.N.; Durigan, G. 2010. Leucaena leucocephala (Lam.) de Wit (Fabaceae): Invasora ou ruderal? Revista Árvore 34(5):825-833.

Gentry, A.H.; Dodson, C. 1987. Contribution of nontrees to species richness of a tropical rain forest. Biotropica 19:149-156.

Gentry, A.H. 1992. Tropical forest biodiversity: distributional patterns and their conservational significance. Oikos 63:19-82.

Gaglioti, A.L. 2011. Urticaceae Juss. no estado de São Paulo, Brasil. 210p. Dissertação de mestrado, Instituto de Botânica, São Paulo, SP.

Giacomin, L.L. 2010. Estudos taxonômicos e filogenéticos em S*olanum sect. Gonatotrichum* Bitter (Solanoideae, Solanaceae) no Brasil. Universidade Federal de Minas Gerais, Belo Horizonte, 130p.

Gilliam, F.S.; Turrill, N.L.; Aulick, S.D.; Evans, D.K.; Adams, M.B. 1994. Herbaceous layer and soil response experimental acidification in a central Appalachian hardwood forest. Journal of Environmental Quality 23:835-844.

Hora, R.C.; Soares, J.J. 2002. Estrutura fitossociológica da comunidade de lianas em uma Floresta Estacional Semidecidual na Fazenda Canchim, São Carlos, SP. Revista Brasileira de Botânica 25(3):323-329.

Ivanauskas, N. M.; Monteiro, R.; Rodrigues, R.R. 2001. Levantamento florístico de um trecho de Floresta Atlântica em Pariquera-Açu, SP. Naturalia 26: 97-129.

Klein, R. M. 1960. O aspecto dinâmico do pinheiro brasileiro. Sellowia 12: 17-44.

Kozera, C. 2001. Composição florística e estrutura fitossociológica do estrato herbáceo e subarbustivo em áreas de Floresta Ombrófila Densa localizadas na Ilha do Mel e no Parque Estadual Pico do Marumbi, Paraná, Brasil. 164p. Dissertação de Mestrado, Universidade Estadual de Campinas, Campinas, SP.

Leite, P.F. 2000. Contribuição ao conhecimento fitoecológico do sul do Brasil. Ciência & Ambiente, 24:51-73.

Lima, R.A.F.; Gandolfi, S. 2009. Structure of the herb stratum under different light regimes in the Submontane Atlantic Rain Forest. Brazilian Journal of Biology 69(2):289-296.

Lima, M.P.M.; Guedes-Bruni, R.R. (Org.). 1994. Reserva Ecológica de Macaé de Cima, Nova Friburgo - RJ: aspectos florísticos das espécies vasculares. Jardim Botânico, Rio de Janeiro, RJ, Brasil.

Lima, R.A.F.; Moura, L.C. 2006. Canopy gap colonization in the Atlantic Montane Rain Forest. Brazilian Archives of Biology and Technology 49(6):953-965.

Lorenzi, H. 2001. Plantas Daninhas do Brasil. Instituto Plantarum, Nova Odessa, SP.

Martins-Ramos, D.; Chaves, C.L.; Bortoluzzi, R.L.C.; Mantovani, A. 2011. Florística de Floresta Ombrófila Mista Altomontana e de Campos em Urupema, Santa Catarina, Brasil. Revista Brasileira de Biociências 9(2):156-166.

Meireles, L.D. 2009. Estudos florísticos, fitossociológicos e fitogeográficos em formações vegetacionais altimontanas da Serra da Mantiqueira Meridional, sudeste do Brasil. 224p. Tese de Doutorado, Universidade Estadual de Campinas, Campinas, SP.

Müeller-Dombois, D.; Ellenberg, H. 1974. Aims and methods of vegetation ecology. John Wiley & Sons, New York.

Müller, S.C..; Waechter, J.L. 2001. Estrutura sinusial dos componentes herbáceo e arbustivo de uma floresta costeira subtropical. Revista Brasileira de Botânica 24(4):395-406.

Polisel, R.T. 2011a. Análise fitossociológica do sub-bosque de florestas com araucária e sua relação fitogeográfica com outras formações da Floresta

Atlântica s.l. 157p. Dissertação de Mestrado, Universidade Estadual de Campinas, Campinas, SP.

Polisel, R.T. 2011b. Florística e fitossociologia do estrato herbáceo e da regeneração arbórea de trecho de floresta secundária em Juquitiba, SP, Brasil. Ciência Florestal 21(2):229-240.

Prado, J. 1997. Estudo da diversidade de espécies de pteridófitas do estado de São Paulo. Relatório Tecnico, Instituto de Botânica, Secretaria do Meio Ambiente, São Paulo.

Ribeiro, T.M. 2011. Florística e estrutura da comunidade arbustivo-arbórea em ecossistemas naturais e implantados com *Araucaria angustifolia* (Bertol.) O. Kuntze no Estado de São Paulo, Brasil. 249p. Dissertação de mestrado. Universidade Federal de Viçosa. Viçosa, MG.

Richards, P.W. 1996. The tropical rain forest: an ecological study. 2ed. University Press, Cambridge, UK.

Rizzini, C.T. 1997. Tratado de fitogeografia do Brasil. 2 ed. Âmbito Cultural Edições LTDA. Rio de Janeiro, RJ.

Seibert, P.; Negreiros, O.C.; Bueno, R.A.; Emmerich, W.; Netto, B.V.M; Marcondes, M.A.P.; Cesar, S.F.; Guillaumon, J.R.; Montagna, R.G.; Barreto, R.A.A.; Nogueira, J.C.B.; Garrido, M.A.O.; Mello Filho, L.E.; Emmerich, M.; Mattos, J.R.; Oliveira, M.C.; Godói, A. 1975. Plano de Manejo do Parque Estadual de Campos do Jordão. Boletim Técnico do Instituto Florestal 19.

Souza, R.P.M. 2008. Estrutura da comunidade arbórea de trechos de florestas de araucária no Estado de São Paulo, BR. 102p. Dissertação de mestrado, Escola Superior de Agricultura Luis de Queiroz, Universidade de São Paulo, SP.

4

Estrutura da comunidade arbórea e aspectos da regeneração natural de remanescentes florestais paulistas com araucária

Rose Pereira Muniz de Souza, Rodrigo Trassi Polisel, Vinícius de Castro Souza, Marta Camargo de Assis & Natália Macedo Ivanauskas

4.1 Introdução

A Floresta Ombrófila Mista é popularmente conhecida como Floresta com Araucária, Pinhais ou Pinheirais (Veloso, 1992; Lemos-Michel, 2001). A denominação "Mista" refere-se à presença das gimnospermas *Araucaria angustifolia* (Bert.) O. Kuntze (Araucária) *e Podocarpus lambertii* Kl. (Pinheirinho-brasileiro) consorciadas com angiospermas de gêneros primitivos como *Drymis* (Winteraceae), *Ocotea, Cryptocarya* e *Nectandra* (Lauraceae), entre outras. Apesar de aparentar fisionomia homogênea, especialmente devido às copas emergentes das araucárias, estas formações são bastante heterogêneas, principalmente à medida que se aproximam das áreas de contatos com formações tropicais.

Como parte do domínio da Mata Atlântica, até o início do século XX a Floresta Ombrófila Mista dominava as paisagens do sul do Brasil, cobrindo boa parte do Planalto Meridional, com extensão aproximada de 20 milhões de hectares (Maack, 1950; Reitz et al., 1983). Seus limites estavam estabelecidos a leste pela Serra Geral e Serra do Mar e a oeste pelo rio Paraná (Mähler Junior & Laroccam, 2009), ocupando em sua área core 25% do Rio Grande do Sul, 31% de Santa Catarina e 40% do estado do Paraná. A partir do sul do estado de São Paulo, onde cobria 3% do território em área contínua, a floresta com araucária passava a ser naturalmente fragmentada, presente em refúgios florísticos nas elevadas altitudes da Serra do Mar e da Mantiqueira do sudeste de São Paulo, sul de Minas Gerais e Rio de Janeiro (Klein, 1960; Mattos, 1994; Veloso, 1992).

A devastação da floresta com araucária teve início com o processo de colonização do sul do Brasil pelos europeus e agravou-se à medida que foram intensificadas as atividades econômicas. A partir da década de 30, as florestas com araucária despertaram interesse pela elevada produtividade em madeira, não só da araucária como também das espécies consorciadas. Com a drástica redução em sua área de ocorrência, estima-se que atualmente os remanescentes ocupem entre 1 a 4% da área original (Mantovani et al., 2004), o que torna o ecossistema crítico em termos de conservação e com a araucária na lista de espécies vulneráveis à extinção em São Paulo (SMA, 2004), em perigo de extinção no Brasil (Brasil, 1993) e "criticamente ameaçada" globalmente (Farjon,2006).

Embora o Sul do Brasil seja a principal área de ocorrência da Floresta Ombrófila Mista, trechos disjuntos desta formação também ocorrem sob a forma de encraves ao longo dos complexos rochosos da região Sudeste, como remanescentes em áreas montanas acima de 800 m de altitude (Ab'Saber, 1977). Registros históricos de formações naturais com araucária foram obtidos desde o interior paulista, na região serrana de Itú à Botucatu, atravessando o Planalto Paulistano (Franco & Drummond, 2005) e ao longo de rios dos contrafortes da Serra do Mar, onde há índices pluviométricos menores (Silva & Passos, 2010).

No estado de São Paulo as florestas primárias com araucária raramente são encontradas em maciços extensos, sendo os remanescentes atuais, em sua maioria, secundários. De acordo com o último inventário florestal (Kronka et al., 2005), as florestas com araucária ainda recobrem 174.681 ha de terras paulistas (menos de 4% da sua área original no estado), mas 80% da área são atribuídos à vegetação secundária. A maior parte dos remanescentes encontra-se próximo ao estado do Paraná, na bacia hidrográfica do Alto Paranapanema e de Ribeira de Iguape (131.876 ha, dos quais apenas 14% de floresta primária), e o restante são remanescentes dos refúgios florísticos presentes nas elevadas altitudes da bacia hidrográfica do Paraíba do Sul e Mantiqueira

(42.805ha, dos quais apenas 39% de floresta primária). Infelizmente pequena porção desse território encontra-se em áreas protegidas: apenas oito unidades de conervação de proteção integral apresentam remanescentes de floresta com araucária em seu interior, as quais representam 167.692 ha ou 18,7% da área total das unidades de conservação paulistas (Brito & Joly, 1999).

A maioria dos estudos botânicos e ecológicos sobre a Floresta Ombrófila Mista foi realizada no sul do Brasil, em sua área de ocorrência principal (Sanquetta & Mattei, 2006). Nas florestas paulistas com araucária os estudos foram realizados nas Serras da Mantiqueira, Bocaina e na Bacia do Alto Paranapanema e do Ribeira de Iguape. Na Serra da Mantiqueira, o estrato arbóreo de trechos florestais foi avaliado em diferentes sub-bacias de Campos do Jordão (Los, 2004). No parque estadual do mesmo município foram realizados levantamentos florísticos (Robim et al., 1990) e fitossociológicos (Souza, 2008; Souza, 2012; Ribeiro et al., 2012). Na Serra da Bocaina, foi avaliada a regeneração natural de reflorestamento antigo de araucária em Bananal (Ribeiro, 2011). Na Bacia do Alto Paranapanema foi avaliado trecho de floresta natural com araucária em Barra do Chapéu, bosqueado e sujeito à regeneração natural há mais de cem anos (Souza, 2008), e o componente arbóreo e regenerante foi estudado em trecho de floresta natural em Itaberá (Ribeiro, 2011). O estrato herbáceo das mesmas áreas avaliadas por Souza (2008) e Ribeiro (2011) também foi objeto de estudo de Polisel (2011).

Os inventários realizados nos municípios paulistas de Campos do Jordão e Barra do Chapéu estavam vinculados ao projeto temático "Biodiversidade vegetal e de organismos edáficos em ecossistemas de *Araucaria angustifolia* naturais e impactados no estado de São Paulo" (Cardoso, 2004), portanto seguiram o mesmo protocolo de amostragem da vegetação, a fim de avaliar a florística e a estrutura dos componentes adulto e regenerante de trechos de floresta com araucária (Souza, 2008). As informações geradas nestes estudos permitiram avaliar a situação das florestas com araucária presentes nestas unidades, bem como entender parte do processo de sucessão natural nessa formação.

Nesse contexto, o presente capítulo apresenta alguns dos principais resultados obtidos nas florestas com araucária avaliadas no projeto temático. Espera-se que essas informações possam ser úteis para os projetos de enriquecimento e restauração das áreas originalmente ocupadas por florestas com araucária e, em longo prazo, contribuir para reverter o quadro de degradação dos remanescentes e expandir as áreas ocupadas por esta formação nas propriedades rurais.

4.2 A floresta com araucária em Campos do Jordão

O planalto de Campos do Jordão localiza-se na Serra da Mantiqueira, caracterizada por relevo declivoso com altitudes entre 1.000 e 2.000 m (Modenesi, 1988). O clima é classificado como temperado úmido, sem estação seca e verão ameno (Cfb), segundo o sistema de Köppen (Seibert et al., 1975). A precipitação média anual é de 1.891 mm, variando entre 1.500 mm e 2.000 mm. O período chuvoso estende-se de outubro a março, seguido de um período com menores precipitações, sendo julho e agosto os meses mais secos. Os aspectos climáticos que caracterizam e diferenciam a região referem-se às amplitudes entre temperaturas máximas e mínimas, tanto anuais como diárias, e a incidência de geadas (Modenesi, 1988). O mês mais quente é fevereiro, com temperatura média de 22,5ºC, e as temperaturas mais baixas são observadas de maio a agosto, com médias entre 15ºC e 16,7ºC. No entanto, já foi registrado no inverno temperatura média de 9,5ºC e mínima absoluta de -4,4ºC (Seibert et al., 1975).

O estudo foi realizado no interior do Parque Estadual de Campos do Jordão (PECJ) ao longo da Trilha da Cachoeira, na bacia do córrego da Galharada (22º41'30"S, 45º27'52"W e 1.467 m de altitude). Nessa região, os trechos nativos de floresta com araucária estão restritos aos fundos de vale, com os interflúvios ocupados por campos naturais. A vegetação florestal recebe a denominação de Floresta Ombrófila Mista (Veloso, 1992). O solo foi classificado como Latossolo Vermelho Amarelo distrófico, textura argilosa (Baretta, 2007).

Uma dificuldade em avaliar os componentes adultos e regenerantes de trechos florestais é a falta de critérios padronizados para a amostragem. A diversidade de hábitos e forma de vida, assim como a definição de estratos, varia entre autores. Uma boa revisão sobre o assunto foi publicada por Parker & Brown (2000), segundo os quais existem dez formas de conceituar a estratificação florestal. Neste trabalho, optou-se por subdividir a floresta em dois componentes: o adulto e o regenerante.

O componente adulto foi definido como aquele formado pelos indivíduos de porte arbustivo ou arbóreo, presentes no subdossel, dossel ou emergentes, e com perímetro à altura do peito (PAP - 1,3 m) igual ou superior a 15 cm. Trata-se de critério inclusão artificial, mas que é o padrão para a amostragem do componente arbóreo em florestas (Caiafa & Martins, 2007). Para a amostragem desse componente foram utilizadas 50 parcelas de 10 x 20 m, totalizando um hectare.

No componente regenerante foram amostrados todos os indivíduos com altura maior ou igual a 30 cm e PAP inferior a 15 cm. Como a intenção era amostrar indivíduos jovens daqueles que futuramente irão ocupar o componente adulto, foram contabilizados como regenerantes apenas os indivíduos das espécies em comum com o componente adulto ou aquelas já registradas em outros levantamentos fitossociológicos que adotaram o mesmo critério de inclusão. Para a amostragem dos regenerantes foram alocadas, no interior de cada parcela de 10 x 20 m, cinco subparcelas de 1 x 1m, a fim de obter uma amostra representativa de 5 m^2 do estrato inferior de cada parcela (total de 250 m^2 num hectare). A posição de cada subparcela foi definida por sorteio das coordenadas do vértice inferior esquerdo, usando as laterais da parcela de 10 x 20 m como eixos cartesianos.

Desta maneira, em um hectare de área amostral foram registrados 2.494 indivíduos e identificadas 83 espécies, pertencentes a 46 gêneros e 30 famílias, com duas morfo-espécies (Tabela 4.1). No componente adulto a área basal total foi de 53,60 $m^2.ha^{-1}$ e foram amostrados 1.921 $ind.ha^{-1}$, dos quais 7,7% estavam mortos em pé (151 $ind.ha^{-1}$). No componente regenerante a densidade total foi maior, com 23.040 $ind.ha^{-1}$ e 280 $ind.ha^{-1}$ mortos (1,1% do total).

Os indivíduos amostrados no componente adulto podem ser subdivididos em quatro classes: o subosque com indivíduos menores que 4 m, o subdossel com arvoretas de 4-10 m, dossel com indivíduos de 10-16 m e árvores emergentes superiores a 16 m (Figura 4.1a). No componente regenerante, mais de 55% dos indivíduos pertenceram à classe entre 30 e 80 cm de altura (Figura 4.1b).

Tabela 4.1 - Espécies registradas no levantamento fitossociológico de trecho de Floresta Ombrófila Mista em Barra do Chapéu (BC) e no Parque Estadual de Campos do Jordão (PECJ). A - Componente adulto (DAP ≥ 5 cm) e R – Componente regenerante (DAP < 5cm e h ≥30cm).

Família / Nome Científico	N° Coletor	BC		PECJ	
		A	R	A	R
Anacardiaceae					
Schinus terebinthifolius Raddi		•			
Annonaceae					
Annona neosericea H.Rainer		•	•		
Annona rugulosa (Schltdl.) H.Rainer	rtp 487		•	•	•
Guatteria australis A.St.-Hil.	rpms 176, 197	•	•		•
Porcelia macrocarpa (Warm.) R. E. Fr.					•
Xylopia langsdorfiana A. St-Hil & Tul		•			
Apocynaceae					
Aspidosperma australe Müll.Arg.		•	•		
Aquifoliaceae					
Ilex dumosa Reissek		•			•
Ilex microdonta Reissek	rpms 03			•	•
Ilex pseudobuxus Reissek	rpms 144			•	
Ilex taubertiana Loes	rpms 12	•		•	•
Ilex theezans Mart. ex Reissek		•		•	
Ilex sp.					•
Araucariaceae					
Araucaria angustifolia (Bertol.) Kuntze	rpms 53	•	•	•	•
Arecaceae					
Syagrus romanzoffiana (Cham.) Glassman		•			
Asteraceae					
Baccharis oreophila Malme				•	
Baccharis sp.					•
Dasyphyllum spinescens (Less.) Cabrera	rpms 147	•	•	•	•
Piptocarpha axillaris (Less.) Baker		•			•

Continua

Continuação

Tabela 4.1 - Espécies registradas no levantamento fitossociológico de trecho de Floresta Ombrófila Mista em Barra do Chapéu (BC) e no Parque Estadual de Campos do Jordão (PECJ). A. Componente adulto (DAP ≥ 5 cm) e R – Componente regenerante (DAP < 5cm e h ≥30cm)

Família / Nome Científico	N° Coletor	BC		PECJ	
		A	R	A	R
Piptocarpha macropoda (DC.) Baker				•	
Piptocarpha regnellii (Sch.Bip.) Cabrera				•	
Vernonanthura discolor (Spreng.) H.Rob.				•	
Vernonia sp.1		•			
Vernonia sp.2					•
Asteraceae					•
Bignoniaceae					
Cordia sp.		•			
Jacaranda puberula Cham.		•	•	•	•
Handroanthus chrysotrichus (Mart. ex DC.) Mattos			•		
Zeyheria tuberculosa (Vell.) Bureau *ex* Verl.		•			
Canellaceae					
Cinnamodendron dinisii Schwacke		•			
Cardiopteridaceae					
Citronellla megaphylla (Miers) R.A Howard				•	
Celastraceae					
Maytenus aquifolia Mart.	rpms 189	•			
Maytenus evonymoides Reissek	rpms 174	•	•		
Maytenus salicifolia Reissek				•	
Chrysobalanaceae					
Licania kunthiana Hook.f.		•			
Clethraceae					
Clethra scabra Pers.				•	
Cyatheaceae					
*Cyathea atrovirens (*Langsd. & Fisch.) Domin					•
Dicksoniaceae					
Dicksonia sellowiana Hooker	rtp 302	•		•	•
Erythroxylaceae					
Erythroxylum argentinum O.E. Schulz			•		
Erythroxylum cuneifolium (Mart.) O.E.Schulz		•			
Euphorbiaceae					
Micrandra sp.		•			
Sapium glandulosum (L.) Morong		•			
Sebastiania klotzschiana (Mull. Arg.) Mull. Arg.		•			
Fabaceae					
Abarema langsdorffii (Benth.) Barneby & J.W.Grimes		•			
Anadenanthera sp.		•			
Cassia leptophylla Vogel		•			
Copaifera langsdorffii Desf.		•			

Continuação

Tabela 4.1 - Espécies registradas no levantamento fitossociológico de trecho de Floresta Ombrófila Mista em Barra do Chapéu (BC) e no Parque Estadual de Campos do Jordão (PECJ). A. Componente adulto (DAP ≥ 5 cm) e R – Componente regenerante (DAP < 5cm e h ≥30cm)

Família / Nome Científico	N° Coletor	BC		PECJ	
		A	R	A	R
Dalbergia brasiliensis Vogel		•	•		
Dalbergia frutescens (Vell.) Britton			•		
Enterolobium contortisiliquum (Vellozo) Morong	rtp 472	•			
Erythrina falcata Benth.		•			
Exostyles godoyensis Soares-Silva & Mansano		•			
Lonchocarpus campestris Mart. ex Benth.		•			
Lonchocarpus cultratus (Vell.) A.M.G.Azevedo & H.C.Lima		•	•		
Machaerium hatschbachii Rudd		•			
Machaerium nyctitans (Vell.) Benth.		•	•		
Machaerium scleroxylon Tul.		•			
Machaerium stipitatum (DC.) Vogel		•	•		
Machaerium vestitum Vogel		•			
Mimosa scabrella Benth.	rpms 01			•	
Piptadenia gonoacantha (Mart.) J.F. Macbr.		•	•		
Poecilanthe parviflora Benth.		•			
Senna multijuga (Rich.) H.S. Irwin & Barneby		•			
Swartzia acutifolia Vogel		•			
Lamiaceae					
Aegiphila integrifolia (Jacq.) Moldenke	rpms 136			•	
Vitex polygama Cham.		•			
Lauraceae					
Cinnamomum sellowianum (Nees & Mart.) Kosterm.				•	•
Cinnamomum sp.		•			
Endlicheria paniculata (Spreng.) J.F.Macbr.	rpms 160	•	•		•
Nectandra angustifolia (Schrad.) Nees		•			
Nectandra oppositifolia Nees			•		
Ocotea bicolor Vattimo-Gil		•		•	
Ocotea brachybotrya (Meisn.) Mez		•	•		
Ocotea dispersa (Nees & Mart.) Mez	rpms 51			•	
Ocotea elegans Mez		•	•		
Ocotea glaziovii Mez	rpms 145			•	
Ocotea nutans (Nees) Mez		•	•		
Ocotea odorifera (Vell.) Rohwer		•			
Ocotea puberula (Rich.) Nees		•		•	•
Ocotea sp.1		•	•		
Ocotea sp.2				•	
Persea willdenovii Kosterm.	rtp 207			•	
Persea sp.		•			

Continuação

Tabela 4.1 - Espécies registradas no levantamento fitossociológico de trecho de Floresta Ombrófila Mista em Barra do Chapéu (BC) e no Parque Estadual de Campos do Jordão (PECJ). A. Componente adulto (DAP ≥ 5 cm) e R – Componente regenerante (DAP < 5cm e h ≥30cm)

Família / Nome Científico	N° Coletor	BC		PECJ	
		A	R	A	R
Laxmanniaceae					
Cordyline spectabilis Kunth & Bouché		•	•		
Loganiaceae					
Strychnos brasiliensis Mart.	rpms154	•	•		
Malpighiaceae					
Bunchosia pallescens Skottsb.			•		
Malvaceae					
Guazuma ulmifolia Lam.		•	•		
Luehea divaricata Mart. & Zucc.	rtp 463	•	•		
Melastomataceae					
Miconia cinerascens Miq.	rpms 141			•	•
Miconia petropotlitana Cogn. .	rpms193	•	•		
Meliaceae					
Cabralea canjerana (Vell.) Mart.		•			•
Cedrela fissilis Vell.		•	•		
Trichilia elegans A. Juss.		•	•		
Monimiaceae					
Mollinedia elegans Tul.	rpms186		•		
Mollinedia schottiana (Spreng.) Perkins	rpms151		•		
Moraceae					
Ficus enormis Mart. *ex* Miq.		•			
Sorocea bonplandii (Baill.) W.C.Burger *et al.*	rpms191	•	•		
Myrsinaceae					
Myrsine coriacea (Sw.) R.Br. ex Roem. & Schult.	rpms 02			•	
Myrsine gardneriana A.DC.					•
Myrsine umbellata Mart.		•	•	•	•
Myrsine villosissima A.DC.					•
Myrtaceae					
Calyptranthes lucida Mart. ex DC.				•	•
Campomanesia eugenioides (Cambess.) D. Legrand		•			
Campomanesia guazumifolia (Cambess.) O. Berg		•			
Campomanesia xanthocarpa (Mart.) O. Berg		•	•		
Eugenia cerasiflora Miq.		•	•		
Eugenia dodonaefolia Cambess.		•			
Eugenia handroana D. Legrand		•			
Eugenia involucrata DC.		•	•		
Eugenia ligustrina (Sw.) Willd.		•	•	•	•
Eugenia myrcianthes Nied.		•			
Eugenia neoverrucosa Sobral		•			

Continuação

Tabela 4.1 - Espécies registradas no levantamento fitossociológico de trecho de Floresta Ombrófila Mista em Barra do Chapéu (BC) e no Parque Estadual de Campos do Jordão (PECJ). A. Componente adulto (DAP ≥ 5 cm) e R – Componente regenerante (DAP < 5cm e h ≥30cm)

Família / Nome Científico	N° Coletor	BC		PECJ	
		A	R	A	R
Eugenia prasina O.Berg		•			
Eugenia speciosa Cambess.		•			
Eugenia uniflora L		•			
Eugenia sp.		•	•		
Myrceugenia brevipedicellata (Burret) D.Legr. &				•	
Kaus.		•			
Myrceugenia campestris (DC.) D.Legrand & Kausel	rpms171	•	•		
Myrceugenia glaucescens (Camb.) D.Legrand & Kausel	rpms150	•			
Myrceugenia miersiana (Gardner) D.Legrand & Kausel				•	•
Myrceugenia myrcioides (Camb.) O . Berg				•	
Myrceugenia ovata (Hook. & Arn.) O. Berg.	rpms 17			•	•
Myrcia retorta Cambess.	rpms 16			•	•
Myrceugenia sp. 1					•
Myrceugenia sp. 2				•	
Myrceugenia sp. 3				•	
Myrcia hartwegiana (O.Berg) Kiaersk.	rtp 206			•	•
Myrcia laruotteana Cambess.	rpms 20			•	•
Myrcia multiflora (Lam.) DC		•			
Myrcia oligantha O.Berg				•	•
Myrcia splendens (Sw.) DC.	rpms 50	•	•	•	
Myrcia tenuivenosa Kiaersk.		•			
Myrcia tomentosa (Aubl.) DC		•	•		
Myrcia venulosa DC.	rpms 56			•	
Myrciaria floribunda (H.West ex Willd.) O.Berg					•
Myrciaria tenella (DC.) O.Berg	rpms 55			•	
Psidium cattleyanum Sabine		•			
Psidium guineense Swartz		•			
Siphoneugena reitzii D. Legrand				•	•
Myrtaceae 1		•			
Myrtaceae 2			•		
Myrtaceae 3			•		
Myrtaceae 4			•		
Myrtaceae 5			•		
Myrtaceae 6					•
Nyctaginaceae					
Guapira opposita (Vell.) Reitz		•	•		
Olacaceae					

Continuação

Tabela 4.1 - Espécies registradas no levantamento fitossociológico de trecho de Floresta Ombrófila Mista em Barra do Chapéu (BC) e no Parque Estadual de Campos do Jordão (PECJ). A. Componente adulto (DAP ≥ 5 cm) e R – Componente regenerante (DAP < 5cm e h ≥30cm)

Família / Nome Científico	N° Coletor	BC		PECJ	
		A	R	A	R
Tetrastylidium grandifolium (Baill.) Sleumer		•			
Picramniaceae					
Picramnia glazioviana Engl.				•	
Picramnia parvifolia Engl.	rpms 54			•	•
Picramnia sellowii Planch.		•	•		
Picramnia sp. 1			•		
Picramnia sp. 2		•			
Podocarpaceae					
Podocarpus lambertii Klotz. *ex* Endl.				•	•
Polygonaceae					
Coccoloba warmingii Meisn		•	•		
Proteaceae					
Roupala montana (Klotzsch) K.S.Edwards		•	•		
Rhamnaceae					
Rhamnus sphaerosperma Sw.	rpms 04			•	•
Rosaceae					
Prunus myrtifolia (L.) Urb.	rtp 514	•	•	•	•
Rubiaceae					
Cordiera myrciifolia (K.Schum.) C.H.Perss. & Delprete	rtp 644	•	•		
Coutarea hexandra (Jacq.) K.Schum.		•			
Ixora venulosa Benth.	rpms 156		•		
Psychotria longipes Müll.Arg.		•			•
Psychotria suterella Müll. Arg.	rpms 173		•		
Psychotria vellosiana Benth.			•		
Psychotria sp			•		
Rudgea jasminoides (Cham.) Müll. Arg.	rpms 180		•		•
Rudgea parquioides Müll.Arg.	rtp 216				•
Rubiaceae			•		
Rutaceae					
Zanthoxylum rhoifolium Lam.	rtp 528		•	•	•
Sabiaceae					
Meliosma sp.		•			
Salicaceae					
Casearia decandra Jacq.		•	•	•	•
Casearia lasiophylla Eichler		•			
Casearia obliqua Spreng.		•			
Casearia sylvestris Sw.		•	•		
Prockia crucis P. Browne ex L.	rtp524	•	•		

Conclusão

Tabela 4.1 - Espécies registradas no levantamento fitossociológico de trecho de Floresta Ombrófila Mista em Barra do Chapéu (BC) e no Parque Estadual de Campos do Jordão (PECJ). A. Componente adulto (DAP ≥ 5 cm) e R – Componente regenerante (DAP < 5cm e h ≥30cm)

Família / Nome Científico	N° Coletor	BC		PECJ	
		A	R	A	R
Xylosma ciliatifolia (Clos) Eichler		•	•		
Sapindaceae					
Allophylus edulis (A.St.Hil. et al.) Hieron. ex Niederl.	rpms177	•	•		
Cupania oblongifolia Mart.		•	•		•
Cupania vernalis Camb.		•			
Matayba elaeagnoides Radlk.		•	•		
Sapotaceae					
Chrysophyllum marginatum (Hook. & Arn.) Radlk.		•	•		
Pouteria gardneri (Mart. & Miq.) Baehni		•	•		
Solanaceae					
Brunfelsia uniflora (Pohl) D. Don	rpms195	•			
Capsicum flexuosum Sendtn.					•
Solanum argenteum Dunal					•
Solanum cf. bullatum Vell.					•
Solanum mauritianum Scop.	rpms 05			•	
Solanum pseudoquina A.St.-Hil.	rpms 143	•		•	•
Solanum rufescens Sendtn.		•			
Solanum swartzianum Roem. & Schult			•		•
Solanum sp.			•		
Styracaceae					
Styrax leprosus Hook. & Arn.	rtp 482		•	•	
Symplocaceae					
Symplocos celastrinea Mart.	rtp 202				•
Symplocos estrellensis Casar.		•			
Symplocos falcata Brand.	rpms 11			•	•
Symplocos pubescens Klotzsch ex Benth.		•	•		
Symplocos sp.1			•		
Symplocos sp.2			•		
Symplocos sp.3					•
Thymelaeaceae					
Daphnopsis fasciculata (Meisn.) Nevling			•		
Vochysiaceae					
Callisthene fasciculata Mart.				•	
Vochysia bifalcata Warm.		•			
Winteraceae					
Drimys brasiliensis Miers	rpms 08			•	•

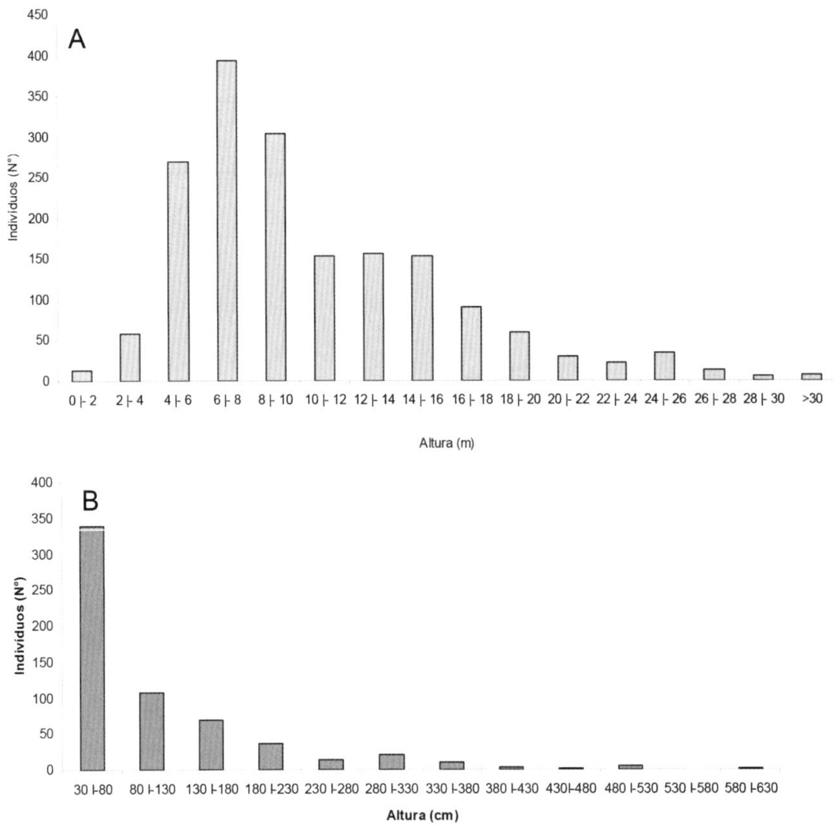

Figura 4.1 - Distribuição por classe de altura dos indivíduos arbóreos amostrados em trecho de Floresta Ombrófila Mista no Parque Estadual de Campos do Jordão, Campos do Jordão – SP.1A. Componente adulto (Indivíduos com DAP≥ 5cm). 1B. Componente regenerante (indivíduos maiores que 30cm de altura e DAP < 5cm).

A distribuição diamétrica dos indivíduos do componente adulto ajustou-se ao modelo exponencial negativo (Figura 4.2). A maior parte dos indivíduos (43%) apresentou entre 4,77 e 9,77 cm de diâmetro, sendo comuns espécies com alta densidade e elevado perfilhamento, como é o caso de *Myrceugenia miersiana*, *Drimys brasiliensis* e *Gomidesia sellowiana.* Entre as 32 espécies registradas com algum grau de perfilhamento (55% da riqueza total), 12 foram mirtáceas típicas de sub-bosque, a maior parte com dois ou três perfilhos, mas com registro de até oito perfilhos em um mesmo indivíduo (Souza, 2008).

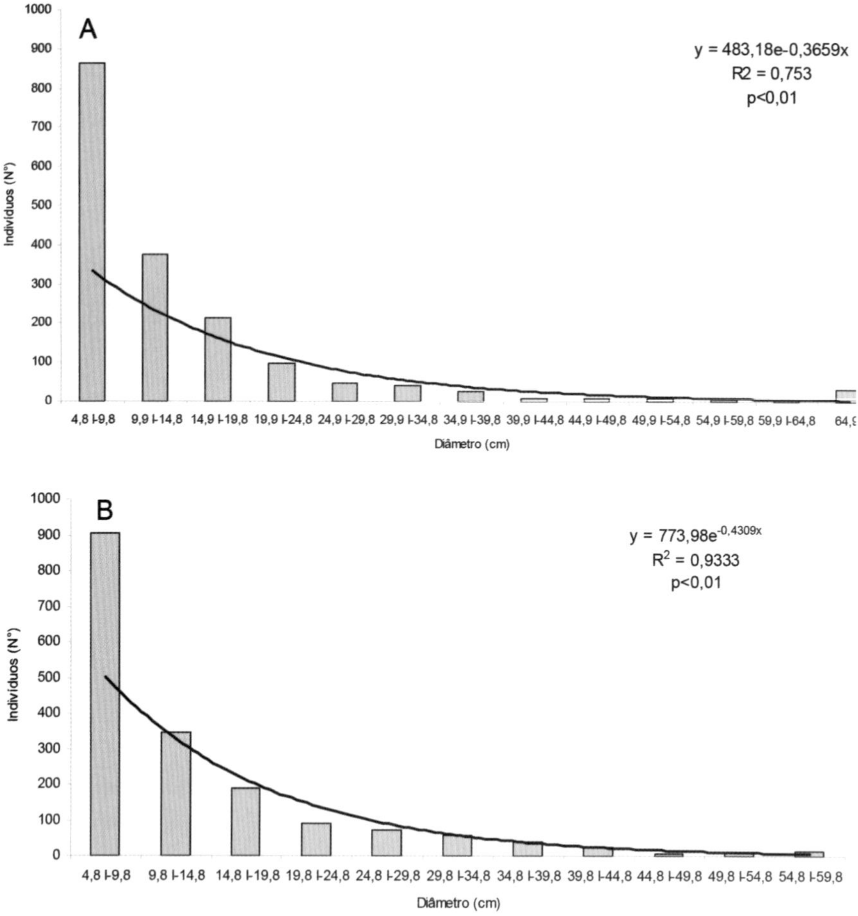

Figura 4.2 - Distribuição por classe de diâmetro dos indivíduos do componente adulto (indivíduos com DAP≥ 5cm) amostrados em trecho de Floresta Ombrófila Mista em Campos do Jordão (2A) e em Barra do Chapéu (2B). A linha continua representa a distribuição esperada do modelo exponencial negativo.

No componente adulto, os 1.770 indivíduos vivos pertencem a 26 famílias, 36 gêneros e 57 espécies. Já no componente regenerante foram amostrados 576 indivíduos, distribuídos em 23 famílias, 38 gêneros e 55 espécies. Os dois componentes avaliados apresentaram flora muito semelhante, com 25 espécies em comum e mais de 28% de similaridade pelo índice de

Jaccard e acima de 40% no índice de Sorensen.

Entre as espécies de maior interesse para a conservação destacam-se *Araucaria angustifolia* e *Dicksonia selowiana*, categorizadas como ameaçadas de extinção na lista nacional (Brasil, 1993; 2008) e, juntamente com *Siphoneugena reitzii*, consideradas vulneráveis na lista oficial de espécies ameaçadas da flora do estado de São Paulo (SMA, 2004).

Algumas famílias foram exclusivas do componente adulto: Celastraceae, Clethraceae, Fabaceae, Icacinaceae, Styracaceae, Verbenaceae e Vochysiaceae (juntas perfazem 1,08% do total de indivíduos e 5,8% do total de espécies). No componente regenerante, as exclusivas foram Cyatheaceae, Meliaceae, Rubiaceae e Sapindaceae (6,25% do total de indivíduos e 5,0% das espécies). Myrtaceae foi a família de maior riqueza em ambos os componentes, com total de espécies muito superior às demais famílias (Tabela 4.1).

As espécies de baixa densidade (1 ind.ha^{-1}) representaram 17% do total de espécies docomponente adulto, enquanto as de alta densidade (mais de 11 ind.ha^{-1}) somaram 36% (Tabela 4.2). Entre as de alta densidade, *Myrceugenia miersiana*, *Drimys brasiliensis*, *Gomidesia sellowiana*, *Prunus myrtifolia*, *Cinnamomum sellowianum* e *Myrsine umbellata* foram registradas tanto no componente adulto quanto no componente regenerante, portanto estas populações tendem a se manter em destaque na comunidade por longo prazo. Já *Ocotea dispersa, Myrcia venulosa, Piptocarpha regnellii* e *Myrciaria tenella* foram registradas somente no componente adulto, portanto não apresentam evidências de regeneração na área. *Symplocos celastrinea* e *Endlicheria paniculata* foram amostradas em elevada densidade no componente regenerante, sendo consideradas espécies de pequeno porte em Campos do Jordão e típicas de subosque. Porém, indivíduos destas mesmas espécies atingiram porte mais elevado em outros locais: *Symplocos celastrinea* foi amostrada com PAP≥15 cm em Barra Ribeira - RS (Bergamin & Mondin, 2006), considerada árvore com mais de 5 m de altura no Parque Estadual de Barigui (Kozera *et al.* 2005a) e descrita como arvoreta com 2-10 m altura por Aranha Filho (2008); *Endlicheria paniculata* foi amostrada com PAP >10 cm e baixa densidade (inferior a três indivíduos por hectare) em Piraquara – PR (Reginato & Goldenberg, 2007).

Tabela 4.2 - Parâmetros fitossociológicos das espécies arbustivo-arbóreas amostradas em trecho de Floresta Ombrófila Mista no Parque Estadual de Campos do Jordão, Campos do Jordão - SP. N/ha – número de indivíduos por hectare, DR – Densidade relativa (%), FR – Frequência relativa (%), DoR – Dominância relativa (%), VC – Valor de cobertura, VI – valor de importância. Componente adulto (DAP ≥ 5 cm) e regenerante (DAP < 5cm e h ≥30cm).

Nome Científico	Adulto						Regenerante			
	N/ha	DR	FR	DoR	VC	VI	N/ha	DR	FR	VI
Podocarpus lambertii	53	3,0	4,2	33,1	36,1	40,4	40	0,2	0,3	0,4
Myrceugenia miersiana	400	22,6	6,5	8,7	31,3	37,8	1520	6,6	5,3	11,9
Auraucaria angustifolia	79	4,5	5,5	24,0	28,4	33,9	80	0,4	0,5	0,9
Drimys brasiliensis	172	9,7	5,6	2,9	12,6	18,2	880	3,8	3,4	7,3
Myrcia hartwegiana	165	9,3	5,5	1,6	11,0	16,5	1400	6,1	5,8	11,9
Cinnamomum sellowianum	92	5,2	5,4	4,5	9,7	15,1	1120	4,9	4,8	9,6
Myrsine umbellata	86	4,9	5,6	4,3	9,2	14,8	1640	7,1	7,1	14,3
Prunus myrtifolia	93	5,3	5,5	2,9	8,1	13,6	1160	5,0	4,2	9,3
Annona rugulosa	78	4,4	4,1	1,4	5,8	9,9	200	0,9	1,3	2,2
Symplocos falcata	58	3,3	4,7	0,7	4,0	8,6	1720	7,5	5,8	13,3
Myrcia laruotteana	62	3,5	3,1	1,6	5,1	8,2	240	1,0	1,1	2,1
Ocotea sp.2	44	2,5	3,2	1,2	3,6	6,9	-	-	-	-
Ocotea dispersa	34	1,9	3,0	0,6	2,5	5,5	-	-	-	-
Jacaranda puberula	33	1,9	2,4	0,9	2,7	5,1	200	0,9	1,3	2,2
Myrceugenia sp.2	25	1,4	2,4	0,8	2,2	4,6	-	-	-	-
Myrceugenia sp.3	22	1,2	2,4	0,6	1,8	4,2	-	-	-	-
Ilex microdonta	21	1,2	2,1	0,7	1,9	4,0	280	1,2	1,6	2,8
Picramnia parvifolia	23	1,3	2,4	0,3	1,6	4,0	240	1,0	1,3	2,4
Myrcia retorta	18	1,1	1,8	1,1	2,1	3,8	160	0,7	1,1	1,8
Myrcia venulosa	17	1,0	1,8	0,9	1,9	3,7	-	-	-	-
Dicksonia sellowiana	17	1,0	1,8	0,9	1,9	3,7	280	1,2	1,9	3,1
Dasyphyllum spinescens	11	0,6	1,3	1,8	2,4	3,7	80	0,4	0,5	0,9
Piptocarpha regnellii	15	0,9	1,7	0,6	1,4	3,1	-	-	-	-
Ilex taubertiana	15	0,9	1,7	0,3	1,2	2,9	120	0,5	0,5	1,1
Siphoneugena reitzii	12	0,7	1,6	0,1	0,8	2,3	360	1,6	1,9	3,4
Myrciaria tenella	13	0,7	1,1	0,1	0,8	1,9	-	-	-	-
Myrsine coriacea	8	0,5	1,0	0,4	0,9	1,9	-	-	-	-
Clethra scabra	8	0,5	1,0	0,1	0,6	1,6	-	-	-	-
Solanum pseudoquina	3	0,2	0,4	0,9	1,0	1,5	160	0,7	0,8	1,5
Ilex pseudobuxus	9	0,5	0,7	0,2	0,7	1,4	-	-	-	-
Ocotea puberula	6	0,3	0,9	0,1	0,5	1,3	40	0,2	0,3	0,4
Myrceugenia ovata	7	0,4	0,9	0,1	0,5	1,3	680	3,0	3,4	6,4
Calyptranthes lucida	6	0,3	0,7	0,3	0,6	1,3	360	1,6	1,6	3,2
Styrax leprosus	6	0,3	0,9	0,1	0,4	1,2	-	-	-	-
Ocotea bicolor	7	0,4	0,7	0,1	0,5	1,2	-	-	-	-
Ilex theezans	6	0,3	0,7	0,1	0,4	1,2	-	-	-	-
Vernonanthura discolor	4	0,2	0,6	0,1	0,4	0,9	-	-	-	-
Myrceugenia	4	0,2	0,6	0,1	0,3	0,9	-	-	-	-

Continua

Continuação

Tabela 4.2 - Parâmetros fitossociológicos das espécies arbustivo-arbóreas amostradas em trecho de Floresta Ombrófila Mista no Parque Estadual de Campos do Jordão, Campos do Jordão - SP. N/ha – número de indivíduos por hectare, DR – Densidade relativa (%), FR – Frequência relativa (%), DoR – Dominância relativa (%), VC – Valor de cobertura, VI – valor de importância. Componente adulto (DAP ≥ 5 cm) e regenerante (DAP < 5cm e h ≥30cm).

Nome Científico	Adulto						Regenerante			
	N/ha	DR	FR	DoR	VC	VI	N/ha	DR	FR	VI
brevipedicellata										
Rhamnus sphaerosperma	5	0,3	0,4	0,1	0,3	0,8	240	1,0	1,1	2,1
Miconia cinerascens	4	0,2	0,4	0,0	0,3	0,7	2840	12,3	9,8	22,1
Myrcia splendens	3	0,2	0,4	0,0	0,2	0,6	-	-	-	-
Zanthoxylum rhoifolium	2	0,1	0,3	0,2	0,3	0,6	120	0,5	0,8	1,3
Mimosa scabrela	2	0,1	0,3	0,2	0,3	0,6	-	-	-	-
Piptocarpha macropoda	3	0,2	0,3	0,1	0,3	0,6	-	-	-	-
Persea willdenovii	2	0,1	0,3	0,1	0,2	0,5	-	-	-	-
Picramnia glazioviana	2	0,1	0,3	0,0	0,2	0,4	-	-	-	-
Eugenia ligustrina	2	0,1	0,3	0,0	0,1	0,4	40	0,2	0,3	0,4
Myrceugenia myrcioides	2	0,1	0,3	0,0	0,1	0,4	-	-	-	-
Ocotea glaziovii	2	0,1	0,3	0,0	0,1	0,4	-	-	-	-
Maytenus salicifolia	2	0,1	0,3	0,0	0,1	0,4	-	-	-	-
Baccharis oreophila	1	0,1	0,1	0,0	0,1	0,2	-	-	-	-
Aegiphila integrifolia	1	0,1	0,1	0,0	0,1	0,2	-	-	-	-
Casearia decandra	1	0,1	0,1	0,0	0,1	0,2	80	0,4	0,5	0,9
Citronellla megaphylla	1	0,1	0,1	0,0	0,1	0,2	-	-	-	-
Myrcia oligantha	1	0,1	0,1	0,0	0,1	0,2	40	0,2	0,3	0,4
Solanum mauritianum	1	0,1	0,1	0,0	0,1	0,2	-	-	-	-
Callisthene fasciculata	1	0,1	0,1	0,0	0,1	0,2	-	-	-	-
Endlicheria paniculata	-	-	-	-	-	-	1200	5,2	6,6	11,8
Symplocos celastrinea	-	-	-	-	-	-	1440	6,3	5,0	11,3
Rudgea parquioides	-	-	-	-	-	-	880	3,8	3,7	7,5
Capsicum flexuosum	-	-	-	-	-	-	440	1,9	2,4	4,3
Solanum swartzianum	-	-	-	-	-	-	360	1,6	1,3	2,9
Myrceugenia sp.1	-	-	-	-	-	-	240	1,0	1,3	2,4
Cyathea atrovirens	-	-	-	-	-	-	200	0,9	1,3	2,2
Myrciaria floribunda	-	-	-	-	-	-	240	1,0	1,1	2,1
Asteraceae	-	-	-	-	-	-	360	1,6	0,5	2,1
Cupania oblongifolia	-	-	-	-	-	-	160	0,7	1,1	1,8
Ilex sp.	-	-	-	-	-	-	200	0,9	0,8	1,7
Myrsine gardneriana	-	-	-	-	-	-	120	0,5	0,8	1,3
Cabralea canjerana	-	-	-	-	-	-	120	0,5	0,8	1,3
Vernonia sp.2	-	-	-	-	-	-	80	0,4	0,5	0,9
Symplocos sp.3	-	-	-	-	-	-	80	0,4	0,5	0,9
Porcelia macrocarpa	-	-	-	-	-	-	80	0,4	0,5	0,9
Piptocarpha axilaris	-	-	-	-	-	-	80	0,4	0,5	0,9
Guatteria australis	-	-	-	-	-	-	80	0,4	0,5	0,9

Conclusão

Tabela 4.2 - Parâmetros fitossociológicos das espécies arbustivo-arbóreas amostradas em trecho de Floresta Ombrófila Mista no Parque Estadual de Campos do Jordão, Campos do Jordão - SP. N/ha – número de indivíduos por hectare, DR – Densidade relativa (%), FR – Frequência relativa (%), DoR – Dominância relativa (%), VC – Valor de cobertura, VI – valor de importância. Componente adulto (DAP ≥ 5 cm) e regenerante (DAP < 5cm e h ≥30cm).

Nome Científico	Adulto						Regenerante			
	N/ha	DR	FR	DoR	VC	VI	N/ha	DR	FR	VI
Baccharis sp.	-	-	-	-	-	-	80	0,4	0,3	0,6
Solanum cf. *bullatum*	-	-	-	-	-	-	40	0,2	0,3	0,4
Solanum argenteum	-	-	-	-	-	-	40	0,2	0,3	0,4
Rudgea jasminoides	-	-	-	-	-	-	40	0,2	0,3	0,4
Myrsine vilosissima	-	-	-	-	-	-	40	0,2	0,3	0,4
Psychotria longipes	-	-	-	-	-	-	40	0,2	0,3	0,4
Myrtaceae 6	-	-	-	-	-	-	40	0,2	0,3	0,4
Ilex dumosa	-	-	-	-	-	-	40	0,2	0,3	0,4

As coníferas *Podocarpus lambertii* e *Araucaria angustifolia* destacaram-se em valor de importância no componente adulto devido ao porte elevado dos indivíduos amostrados (Figura 4.3a), que determinam altos valores de dominância. Esse resultado já era esperado, pois estas espécies são marcadoras da fisionomia de Floresta Ombrófila Mista, onde alcançam diâmetros elevados e ocorrem como emergentes. No entanto, no componente regenerante estas espécies não apresentaram o mesmo destaque em valor de importância (Tabela 4.2 e Figura 4.3b), pois apresentaram os mais baixos valores de densidade (40 e 80 ind.ha^{-1}) comparados às demais espécies que compartilham o mesmo ambiente.

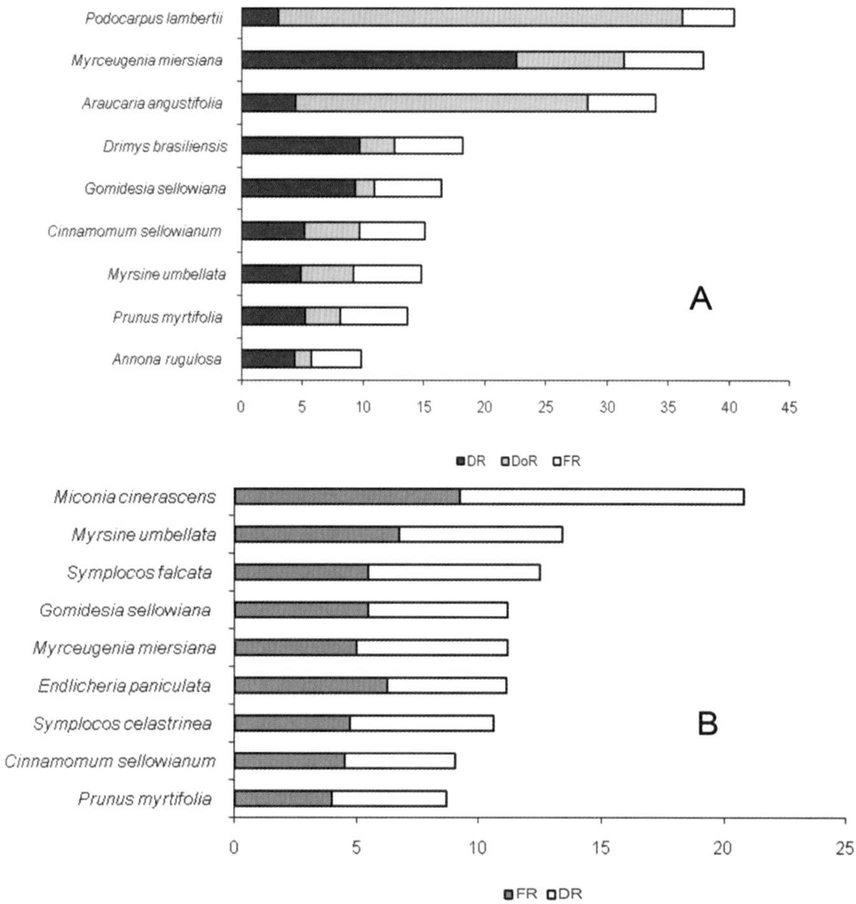

Figura 4.3 - Espécies de maior valor de importância no trecho de Floresta Ombrófila Mista no Parque Estadual de Campos do Jordão, Campos do Jordão - SP. 3A. Componente adulto (indivíduos com DAP≥ 5cm). 3B. Componente regenerante (indivíduos maiores que 30cm de altura e DAP < 5cm). Densidade relativa (%), DoR – Dominância relativa (%) e FR – Frequência relativa (%).

Entre as angiospermas, as espécies de maior valor de importância no componente adulto também ocuparam as primeiras posições no componente regenerante (Figura 4.3), com exceção de *Drimys brasiliensis* e *Annona rugulosa* que, embora tenham apresentado valores de densidade superiores aos das coníferas (880 e 200 ind.ha^{-1}), também não constam entre as de maior valor de densidade no componente regenerante, as quais apresentam valores superiores a 1.120 ind.ha^{-1}.

A diversidade de espécies para o componente adulto foi menor comparada ao componente regenerante. Isto ocorreu porque a distribuição das espécies é mais homogênea entre os regenerantes (Indice de Pielou J'=0,84), indicando que nesse estrato as espécies contribuem de maneira mais uniforme para o índice de diversidade quando comparado ao estrato dominante (J´-0,73). Essa menor homogeneidade no componente adulto deve-se ao tamanho das populações de *Myrceugenia miersiana*, *Drimys brasiliensis* e *Gomidesia sellowiana* (Figura 4.3a).

4.3 A floresta com araucária em Barra do Chapéu

O município de Barra do Chapéu localiza-se na Bacia do Alto Ribeira de Iguape, em local montanhoso com topos nivelados em torno de 900 m e setores mais elevados que atingem 1.000 - 1.100m, geralmente mantidos por rochas metamórficas mais resistentes, como o quartzito, que se estendem por grandes áreas (CETEC, 2002). O clima regional é do tipo Cfb, temperado brando sem estiagem, segundo a classificação de Köppen. A precipitação média anual é de 1.405 mm, com precipitação mensal variável de 47 mm no mês de julho a 184 mm em janeiro, segundo dados na estação de coleta de Apiaí. O mês mais quente é fevereiro, com temperatura média de 22ºC. Já as temperaturas mais baixas são observadas entre os meses de maio e agosto, com médias entre 15ºC e 16,7ºC (Sentelhas et al., 1999). O solo na região estudada foi classificado como Latossolo Vermelho Distrófico (Prado, 2000).

As parcelas para o inventário florestal foram alocadas na propriedade da Sra. Pedrina Demetrio Conceição (24º28'19"S e 49º01'48"W, 803 m de altitude). O local apresenta remanescente de Floresta Ombrófila Mista que foi bosqueado para pastagem e encontra-se em regeneração natural há pelo menos 120 anos, segundo informações da própria proprietária.

Em um hectare de área amostral, aplicando-se o mesmo método descrito no item anterior, foram registrados 2.794 indivíduos e identificadas 146 espécies, pertencentes a 87 gêneros e 44 famílias, com seis morfo-espécies (Tabela 4.1). No componente adulto a área basal total foi de 40,5 $m^2.ha^{-1}$ e foram amostrados 2.062 $ind.ha^{-1}$, dos quais 8,9% foram mortos em pé (183 $ind.ha^{-1}$). A densidade total foi maior no componente regenerante, com 36.080 $ind.ha^{-1}$ e apenas 1,4% (520 $ind.ha^{-1}$).

Os indivíduos do componente adulto podem ser subdivididos em quatro classes: o subosque com indivíduos menores que 6 m, o subdossel com arvoretas de 6-10 m, o dossel com indivíduos de 10-20 m e as árvores emergentes superiores a 20 m (Figura 4.4A). No componente regenerante mais de 52% dos indivíduos estão na classe entre 30 e 80 cm de altura (Figura 4.4B). *Araucaria angustifolia* foi encontrada em todas as classes do componente adulto e também no componente regenerante, indicativos de que a espécie está conseguindo manter uma população local (Souza, 2008).

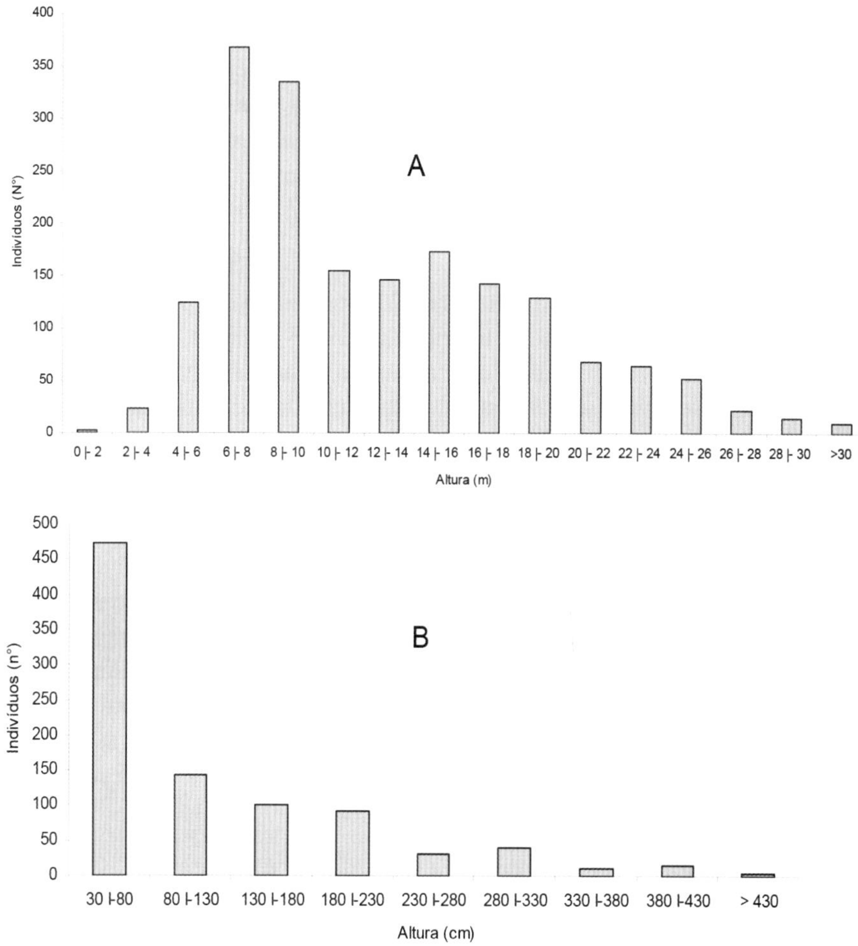

Figura 4.4. Distribuição por classe de altura dos indivíduos arbóreos amostrados em trecho de Floresta Ombrófila Mista em Barra do Chapéu - SP. 5A. Componente adulto (indivíduos com DAP≥ 5cm). 5B. Componente regenerante (indivíduos maiores que 30 cm de altura e DAP <5cm).

A distribuição diamétrica dos indivíduos no componente adulto em classes de tamanho ajustou-se ao modelo exponencial negativo (Figura 4.2B), com a maior parte dos indivíduos (51%) na classe de diâmetro de 4,8 a 9,8 cm. Entre as emergentes destacou-se *Araucaria angustifolia,* com indivíduos de até 30 m de altura e diâmetro superior a 40 cm. As espécies *Cedrela fissilis, Ocotea elegans, Ocotea puberula* e *Matayba elaeagnoides* apresentaram indivíduos com até 26 m de altura e diâmetro superiores a 34,8 cm. No dossel foram encontradas árvores de 19,9 a 34,8 cm de diâmetro, sendo comuns *Prunus myrtifolia, Casearia sylvestris, Swartzia acutifolia, Matayba elaeagnoides, Casearia decandra* e *Ocotea elegans*. Já no subdossel as árvores apresentam diâmetros de 9,8 a 19,8 cm, sendo espécie típica desse estrato *Allophylus edulis.* No subosque os indivíduos apresentaram os menores valores de diâmetro, sendo comum nesse estrato *Dicksonia sellowiana, Cordyline terminalis* e *Eugenia cerasiflora.*

No componente adulto foram amostrados 1.879 indivíduos vivos, distribuídos em 39 famílias, 80 gêneros e 120 espécies. Já entre os regenerantes foram amostrados 915 indivíduos, distribuídos em 33 famílias, 54 gêneros e 76 espécies (Tabela 4.1). Em Barra do Chapéu não foram observados indivíduos da espécie *Podocarpus lambertii* e nem representantes da flora andina como o gênero *Drymis,* que são comuns em levantamentos florísticos em Floresta Ombrófila Mista.

Com relação à riqueza, as seis famílias de maior destaque nos dois componentes analisados foram praticamente iguais, com destaque para Myrtaceae. No entanto, algumas famílias foram exclusivas do componente adulto, sendo estas Anacardiaceae, Aquifoliaceae, Arecaceae, Boraginaceae, Canellaceae, Chrysobalanaceae, Dicksoniaceae, Euphorbiaceae, Lamiaceae, Malpighiaceae, Olacaceae, Sabiaceae e Vochysiaceae (3,45% do total de indivíduos e 14,6% do total de espécies). No componente regenerante, as famílias exclusivas foram Monimiaceae, Rutaceae, Styracaceae e Thymelaeaceae (11,6% do total de indivíduos e 6,7% do total de espécies) (Tabela 4.1).

As espécies de baixa densidade (1 ind./ha) representaram 22% do total de espécies do componente adulto, enquanto as de alta densidade (11 ind./ ha) somaram 23% (Tabela 4.3). Entre as espécies de alta densidade, *Cupania oblongifolia* e *Allophylus edulis* foram registradas nos dois componentes. Já *Ocotea elegans* e *Swartzia acutifolia* destacaram-se apenas no componente adulto, portanto não apresentam indícios de regeneração na área. Já *Psychotria suterella, Brunfelsia uniflora, Mollinedia oligotricha, Symplocos* sp.1 *e Dalbergia frutescens* foram amostradas em elevada densidade apenas no componente regenerante.

Tabela 4.3 - Parâmetros fitossociológicos das espécies arbustivo - arbóre as amostradas em trecho de Floresta Ombrófila Mista em Barra do Chapéu. N/ha – número de indivíduos por hectar e, DR Densi0 dade relativa (%), FR – Frequência relativa (%), DoR – Dominância relativa (%), VC – valor de cobertura, VI - valor de importância. Componente adulto (DAP ≥ 5 cm) e regenerante (DAP < 5cm e h ≥30c m)

Nome Científico	Adulto						Regenerante			
	N/ ha	DR	FR	DoR	VC	VI	N/ha	DR	FR	VI
Matayba elaeagnoides	128	6,8	4,9	17,1	23,9	28,9	560	1,6	1,9	3,5
Araucaria angustifolia	111	5,9	2,7	15,9	21,8	24,6	240	0,7	1,2	1,8
Guazuma ulmifolia	196	10,4	4,5	3	13,5	18	320	0,9	1,4	2,2
Ocotea elegans	96	5,1	3,9	6,6	11,7	15,6	600	1,7	2,5	4,2
Ocotea puberula	34	1,8	2,6	7,7	9,5	12,1	-	-	-	-
Swartzia acutifolia	105	5,6	3,6	2,5	8,1	11,7	-	-	-	-
Cupania oblongifolia	82	4,4	4,1	2,6	7	11,1	1160	3,2	3,5	6,7
Ocotea nutans	64	3,4	2,9	4	7,4	10,3	560	1,6	2,3	3,9
Jacaranda puberula	78	4,2	3,3	1,8	5,9	9,2	200	0,6	0,8	1,3
Machaerium stipitatum	66	3,6	2,9	2,8	6,3	9,2	520	1,4	2,1	3,6
Allophylus edulis	71	3,8	3,5	0,7	4,5	7,9	4120	11,4	7,7	19,1
Prunus myrtifolia	39	2,1	2,3	2,8	4,9	7,2	1120	3,1	4,1	7,1
Eugenia neoverrucosa	68	3,6	2,1	1,3	4,9	7	-	-	-	-
Casearia sylvestris	39	2,1	2,3	1,8	3,9	6,2	40	0,1	0,2	0,3
Camp	42	2,2	2,6	1,3	3,5	6,1	40	0,1	0,2	0,3
Cedrela fissilis	20	1,1	1,6	3,4	4,5	6	40	0,1	0,2	0,3
Luehea divaricata	26	1,4	1,6	2,9	4,3	5,9	160	0,4	0,6	1
Eugenia cerasiflora	31	1,6	1,9	0,8	2,4	4,3	80	0,2	0,4	0,6
Machaerium vestitum	34	1,8	1,7	0,8	2,6	4,3	-	-	-	-
Myrcia multiflora	29	1,5	1,9	0,5	2,1	4	-	-	-	-
Cordyline spectabilis	32	1,7	1,7	0,5	2,2	3,9	80	0,2	0,4	0,6
Casearia decandra	23	1,2	1,7	0,6	1,8	3,5	280	0,8	1,2	1,9
Sapium glandulosum	15	0,8	1,4	1,1	1,9	3,3	-	-	-	-
Aspidosperma australe	21	1,1	1,5	0,6	1,7	3,2	160	0,4	0,6	1
Guatteria australis	26	1,4	1,6	0,2	1,6	3,2	-	-	-	-
Coccoloba warmingii	15	0,8	1,4	0,6	1,4	2,8	40	0,1	0,2	0,3
Eugenia involucrata	16	0,9	1,4	0,4	1,3	2,6	680	1,9	2,9	4,8

Ocotea brachybotrya	17	0,9	1,3	0,2	1,1	2,4	280	0,8	1,2	1,9
Myrcia tomentosa	15	0,8	1,4	0,2	1	2,4	120	0,3	0,6	0,9
Machaerium hatschbachii	12	0,6	1,2	0,5	1,1	2,3	-	-	-	-
Guapira opposita	4	0,2	0,4	1,4	1,6	2,1	120	0,3	0,6	0,9
Psychotria longipes	14	0,7	1,2	0,1	0,9	2	-	-	-	-
Maytenus evonymoides	13	0,7	1,1	0,3	1	2	600	1,7	2,3	4
Solanum rufescens	12	0,6	0,8	0,4	1	1,9	-	-	-	-
Piptadenia gonoacantha	7	0,4	0,6	0,7	1,1	1,7	680	1,9	2,3	4,2
Myrsine umbellata	11	0,6	0,9	0,1	0,7	1,6	240	0,7	1	1,6
Erythrina falcata	7	0,4	0,7	0,5	0,8	1,6	-	-	-	-
Roupala montana	9	0,5	0,7	0,3	0,8	1,6	80	0,2	0,4	0,6
Chrysophoyllum marginatum	9	0,5	0,5	0,5	1	1,5	40	0,1	0,2	0,3
Vitex polygama	10	0,5	0,7	0,2	0,7	1,5	-	-	-	-
Schinus terebinthifolius	6	0,3	0,6	0,5	0,8	1,4	-	-	-	-
Cassia leptophylla	6	0,3	0,6	0,4	0,8	1,4	-	-	-	-
Campomanesia eugenioides	8	0,4	0,6	0,3	0,8	1,4	-	-	-	-
Ocotea sp.1	8	0,4	0,5	0,4	0,8	1,4	40	0,1	0,2	0,3
Annona neosericea	6	0,3	0,6	0,3	0,7	1,3	80	0,2	0,4	0,6
Myrceugenia campestris	8	0,4	0,7	0,1	0,5	1,2	640	1,8	2,7	4,5
Dalbergia brasiliensis	4	0,2	0,4	0,6	0,8	1,2	40	0,1	0,2	0,3
Dicksonia sellowiana	6	0,3	0,6	0,3	0,6	1,2	-	-	-	-
Eugenia ligustrina	9	0,5	0,5	0,1	0,6	1,1	120	0,3	0,6	0,9
Cordiera myrciifolia	8	0,4	0,6	0,1	0,5	1,1	240	0,7	0,8	1,4
Ilex theezans	7	0,4	0,6	0,1	0,4	1,1	-	-	-	-
Eugenia prasina	6	0,3	0,6	0,1	0,4	1	-	-	-	-
Cupania vernalis	6	0,3	0,4	0,3	0,6	1	-	-	-	-
Vernonia sp.1	6	0,3	0,5	0,2	0,5	1	-	-	-	-
Licania kunthiana	3	0,2	0,3	0,5	0,7	1	-	-	-	-
Cabralea canjerana	6	0,3	0,6	0	0,4	1	-	-	-	-
Poecilanthe parviflora	3	0,2	0,1	0,7	0,8	1	-	-	-	-
Dasyphyllum spinescens	2	0,1	0,2	0,6	0,7	0,9	80	0,2	0,4	0,6
Anadenanthera sp.	5	0,3	0,4	0,2	0,4	0,8	-	-	-	-
Lonchocarpus cultratus	5	0,3	0,5	0,1	0,3	0,8	1960	5,4	4,2	9,7
Lonchocarpus campestris	5	0,3	0,3	0,3	0,5	0,8	-	-	-	-
Ilex taubertiana	2	0,1	0,2	0,5	0,6	0,8	-	-	-	-
Cordia sp.	2	0,1	0,2	0,5	0,6	0,8	-	-	-	-
Casearia obliqua	4	0,2	0,3	0,2	0,4	0,8	-	-	-	-

Campomanesia guazumifolia	5	0,3	0,4	0	0,3	0,7	-	-	-	-
Syagrus romanzoffiana	3	0,2	0,3	0,2	0,4	0,7	-	-	-	-
Eugenia sp.	5	0,3	0,3	0,1	0,4	0,7	2040	5,6	4,1	9,7
Solanum pseudoquina	4	0,2	0,4	0	0,2	0,7	-	-	-	-
Myrcia splendens	4	0,2	0,4	0	0,2	0,7	240	0,7	1	1,6
Eugenia uniflora	4	0,2	0,3	0,1	0,3	0,6	-	-	-	-
Myrceugenia brevipedicellata	4	0,2	0,3	0,1	0,3	0,6	-	-	-	-
Maytenus aquifolia	3	0,2	0,3	0	0,2	0,5	-	-	-	-
Strychnos brasiliensis	3	0,2	0,3	0	0,2	0,5	160	0,4	0,6	1
Bunchosia pallescens	3	0,2	0,2	0,1	0,3	0,5	-	-	-	-
Trichilia elegans	3	0,2	0,3	0	0,2	0,5	160	0,4	0,4	0,8
Copaifera langsdorffii	2	0,1	0,2	0,2	0,3	0,5	-	-	-	-
Myrceugenia glaucescens	2	0,1	0,2	0,2	0,3	0,5	-	-	-	-
Machaerium nyctitans	4	0,2	0,1	0,1	0,4	0,5	360	1	1,7	2,7
Eugenia handroana	3	0,2	0,2	0	0,2	0,4	-	-	-	-
Ocotea odorifera	3	0,2	0,2	0	0,2	0,4	-	-	-	-
Cinnamodendron dinisii	1	0,1	0,1	0,2	0,3	0,4	-	-	-	-
Nectandra angustifolia	2	0,1	0,2	0,1	0,2	0,4	-	-	-	-
Persea sp.	1	0,1	0,1	0,2	0,3	0,4	-	-	-	-
Exostyles godoyensis	2	0,1	0,2	0	0,1	0,4	-	-	-	-
Erythroxylum cuneifolium	2	0,1	0,2	0	0,1	0,4	-	-	-	-
Senna multijuga	2	0,1	0,2	0	0,1	0,4	-	-	-	-
Machaerium scleroxylon	2	0,1	0,2	0	0,1	0,3	-	-	-	-
Endlicheria paniculata	2	0,1	0,2	0	0,1	0,3	40	0,1	0,2	0,3
Sebastiania klotzschiana	2	0,1	0,2	0	0,1	0,3	-	-	-	-
Xylosma ciliatifolia	2	0,1	0,2	0	0,1	0,3	240	0,7	0,8	1,4
Micrandra sp.	1	0,1	0,1	0,2	0,2	0,3	-	-	-	-
Piptocarpha axillaris	1	0,1	0,1	0,1	0,2	0,3	-	-	-	-
Enterolobium contortisiliquum	1	0,1	0,1	0,1	0,1	0,3	-	-	-	-
Ilex dumosa	1	0,1	0,1	0,1	0,1	0,2	-	-	-	-
Symplocos estrellensis	1	0,1	0,1	0,1	0,1	0,2	-	-	-	-
Pouteria gardneri	1	0,1	0,1	0,1	0,1	0,2	200	0,6	0,6	1,1
Ocotea bicolor	1	0,1	0,1	0,1	0,1	0,2	-	-	-	-
Psidium guineense	1	0,1	0,1	0	0,1	0,2	-	-	-	-
Picramnia sp. 2	1	0,1	0,1	0	0,1	0,2	-	-	-	-
Coutarea hexandra	1	0,1	0,1	0	0,1	0,2	-	-	-	-
Ficus enormis	1	0,1	0,1	0	0,1	0,2	-	-	-	-
Casearia lasiophylla	1	0,1	0,1	0	0,1	0,2	-	-	-	-
Prockia crucis	1	0,1	0,1	0	0,1	0,2	40	0,1	0,2	0,3

Tetrastylidium grandifolium	1	0,1	0,1	0	0,1	0,2	-	-	-	-
Abarema langsdorffii	1	0,1	0,1	0	0,1	0,2	-	-	-	-
Eugenia dodonaefolia	1	0,1	0,1	0	0,1	0,2	-	-	-	-
Vochysia bifalcata	1	0,1	0,1	0	0,1	0,2	-	-	-	-
Sorocea bonplandii	1	0,1	0,1	0	0,1	0,2	280	0,8	1,2	1,9
Xylopia langsdorfiana	1	0,1	0,1	0	0,1	0,2	-	-	-	-
Eugenia myrcianthes	1	0,1	0,1	0	0,1	0,2	-	-	-	-
Psidium cattleyanum	1	0,1	0,1	0	0,1	0,2	-	-	-	-
Zeyheria tuberculosa	1	0,1	0,1	0	0,1	0,2	-	-	-	-
Eugenia speciosa	1	0,1	0,1	0	0,1	0,2	-	-	-	-
Miconia petropotlitana	1	0,1	0,1	0	0,1	0,2	120	0,3	0,6	0,9
Picramnia sellowii	1	0,1	0,1	0	0,1	0,2	80	0,2	0,4	0,6
Symplocos pubescens	1	0,1	0,1	0	0,1	0,2	80	0,2	0,4	0,6
Cinnamomum sp.	1	0,1	0,1	0	0,1	0,2	-	-	-	-
Meliosma sp.	1	0,1	0,1	0	0,1	0,2	-	-	-	-
Myrcia tenuivenosa	1	0,1	0,1	0	0,1	0,2	-	-	-	-
Myrtaceae 1	1	0,1	0,1	0	0,1	0,2	-	-	-	-
Psychotria suterella	-	-	-	-	-	-	4760	13,2	6,7	19,9
Brunfelsia uniflora	-	-	-	-	-	-	3000	8,3	5,6	14
Mollinedia schottiana	-	-	-	-	-	-	2600	7,2	5,8	13
Symplocos sp 1	-	-	-	-	-	-	1200	3,3	3,3	6,6
Dalbergia frutescens	-	-	-	-	-	-	1000	2,8	3,3	6
Mollinedia elegans	-	-	-	-	-	-	960	2,7	2,7	5,4
Styrax leprosus	-	-	-	-	-	-	480	1,3	1,5	2,9
Rubiaceae	-	-	-	-	-	-	280	0,8	1,4	2,1
Psychotria vellosiana	-	-	-	-	-	-	280	0,8	0,6	1,4
Rudgea jasminoides	-	-	-	-	-	-	160	0,4	0,8	1,2
Picramnia sp 1	-	-	-	-	-	-	120	0,3	0,4	0,7
Ixora venulosa	-	-	-	-	-	-	80	0,2	0,4	0,6
Solanum	-	-	-	-	-	-	80	0,2	0,4	0,6
Myrtaceae 3	-	-	-	-	-	-	80	0,2	0,4	0,6
Symplocos sp 2	-	-	-	-	-	-	80	0,2	0,4	0,6
Handroanthus chrysotrichus	-	-	-	-	-	-	80	0,2	0,4	0,6
Zanthoxylum rhoifolium	-	-	-	-	-	-	80	0,2	0,4	0,6
Daphnopsis fasciculata	-	-	-	-	-	-	80	0,2	0,2	0,4
Myrtaceae 5	-	-	-	-	-	-	80	0,2	0,2	0,4
Erythroxylum argentinum	-	-	-	-	-	-	40	0,1	0,2	0,3
Nectandra oppositifolia	-	-	-	-	-	-	40	0,1	0,2	0,3
Psychotria sp.	-	-	-	-	-	-	40	0,1	0,2	0,3

Annona rugulosa	-	-	-	-	-	-	40	0,1	0,2	0,3
Solanum swartzianum	-	-	-	-	-	-	40	0,1	0,2	0,3
Myrtaceae 2	-	-	-	-	-	-	40	0,1	0,2	0,3
Myrtaceae 4	-	-	-	-	-	-	40	0,1	0,2	0,3

Araucaria angustifolia e *Ocotea puberula* destacaram-se na comunidade devido ao porte elevado dos indivíduos amostrados, que determinam altos valores de dominância. Esse resultado já era esperado para a araucária, pois esta espécie é marcadora da fisionomia, onde ocorre como emergente. Já as espécies com maior valor de importância foram *Matayba elaeagnoides, Araucaria angustifolia, Guazuma ulmifolia, Ocotea elegans* e *Ocotea puberla,* somando 27,7% dos indivíduos (Tabela 4.3 e Figura 4.6).

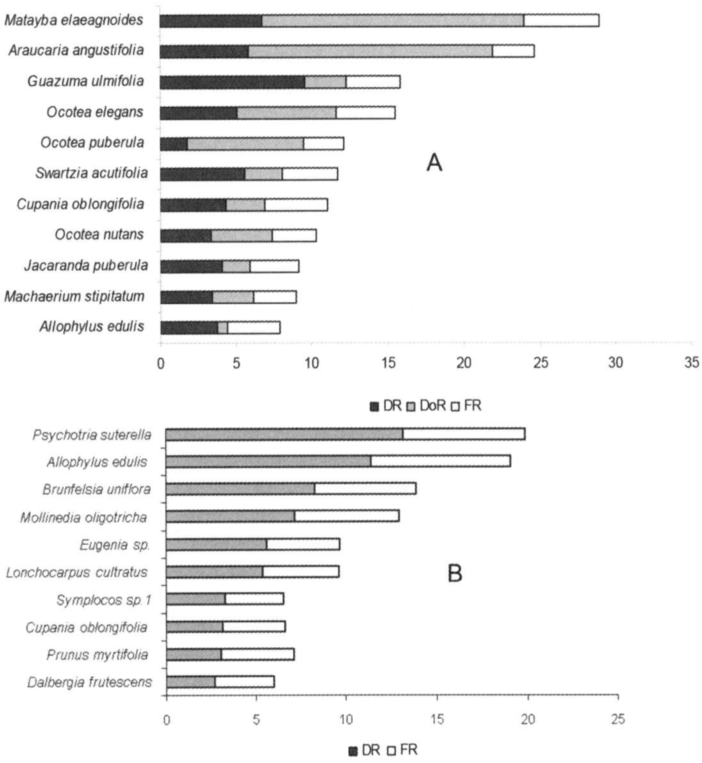

Figura 4.6 - Espécies de maior valor de importância no trecho de Floresta Ombrófila Mista em Barra do Chapéu - SP. 1A. Componente adulto (Indivíduos com DAP≥ 5 cm). 1B. Componente regenerante (indivíduos maiores que 30 cm de altura e DAP < 5 cm). Densidade relativa (%), DoR – Dominância relativa (%) e FR – Frequência relativa (%).

De modo geral, as espécies de maior valor de importância no componente adulto não ocuparam as primeiras posições no componente regenerante (Figura 4.6). *Lonchocarpus cultratus, Cupania oblongifolia* e *Prunus myrtifolia* são espécies de dossel que também foram registradas no componente regenerante, portanto tendem a se manter em destaque na estrutura da comunidade. Todas as demais espécies com elevado valor de importância no componente regenerante são típicas de subosque e raramente atingem porte elevado, como é o caso de *Allophylus edulis*.

Os dois componentes avaliados (adulto e regenerante) apresentaram-se muito semelhantes floristicamente, com mais de 30% de similaridade segundo o índice de Jaccard e acima de 46% no índice de Sorensen.

A diversidade florística do componente adulto foi superior a do componente regenerante. Esse resultado pode ser atribuído ao registro de maior número de espécies no componente adulto, já que o valor de equabilidade ou homogeneidade da distribuição de espécies foi o mesmo e considerado baixo para os dois componentes (J'=0,79) em função do elevado número de indivíduos das populações de *Guazuma ulmifolia, Matayba elaeagnoides* e *Araucaria angustifolia* no componente adulto e de *Allophylus edulis, Psychotria suterella* e *Brunfelsia uniflora* no componente regenerante (Figura 4.6).

4.4 Considerações e implicações para a conservação das florestas com araucária paulistas

A flora da Floresta Ombrófila Mista é fortemente influenciada pelas baixas temperaturas e pela ocorrência regular de geadas no inverno (Roderjan et al., 2002). Em São Paulo, o clima temperado e a sazonalidade de temperaturas, com incidência de geadas em trechos de elevadas altitudes da Serra da Mantiqueira, permitem a ocorrência de espécies características da Floresta Ombrófila Mista, como é o caso de *Araucaria angustifolia, Podocarpus lambertii, Drimys brasiliensis, Ilex theezans* e *Styrax leprosus*, espécies comuns em florestas naturais de Campos do Jordão e que também ocorrem na região Sul do Brasil. Portanto, esse remanescente de floresta com araucária na Serra da Mantiqueira compartilha da descrição florística de florestas amostradas na área core de ocorrência dessa formação (Klein,

1984; Jarenkow, 1985; Nascimento et al., 2001). A presença de espécies típicas da Floresta Ombrófila Mista corrobora a hipótese levantada por Ab'Sáber (1992), segundo o qual houve uma retração da vegetação arbórea em toda a região Sul e Sudeste do Brasil, com remanescentes em áreas de refúgio em elevadas altitudes, como é o caso de Campos do Jordão.

Poucos trabalhos apresentam análises da estratificação da Floresta Ombrofila Mista, mas os que o fizeram relatam a presença de *Araucaria angustifolia* entre as árvores emergentes, com indivíduos entre 24 e 38 metros de altura (Fonseca et al., 2009). De fato foram registradas como emergentes nos trechos avaliados em Campos do Jordão e Barra do Chapéu, caracterizando-os como florestas com araucária em função do destaque de indivíduos dessa espécie na fisionomia da comunidade.

Outra conífera relativamente comum entre as emergentes em Florestas Ombrófilas Mistas é *Podocarpus lambertii*, o pinheirinho-bravo, cuja distribuição acompanha a área de ocorrência da araucária nos estados do Paraná, Santa Catarina e Rio Grande do Sul (Ragagnin et al., 1994; Kozera et al., 2005a). Com relação a essa espécie, o pinheirinho-bravo só foi registrado em Campos do Jordão, portanto não há registro para o trecho inventariado em Barra do Chapéu, na região sul paulista.

O pinheirinho-bravo foi citado como espécie comum do estrato inferior de florestas do Rio Grande do Sul (Maixner & Ferreira, 1976) ou em agrupamentos quase puros nos capões das áreas campestres do Paraná (Klein & Hatschbach, 1962). Também em um mesmo fragmento de Floresta Ombrófila Mista é possível encontrar indivíduos de *Podocarpus lambertii* com diferentes idades e em ambientes sucessionais distintos, desde trechos em processo de regeneração natural até porções mais maduras da floresta (Backes, 1973). Isto ocorre porque *P. lambertii* é uma espécie plástica que se adapta a diferentes condições lumínicas e que tem seu desenvolvimento em altura aumentado em ambientes mais sombreados, a fim de alcançar a luz com maior facilidade (Chiamolera et al., 2010). Desse modo, em florestas maduras o pinheirinho-bravo atinge porte elevado, como registrado no levantamento fitossociológico de trecho de Floresta Ombrofila Mista em Curitiba (Kozera et al., 2005b), onde ocupou a primeira posição em valor de importância, assim como em Campos do Jordão (Souza, 2008).

Nesse contexto, é preciso investigar a ausência da população dessa espécie em Barra do Chapéu, já que se trata de local que faz parte da área de distribuição original da espécie e que, mesmo tendo sofrido bosqueamento no passado, deveria abrigar indivíduos remanescentes. Estudos sobre a auto-ecologia e estratégias para a conservação de suas populações em território paulista devem ser incentivados para fins de enriquecimento das florestas ombrófilas mistas. É importante ressaltar que *P. lambertii* não consta da lista de espécies ameaçadas no estado de São Paulo, mesmo compartilhando o mesmo ambiente de *A. angustifolia* e com histórico de exploração semelhante.

Outro indicador preocupante para a conservação das florestas com araucária paulistas é a baixa densidade de indivíduos dessas populações de coníferas no componente regenerante dos trechos avaliados, que é muito inferior aos valores registrados para grande parte das latifoliadas, o que pode comprometer a manutenção de populações viáveis dessas espécies em longo prazo. Estas variações sugerem mudanças futuras de dominância na comunidade, como já observado na Reserva Genética de Caçador-SC, onde *Araucaria angustifolia* não apresentou indivíduos regenerantes (Caldato et al., 1996). Em Garapuava-PR, a densidade de *Araucaria angustifolia* na regeneração natural foi pouco expressiva e atribuída principalmente à predação dos pinhões (Cordeiro & Rodrigues, 2007). Na Floresta Nacional de São Francisco de Paula-RS, a araucária também apresentou número reduzido de indivíduos nas categorias plântula e juvenil (Navares et al., 2010).

Para Kershaw & Wagstaff (2001), a estratégia predominante em coníferas do hemisfério sul caracteriza-se pelo recrutamento intermitente resultante de distúrbio ocasional. Estes distúrbios são necessários porque alteram o regime de luz: o sombreamento gerado pelas espécies latifoliadas dos estratos superiores estaria relacionado ao fracasso regenerativo da araucária, considerada heliófita (Reitz & Klein, 1966). De acordo com Solórzano-Filho & Kraus (1999), com o pleno desenvolvimento do subosque, os indivíduos adultos de araucária passam a ser encontrados somente nos estratos superiores, porque as condições de sombreamento impedem o recrutamento de novos indivíduos desta espécie. Em ambientes florestais, nem mesmo clareiras poderiam garantir o desenvolvimento de plântulas e juvenis, pois as espécies latifoliadas normalmente ocupam e sombreiam mais rapidamente estes espaços, comprometendo o sucesso de regeneração da araucária (Klein, 1960; Rambo, 1994).

Por outro lado, Duarte et al. (2002) e Franco & Dillendug (2007) afirmam que a araucária é capaz de tolerar sombreamento, germinar e se estabelecer em baixas condições de luz, portanto não é estritamente heliófila e pioneira, sendo capaz de se estabelecer no sub-bosque da floresta. Essa constatação foi corroborada por Silva et al. (2010), ao afirmarem que muitas sementes de araucária germinam a cada ano, em ambientes com as mais variadas condições de luminosidade, e que as plântulas se estabelecem com facilidade devido a grande quantidade de reserva de suas sementes. O filtro ecológico ocorre à medida que se esgotam as reservas, quando a plântula se torna dependente dos processos de síntese e começa a apresentar dificuldades de crescimento e desenvolvimento em ambientes florestais umbrófilos: de acordo com os autores, muitas plântulas morrem antes de completarem um ano, tendo atingido menos de 50 cm de altura (Backes, 1973;2001).

Outro fator que pode dificultar a conservação dos remanescentes de Floresta Ombrófila Mista são as mudanças climáticas. *Araucaria angustifolia* e *Podocarpus lambertii*, assim como outros elementos de florestas temperadas, podem estar desfavorecidas no componente de regeneração devido à incompatibilidade com o clima atual (Klein, 1960). A floresta com araucária é considerada uma das mais sensíveis a variações climáticas e as coníferas ali presentes são frequentemente utilizadas como indicadoras de paleoclimas (Siqueira, 2006).

O ponto setentrional de ocorrência da *Araucaria angustifolia* está localizado próximo a Serra do Caparaó, na divisa entre os estados de Minas Gerais e Espírito Santo, distribuição que alcançou provavelmente em períodos climáticos favoráveis do Quaternário. No entanto, há indícios de que a dispersão da *Araucaria angustifolia* foi bem maior em períodos geológicos anteriores, atingindo até o Nordeste brasileiro (Veloso, 1992). Com relação ao pinheiro-bravo, Ledru et al. (2007) realizaram estudo para caracterizar a distribuição atual e pretérita de populações do gênero *Podocarpus* no Brasil, pelo qual constataram que a ocorrência de *P. lambertii* acompanhou a recente expansão da floresta de araucária.

Para Ledru et al. (2007), os remanescentes de floresta com araucária são *hotspots* cruciais para a sobrevivência de populações de coníferas nas condições climáticas desfavoráveis do período atual e a única via possível para a expansão desse tipo florestal caso mudanças climáticas venham a ocorrer. No entanto, ao permanecer o clima quente/úmido do atual período interglacial, mesmo estes refúgios podem não ser suficientes para a conservação destas espécies, pois as coníferas podem ser eliminadas pela concorrência de grupos florísticos próprios de climas ombrotérmicos (Leite, 1994).

Embora a araucária e o pinheirinho-bravo estejam pobremente representados no componente regenerante da Floresta Ombrófila Mista, indivíduos destas espécies são freqüentes na borda da floresta e com expansão sobre o campo, o que revela o sucesso de ambas na ocupação de espaços abertos. Assim, o processo de sucessão da Floresta Ombrófila Mista está relacionado com a dinâmica populacional dessas coníferas que, ao colonizarem áreas abertas ou campos, criam condições de umidade e fertilidade do solo que facilitam o recrutamento de outras espécies de plantas (Solórzano-Filho & Kraus, 1999).

Assim, mantidas as condições climáticas atuais, a perpetuação das populações dessas espécies está vinculada a ações de manejo que garantam a manutenção dos trechos florestais nos fundos de vale e dos campos naturais nos interflúvios, com as coníferas presentes nos ecótonos. Tal configuração justifica-se para as regiões paulistas onde existe o contato natural floresta-campo, como é o caso dos remanescentes da Serra da Mantiqueira, Itatiaia e Bocaina e das áreas ao redor dos *canyons* na região de Itararé. No entanto, em áreas de contato entre florestas ombrófilas densas e mistas, onde áreas campestres não ocorrem naturalmente, a tendência é de extinção local destas populações.

Associadas às coníferas características, nas áreas de estudo também foram encontradas muitas espécies latifoliadas de Lauraceae e Myrtaceae, amostradas tanto como árvores de grande porte quanto como arvoretas no sub-bosque. Estas famílias não apresentam elevada riqueza apenas em ombrófilas mistas, pois também são citadas em inventários em florestas ombrófilas densas montanas ou submontanas de São Paulo e Rio de Janeiro (Mori et al., 1981; 1983; Struffaldi-de-Vuono, 1985; Baitello et al., 1992; Nastri et al., 1992; Mantovani, 1993, Arzolla,2002), com aumento em importância na comunidade de acordo com a maturidade da floresta (Tabarelli & Mantovani, 1999).

Já Fabaceae, Meliaceae e Sapindaceae, apresentam tendência de decréscimo de riqueza com o aumento da altitude (Gentry, 1988; Jarenkow & Baptista, 1987). De fato apenas uma espécie deste grupo foi amostrada acima da cota de 1.000 m de altitude em Campos do Jordão (*Cupania oblongifolia* - Sapindaceae), mas várias espécies destas famílias destacaram-se em Barra do Chapéu, onde a altitude é de cerca de 900 m.

Em um estudo da distribuição fitogeográfica de regiões de transição de Florestas Ombrófila Mista e Densa Montana, Reginato & Goldenberg (2007) chegaram à conclusão de que espécies como *Ilex theezans, Endlicheria paniculata, Ocotea elegans, Dalbergia frutescens, Cabralea canjerana, Myrsine umbellata, Prunus myrtifolia, Psychotria suterella, Rudgea jasminoides, Casearia decandra, Casearia obliqua* e *Casearia sylvestris* apresentam ampla dispersão nestas fitofisionomias e, de fato, todas as espécies citadas foram observadas nas florestas com araucária paulistas. Os mesmos autores também indicam espécies com ocorrência preferencial na Floresta Ombrófila Mista, como *Ocotea odorifera, Dicksonia sellowiana* e *Eugenia handroana.* Embora todas essas espécies tenham sido registradas em Barra do Chapéu, somente *D. sellowiana* foi registrada em Campos do Jordão.

Dicksonia sellowiana é uma samambaia arborescente conhecida popularmente por "xaxim" e que é típica do sub-bosque da Floresta Ombrófila Mista. A espécie se encontra ameaçada devido à exploração econômica no passado para fins de ornamentação e paisagismo (Windisch, 2002). O desaparecimento de plantas adultas dessa espécie compromete a preservação da espécie em si, descaracteriza a Floresta Ombrófila Mista e diminui a disponibilidade de microhabitats para várias espécies epifíticas (Fraga & Schmitt 2008). Também em Campos do Jordão foi registrada a presença de *Siphoneugena reitzii*, árvore de 8 a 10 m de altura, típica de florestas nebulares e ombrófilas mistas (Legrand & Klein, 1977), classificada como vunerável à extinção para o estado de São Paulo.

Numa síntese de 16 inventários em Floresta Ombrofila Mista apresentada por Fonseca *et al.* (2009), as estimativas de densidade total variaram de 455 a 1.972 ind.ha^{-1} e a área basal total de 17,63 $m^2.ha^{-1}$ em áreas com vegetação alterada a até 50, 83 $m^2.ha^{-1}$ em estandes bem conservados. Assim, mesmo com a ressalva de uso de diferentes métodos amostrais, os valores de densidade e área basal total obtidos para o componente adulto em Campos do Jordão (1.921 ind.ha^{-1} e 53,60 m^{2}.ha^{-1}) e Barra do Chapéu (2.062 ind.ha^{-1} e 40,5 m^{2}.ha^{-1}) permitem afirmar que os trechos encontram-se bem conservados, apesar da elevada densidade de árvores desta última localidade.

Com relação à riqueza de espécies e índice de diversidade, os valores obtidos em Barra do Chapéu (120 espécies e H´ 3,81) é um dos mais elevados já registrados em trechos de Floresta Ombrófila Mista (Tabela 4.4), portanto revela a importância da conservação dos pucos remanescentes dessa formação em território paulista. Já a riqueza e diversidade total obtida em um hectare Campos do Jordão foi baixa (158 espécies e H´ 3,08), comparada a outro inventário no interior da mesma unidade de conservação, no qual foram registradas 120 espécies em seis áreas descontínuas de 0,25 ha cada (Los 2004), refletindo a diversidade beta (H´ 3,43). Em sua área core de ocorrência, a maior diversidade encontrada para a floresta com araucária para árvores com pelo menos 5 cm de diâmetro foi registrada em Curitiba-PR (H´ 3,43 em Rondon- Neto *et al.*, 2002a) e a menor em Pinhais-PR (H´ 2,18 por Seger et al., 2005), em área com indícios de exploração madeireira. Estudos que consideraram critério de inclusão menor obtiveram índices de diversidade mais elevados (H´ 3,65 em Kozera et al., 2005b e 3,67 em Reginato & Goldemberg, 2007), o que evidencia a contribuição do sub-bosque das florestas com araucária para a conservação da biodiversidade desta formação. Quando adotado critério de inclusão mais restritivo (10 cm de DAP), os índices de diversidade variaram entre 2,83 (Sonego et al., 2007) e 3,51 (Durigan, 1999), sendo esta heterogeneidade atribuída ao histórico de uso das áreas, para as quais foi comum a exploração madeireira de árvores do dossel ou o bosqueamento das áreas para cultivo de erva-mate e extração de xaxim. Além de diferentes critérios de inclusão, os índices de diversidade dos estudos mencionados foram obtidos com variações no desenho e esforço amostral (Tabela 4.4), portanto devem ser avaliados com ressalvas.

Tabela 4.4 - Levantamentos florísticos e fitossociológicos utilizados na comparação florística entre áreas de floresta Ombrófila Mista. P = levantamento fitossociológico em parcelas; Q = levantamento fitossociológico por quadrantes; DAP = diâmetro à altura do peito (1,3 m); H' = Índice de Shannon e S =Número de espécies

Autores	Localidade	DAP mínimo (cm)	Parcelas/ pontos	H`	S
Este trabalho	Campos do Jordão-SP	5,0	50 (10x20)	3,08	57
Este trabalho	Barra do Chapéu – SP	5,0	50 (10x20)	3,81	120
Los (2004)	Campos do Jordão-SP	5,0	6x10 (10x25)	3,43	120
Kozera et al. (2005b)	Curitiba-PR	3,3	150 pontos	3,57	77
Rondon-Neto et al. (2002a)	Curitiba-PR	5,0	18 (10 X20)	3,43	77
Watzlawick et al. (2005)	General Carneiro-PR	10,0	20 (12x12)	3,26	39
Silva (2003)	Guarapuava-PR		111 pontos	3,36	55
Silva (2003)	Guarapuava-PR		111pontos	2,55	42
Cordeiro & Rodrigues (2007)	Guarapuava-PR	5,0	32 (10x10)	2,79	46
Seger et al. (2005)	Pinhais-PR	5,0	15 (10X100)	2,18	41
Reginato & Goldenberg (2007)	Piraquara-PR	3,2	1(120x60)	3,67	85
Durigan (1999)	São João do Triunfo-PR	10,0	4 (100X100)	3,51	69
Rondon-Neto et al. (2002b)	Criúva-RS	5,0	8 (10X100)	2,76	37
Nascimento et al. (2001)	Nova Prata-RS	10,0	20 (10X50)	3,00	55
Sonego et al. (2007)	São Francisco de Paula-RS	5,0	29 (10x10)	2,95	41
Sonego et al. (2007)	São Francisco de Paula-RS	10,0	29 (10x10)	2,83	35

Os dados obtidos sobre os remanescentes naturais de floresta com araucária paulista revelaram a biodiversidade ainda existente e a necessidade de adoção de medidas de conservação, restauração e manejo, a fim de manter as populações de espécies ameaçadas características dessa formação florestal. Não há dúvida de que as áreas de proteção integral desempenham papel importantíssimo para a conservação dos remanescentes de Floresta Ombrófila Mista, mas o pequeno tamanho e o isolamento dessas áreas, somado à ocupação das áreas campestres do entorno, podem inviabilizar a manutenção de muitas de suas populações em longo prazo. Nas áreas de contato entre florestas ombrófilas mistas e densas, estudos envolvendo parcelas permanentes para o monitoramento da dinâmica da comunidade são prioritários, a fim de entender os fatores envolvidos nos processos de retração ou expansão de cada fisionomia.

Por fim, ampliar a área de ocorrência dessa formação, por meio de projetos de restauração em áreas degradadas que promovam a conexão de remanescentes isolados na paisagem com Áreas de Preservação Permanente e Reservas Legais são fundamentais. Mesmo os reflorestamentos puros com *Araucaria angustifolia* podem ser uma alternativa viável para a restauração da Floresta Ombrófila Mista, uma vez que a espécie funciona como catalisadora de regeneração de outras espécies em seu sub-bosque (Ribeiro, 2011).

Agradecimentos

Os autores agradecem à Sra. Pedrina Demetrio Conceição e ao Instituto Florestal pelas autorizações concedidas; aos taxonomistas Geraldo A. D. C. Franco, João Batista Baitello Fiorella Mazine, Marcos Sobral e Osny T. Aguiar, pelas identificações; à Rejane Esteves, pelo apoio na coleta de dados; à FAPESP que, por meio do Programa BIOTA, proporcionou os recursos necessários para a pesquisa (processo n. 01/05146-6) e a bolsa de mestrado para a primeira autora (processo n. 06/54440-8).

Referências Bibliográficas

Ab' Sáber. A. N. 1992. A teoria dos refúgios: Origem e significado. Revista do Instituto florestal, Edição especial, São Paulo, SP.

Ab'Sáber, A.N. 1977. Os domínios morfoclimáticos na América do Sul. Geomorfologia. IGEOG-USP São Paulo, SP.

Aranha Filho, J.L.M. 2008. Flora da Serra do Cipó, Minas Gerais: Symplocaceae. Boletim de Botânica da Universidade de São Paulo 26 (1): 69-77.

Arzolla, F.A.R.P. 2002. Florística e fitossociologia de trecho da Serra da Cantareira. Núcleo Águas Claras. Parque Estadual da Cantareira. Mairiporã, SP. 82 p. Dissertação de Mestrado, Universidade Estadual de Campinas, Campinas, SP.

Backes, A. 1973. Contribuição ao conhecimento da ecologia da mata de Araucária. 235p. Tese de Doutorado. Instituto de Biociências. Universidade de São Paulo. São Paulo.

Backes, A. 2001. Determinação da idade e regeneração natural de uma população de *Araucaria angustifolia* em um povoamento florestal localizado no município de Caxias do Sul, RS, Brasil. Iheringia, 56:115-130.

Baitello. J.B.; Aguiar. O.T.; Rocha. F.T.; Pastore. J.A.; Esteves. R. 1992. Florística e fitossociologia do estrato arbóreo de um trecho da Serra da Cantareira (Núcleo Pinheirinho) – SP. *In*: Anais do 2º Congresso Nacional Sobre Essências Nativas, São Paulo. Revista do Instituto Florestal 4: 291-298.

Baretta, D. 2007. Fauna do solo e outros atributos edáficos como indicadores da qualidade ambiental em áreas com *Araucaria angustifolia* no estado de São Paulo. 158p. Tese de Doutorado, Escola Superior de Agricultura "Luiz de Queiroz", Universidade de São Paulo, Piracicaba, SP.

Bergamin, R.S.; Mondin, A. 2006. Pesquisas (Botânica) 57: 217-230. São Leopoldo, Instituto Anchietano de Pesquisas.

BRASIL. Ministério do Meio Ambiente. 1993. Portaria Nº 37-N, de 3 de abril de 1.992 Listagem oficial das espécies vegetais brasileiras ameaçadas de extinção. Brasília. Disponível em: <http://www.ibama.gov.br>. Acesso em: 20. jul. 2007.

BRASIL. Ministério do Meio Ambiente. Anexo I da Instrução Normativa n. 6, de

23 de setembro de 2008. Lista Oficial das Espécies da Flora Brasileira Ameaçadas de Extinção. Disponível em <http://www.mma.gov.br/estruturas/ascom_boletins/_arquivos/83_19092008034949.pdf> Acesso em 19/05/2010.

Brito, M.C.W.; Joly, C.A. 1999. Biodiversidade do Estado de São Paulo: síntese do conhecimento ao final do século XX. v.7, infra-estrutura para a conservação da biodiversidade. São Paulo, FAPESP.

Caiafa, A.N.; Martins, F.R. 2007. Taxonomic identification, sampling methods and minimum size of tree sampled: implications and perspectives for studies in the Brazilian Atlantic Rainforest. Functional Ecosystems and Communities 1(2):95-104.

Caldato, S.L.; Floss, P.A.; Da Croce, D.M.; Longhi, S.J. 1996. Estudo da regeneração natural, banco de sementes e chuva de sementes na reserva genética florestal de Caçador, SC. Ciência Florestal. Santa Maria. 6(1):27-38.

Cardoso, E.J.B.N. 2004. Biodiversidade vegetal e de organismos edáficos em ecossistemas de *Araucaria angustifolia* naturais e impactados no estado de São Paulo. Projeto Temático e Relatório de Pesquisa. FAPESP, São Paulo.

CETEC. Centro Tecnológico da Fundação Paulista de Tecnologia e Educação. 2002. Relatório zero: relação da situação dos recursos hídricos UGRHI-11. Lins, 2002. CD-ROM.

Chiamolera, L.B.; Angelo, A.C.; Boeger, M.R. 2010. Resposta morfoanatômica da folha de *Podocarpus lambertii* Klotzsch ex Endl (Podocarpaceae) implantado em duas áreas com diferentes graus de sucessão às margens do Reservatório Iraí – PR. Biotemas, 23 (2): 1-11

Cordeiro, J.; Rodrigues, W.A. 2007. Caracterização fitossociológica de um remanescente de Floresta Ombrófila Mista em Guarapuava, PR. Revista Árvore 31: 545-554.

Duarte, L.S.; Dillenburg, L.R.; Rosa, L.M. 2002. Assessing the role of light avaliability in the regeneration of *Araucaria angustifolia* (Araucaricaceae). Australian Journal of Botany 50: 741-751

Durigan, M.E. 1999. Florística, dinâmica e análise protéica de uma Floresta

Ombrófila Mista em São João do Triunfo – PR Curitiba. Dissertação de Mestrado, Universidade Federal do Paraná, Curitiba, 125p.

Farjon, A. 2006. *Araucaria angustifolia.* In: IUCN 2011. IUCN Red List of Threatened Species. Version 2011.2. Disponível em www.iucnredlist.org. [Acessed Jan.11, 2012].

Fonseca, R. C.; Ganade, G.; Baldissera, R.; Becker, C. G.; Boelter, C. R.; Brescovit, A. D.; Campos, L. M.; Fleck, T.; Fonseca, V. S.; Hartz, S. M.; Joner, F.; Käffer, M. I.; Leal-Zanchet, A. M.; Marceli, M. P.; Mondin, C. A.; Paz, C. P.; Petry, M. V.; Putzke, J.; Vergara, M.; Mesquita, A. S. & Vieira, E. M. p. 287-296. *In:* Fonseca, C. R.; Souza, A. F.; Leal-Zanchet, A. M.; Dutra, T. L.; Backes, A. & Ganade, G. (eds.) 2009. Floresta com araucária: ecologia, conservação e desenvolvimento sustentável.: Holos Editora, Ribeirão Preto, SP.

Fraga, L.L.; da Silva, L.B.; Schimitt, J.L. 2008. Composition and vertical distribution of epiphytic pteridophytes on *Dicksonia sellowiana* Hook. (Dicksoniaceae), in mixed ombrophylous forest in Southern Brazil. Biota Neotropica 8(4):0-0.

Franco, A. M. S.; Dillenburg, L. R. 2007. Ajustes morfológicos e fisiológicos em plantas jovens de *Araucaria angustifolia* (Bertol.) Kuntze em resposta ao sombreamento. Hoehnea, 34 (2): 135-144.

Franco, J.L.A.; Drummond, J.A. 2005. Frederico Carlos Hoehne: viagem à Araucarilândia. Desenvolvimento e Meio Ambiente 11:11-21.

Gentry, A.H. 1988. Changes in plant community diversity and floristic composition on environmental and geographical gradients. Annals of the Missouri Botanical Garden 75: 1-34.

Jarenkow, J.A.; Baptista, L.R.M. 1987. Composição florística e estrutura da Mata com Araucaria na Estação Ecológica de Aracuri, Esmeralda, RS. Napaea 3:9-18.

Jarenkow, J.A. 1985. Composição florística e estrutura da Mata com Araucaria em Estação Ecológica Aracuri, Esmeralda, Rio Grande do Sul. 85 p. Dissertação de Mestrado, Universidade Federal do Rio Grande do Sul, RS.

Kershaw, P.; Wagstaff, B. 2001 The southern conifer family Araucariaceae: History, status, and value for paleoenvironmental reconstruction. Annual Review of Ecology and Systematics 32: 397-414.

Klein, R. M.; Hatschbach, G. 1962. Fitofisionomia e notas sobre a vegetação para acompanhar a planta fitogeográfica do município de Curitiba e arredores (Paraná). Boletim da Universidade do Paraná, 4: 1-29.

Klein, R.M. 1960. O aspecto dinâmico do pinheiro brasileiro. Sellowia 12: 17-44.

Klein, R.M. 1984. Aspectos dinâmicos da vegetação do sul do Brasil. Sellowia 36: 5-54.

Kozera, C.; Dittrich, V.A.O.; Silva, S.M. 2005a. Composição florística da floresta ombrófila mista montana do Parque Municipal do Barigüi, Curitiba, PR. Revista Floresta 36: 45-58.

Kozera, C.; Dittrich, V.A.O.; Silva, S.M. 2005b. Fitossociologia do componente arbóreo de um fragmento de Floresta Ombrófila Mista Montana, Curitiba, PR, BR. Revista Floresta 36: 225-237.

Kronka, F.J.N.; Nalon, M.A.; Matsukuma, C.K.; Kanashiro, M.M.; Pavão, M.; Durigan, G.; Lima, L.M.P.R.; Guillaumon, J.R.; Baitello, J.B.; Borgo, S.C. 2005. Inventário Florestal da Vegetação Natural do Estado de São Paulo. Imprensa oficial, Secretaria do Meio Ambiente, Instituto Florestal, São Paulo, SP.

Ledru, M.P.; Salatino, M.L.F.; Ceccantini,G.; Salatino, A.; Pinheiro, F.; Pintaud, J. 2007. Regional assessment of the impact of climatic change on the distribution of a tropical conifer in the lowlands of South America. Diversity and Distributions 13 (6): 761–771.

Legrand, C.D.; Klein, R.M. 1977. Mirtáceas. Flora Ilustrada Catarinense: 572-730.

Leite, P.F. 1994. As diferentes unidades fitoecológicas da Região Sul do Brasil. Proposta de classificação. 160p. Dissertação (Mestrado em Engenharia Florestal). Setor de Ciências Agrárias, Universidade Federal do Paraná, Curitiba, Pr.

Lemos-Michel, E. 2001. Hepáticas epifíticas sobre o pinheiro-brasileiro no Rio Grande do Sul. UFRGS, Porto Alegre, RS.

Los, M.M. 2004. Florística, estrutura e diversidade da floresta com araucária em áreas de diferentes tamanhos. 79p. Dissertação de Mestrado. Instituto de Biociências. Universidade de São Paulo. São Paulo, SP.

Maack, R. 1950. Mapa fitogeográfico do estado do Paraná. IBPT, Curitiba.

Mähler Junior; Larocca, J. F. 2009. Fitofisionomias, desmatamento e fragmentação da Floresta com Araucária p. 243-252. *In:* Fonseca et al. (eds) Floresta com Araucária: Ecologia, Conservação e Desenvolvimento Sustentável.

Maixner, A.E.; Ferreira, L.A.B. 1976. Contribuição ao estudo das essências florestais e frutíferas no estado do Rio Grande do Sul. Trigo e Soja, 18: 3-20.

Mantovani, A.; Morellato, L.P.C.; Reis, M.S. 2004. Fenologia reprodutiva e produção de sementes em *Araucaria angustifolia* (Bert.) O.Kuntze. Revista Brasileira de Botânica 27(4): 787-796.

Mantovani. W. 1993. Estrutura e dinâmica da Floresta Atlântica na Juréia. Iguape. SP. 126 p.Tese de Livre- Docência, Universidade de São Paulo, São Paulo, SP.

Mattos, J.R. 1994. O pinheiro brasileiro.Lages, Arte Gráfica Princesa Ltda.

Modenesi. M.C. 1988. Significado dos depósitos correlativos quaternários em Campos do Jordão – São Paulo: implicações paleoclimáticas e paleoecológicas. Instituto Geológico 7: 1-155.

Mori, S.A.; Boom. B.M.; Prance. G.T. 1981. Distribution patterns and conservation of eastern Brazilian coastal forest tree species. Brittonia 33: 233-245.

Mori, S.A.; Boom, B.M.; Carvalino, A.M.; Santos, T.S. 1983; Ecological Importance of Myrtaceae in an Eastern Brazilian Wet Forest. Biotropica 15(1): 68-70.

Nascimento, A.R.T.; Longhi, S.J.; Bena, D.A. 2001. Estrutura e padrões de distribuição espacial de espécies arbóreas em uma amostra de Floresta Ombrófila Mista Em Nova Prata, RS. Ciência Florestal 11: 105-119.

Nastri, V.D.F.; Catharino, E.L.M.; Rossi, L.; Barbosa, L.M.; Pirré, E.; Beneditelli, C.; Asperti, L.M.; Dorta, R.O.; Costa, M.P. 1992. Estudos fitossociológicos em uma área do Instituto de Botânica de São Paulo utilizada em programa de Educação ambiental. *In* Anais do 2° Congresso Nacional de Essências Nativas, São Paulo. Revista do Instituto Florestal 4: 219-225.

Parker, G.G.; Brown, M.J. 2000. Forest canopy stratification – Is it useful? American Naturalist 155:473-484.

Polisel, R.T. 2011. Análise fitossociológica do sub-bosque de florestas com araucária e sua relação fitogeográfica com outras formações florestais da Floresta Atlântica s.l. 174p. Dissertação de Mestrado. Universidade Estadual de Campinas, SP.

Prado, 2000. Solos do Brasil. Editora FUNEP. Piracicaba, SP.

Ragagnin, L.I.M.; Costa, E.C.; Hoppe, J.M. 1994. Maturidade fisiológica de sementes de *Podocarpus lambertii* Klotzsch. Ciência Florestal 4(1): 23-41.

Rambo B. 1994. A Fisionomia do Rio Grande do Sul. UNISINOS, São Leopoldo, RS.

Reginato, M.; Goldenberg, R. 2007. Análise florística, estrutural e fitogeográfica da vegetação em região de transição entre as Florestas Ombrófilas Mista e Densa Montana, Piraquara, Paraná, Brasil. Hoehnea 34: 349-364.

Reitz, R.; Klein, R.M. 1966. Araucariáceas. Flora Ilustrada Catarinense: 1-61.

Reitz, R.; Klein, R. M.; Reis, A. 1983. Projeto Madeira do Rio Grande do Sul. Sellowia 34-35.

Ribeiro, T.M. 2011. Florística e estrutura da comunidade arbustivo-arbórea em ecossistemas naturais e implantados com *Araucaria angustifolia* (Bertol.) O. Kuntze no Estado de São Paulo, Brasil. 249p. Dissertação de mestrado. Universidade Federal de Viçosa. Viçosa, MG.

Ribeiro, T.M.; Martins, S.V.; Ivanauskas, N.M.; Polisel, R.T.; Santos, R.L.R. 2012. Restauração florestal com *Araucaria angustifolia* (Bertol.) O. Kuntze no Parque Estadual de Campos do Jordão, SP: efeitos do fogo na estrutura do componente abustivo-arbóreo. Scientia Forestalis 40:279-290.

Robim, M.J.; Pastore, J.A.; Aguiar, O.T.; Baitello, J.B. 1990. Flora arbórea, arbustiva e herbácea do Parque Estadual de Campos do Jordão (SP). Revista do Instituto Florestal 2(1):31-53.

Roderjan, C.V.; Galvão, F.; Kuniyoshi, Y.S. & Hatschbach, G.G. 2002. As Unidades fitogeográficas do estado do Paraná. *In:* Fitogeografia do Sul da América. Ciência Ambiente 24. Universidade Federal de Santa Maria. Santa Maria. RS.

Rondon-Neto, R.M.; Kozera. C.; Andrade. R.R.; Cecy. A.T.; Hummes. A.P.; Fritzsons. E.; Caldeira. M.V.W.; Maciel. M.N.M.; Souza. M.K.F. 2002a.

Caracterização florística e estrutural de um agrupamento de Floresta Ombrófila Mista em Curitiba. PR – Brasil. Floresta 32: 3-16.

Rondon-Neto, R.M.; Watzlawick L.F.; Caldeira. M.V.W.; Schoeninger, E.R. 2002b. Análise florística e estrutural de um fragmento de Floresta Ombrófila Mista Montana, Situada em Criúva, RS – Brasil. Ciência Florestal, Santa Maria, v. 12, p. 29-37.

Sanquetta, C.R.; Mattei, E. 2006. Perspectivas de recuperação e manejo sustentável das florestas de araucária. PELD/CNPQ. FUPEF.

São Paulo (Estado). 2004. Instituto Florestal. Quantificação da Vegetação Natural Remanescente para Bacias Hidrográficas do Estado de São Paulo. In: Sistema de Informações Florestais do Estado de São Paulo. Disponível em: <http://www.iflorestal.sp.gov.br/sifesp/tabelas/tabela3.pdf>. Acesso em: 07.dez.2012

SMA. São Paulo. Secretaria do Meio Ambiente. 2004. Espécies da flora ameaçada de extinção no estado de São Paulo. Diário Oficial. São Paulo, 22 de set. 2004, seção 5, p. 23.

Seger, C.D.; Dlugosz, F.L.; Kurasz, G.; Martinez, D.T.; Ronconi, E.; Melo, L.A.N.; Bittencourt, S.M.; Brand, M.A.; Carniatto, I.; Galvão, F.; Roderjan, C.V. 2005. Levantamento florístico e análise fitossociológica de um remanescente de Floresta Ombrófila Mista localizado no município de Pinhais, Paraná-Brasil. Floresta 291-301.

Seibert, C.L.; Negreiros, O.C.; Bueno, R.A.; Emerich, W.; Moura-Netto, B.V.; Marcondes, M.A.P.; Cesar, S.F.; Guillanimon, J.R.; Montagna, R.A.A.; Barreto, J.R.; Oliveira, M.C.; Godoi, A. 1975. Plano de manejo no Parque Estadual de Campos de Jordão. Boletim Técnico do Instituto Florestal de São Paulo 19: 1-153.

Sentelhas, P.C.; Pereira, A.R.; Marin, F.R.; Angelocci, L.R.; Alfonsi, R.R.; Caramori, P.H.; Swart, S. 1999. Balanços Hídricos Climatológicos do Brasil - 500 Balanços Hídricos de Localidades Brasileiras. ESALQ, Piracicaba. CD-ROM.

Silva, M.M.; Ganade, G.M.S.; Backes, A. 2010. Regeneração natural em um remanescente de Floresta Ombrófila Mista, na Floresta Nacional de São Francisco de Paula, Rio Grande do Sul, Brasil., Instituto Anchietano de Pesquisas. Pesquisas (Série Botânica: 61), 336p. São Leopoldo, RS.

Silva, P.A.H.; Passos, E. 2010. A paisagem de Vila Velha e seu significado para a teoria dos refúgios e a evolução do domínio morfoclimático dos planaltos das Araucárias. O Espaço Geográfico em Análise 19:155-164.

Siqueira, E. 2006. História ecológica da floresta de Araucaria durante o Quaternário Tardio no setor sul da serra da Mantiqueira: análises sedimentológicas e palinológicas na regiãode Monte Verde (MG). 142p. Tese de Mestrado.Universidade de São Paulo, São Paulo, SP.

Solórzano-Filho, J. A.; Kraus, J. E. 1999. Breve História das Matas de Araucária. Revista Floresta 99: 37-40.

Sonego, R.C.; Backes, A.E.; Souza, A.F. 2007. Descrição da estrutura de uma Floresta Ombrófila Mista, RS, Brasil, utilizando estimadores não-paramétricos de riqueza e rarefação de amostras. Acta Botanica Brasilica 21: 943-955.

Souza, R.P.M. 2008. Estrutura da comunidade arbórea de trechos de floresta de araucária no estado de São Paulo, Brasil. 101 p. Dissertação de Mestrado, Escola Superior de Agricultura "Luiz de Queiroz", Piracicaba, SP.

Souza, R.P.M. ; Souza, V.C. ; Polisel, R.T. ; Ivanauskas, N.M. 2012. Estrutura e aspectos da regeneração natural de Floresta Ombrófila Mista no Parque Estadual de Campos do Jordão, SP, Brasil. Hoehnea 39: 387-407.

Struffaldi-de-Vuono, Y. 1985. Fitossociologia do estrato arbóreo da floresta da Reserva Biológica do Instituto de Botânica (São Paulo. SP). 175 p.Tese de Doutorado, Universidade de São Paulo, São Paulo, SP.

Tabarelli, M; Mantovani, W. 1999. A regeneração de uma floresta tropical montana após corte e queima (São Paulo- Brasil). Revista Brasileira de Biologia. 59(2):239-250.

Veloso, H.P. 1992. Sistema fitogeográfico. p. 9-38. *In* Manual técnico da vegetação brasileira. Instituto Brasileiro de Geografia e Estatística, Rio de Janeiro, RJ.

Windisch, P.G. 2002. Fern conservation in Brazil. Fern Gaz. 16(6,7,8): 295-300.

5

Diversidade Genética da Araucaria angustifolia

Camila Maistro Patreze & Siu Mui Tsai

5.1 Introdução

"Diversidade genética" é um termo que pode ser usado para diferentes categorias taxonômicas, ou seja, pode-se referir à diversidade genética de um ecossistema e desta maneira envolver diferentes espécies; ou restringir-se à diversidade genética dentro de um gênero, ou ainda à diversidade genética dentro de uma espécie, o que comumente é referido como variabilidade intraespecífica. Não necessariamente a diversidade está relacionada à variabilidade em regiões do material genético que é responsável por codificar genes e em consequência, sintetizar proteínas. A variabilidade genética pode ocorrer em regiões do DNA que não são codificadoras, como as regiões intergênicas, os íntrons, regiões microssatélites, entre outras, e estas informações podem ser importantes na dinâmica de populações e no processo de especiação.

A variabilidade intraespecífica, ou seja, as diferenças fenotípicas e genéticas entre indivíduos dentro de uma espécie, ocorre por muitos aspectos do desenvolvimento, da fisiologia e da história de vida (Cianciaruso et al., 2009), podendo dessa forma, estar relacionada a características do ambiente. A variabilidade genética pode ser resultado de processos evolutivos (deriva genética, mutação, migração e seleção) ou de processos de aclimatação ou plasticidade fenotípica, que é a capacidade de cada genótipo individual produzir múltiplos fenótipos (características observadas que são modificadas pelo ambiente) em várias condições ambientais. A identificação de tais efeitos ainda é uma tarefa difícil para os pesquisadores da área uma vez que a variabilidade intraespecífica pode ser resultado de ambos os processos, em diferentes escalas (Albert et al., 2012). Assim, a ligação entre os indivíduos e ecossistemas pode trazer melhores predições sobre as consequências das extinções para os processos ecossistêmicos. Tal abordagem é de extrema importância no caso da *A. angustifolia*, uma vez que é a espécie dominante do ecossistema de floresta subtropical e encontra-se na categoria de "Criticamente Ameaçada" na Lista Vermelha das Espécies Ameaçadas de Extinção da *International Union for the Conservation of Nature* (IUCN 2011). Além disso, os estudos básicos da estrutura genética das populações são necessários para otimizar a aplicação de recursos na conservação do germoplasma da araucária.

Inicialmente o conhecimento sobre a existência de variabilidade para *A. angustifolia* foi reportado em estudos realizados com características morfométricas (ex. proporção de copa, diâmetro à altura do peito, etc) comparando-se a variabilidade entre populações de araucária de diferentes procedências geográficas (Baldanzi & Araujo, 1971; Fähler & Di Lucca, 1980; Gurgel Filho, 1980; Reitz et al., 1988; Shimizu & Higa, 1980; Monteiro & Speltz, 1980; Kageyama & Jacob, 1980; Shimizu, 2000). Tais características são controladas por muitos genes e altamente influenciadas pelos fatores ambientais, além de requererem vários anos de crescimento no campo para a sua avaliação (Shimizu et al., 2000).

Com o avanço na área da biologia molecular e o conhecimento de regiões específicas do DNA vegetal, a diversidade genética passou a ser avaliada por marcadores moleculares, ou seja, regiões do material genético que permitem detectar a variabilidade (grau de variação genética de um indivíduo). Nesta abordagem, um segmento específico de DNA (correspondente a regiões expressas ou não do genoma) é identificado, a partir de diferentes técnicas que serão apresentadas a seguir, e usado nas comparações entre indivíduos de uma população ou entre populações diferentes. Assim, os marcadores moleculares podem ser úteis para otimizar estratégias de amostragens para programas de reflorestamento, principalmente no caso da araucária, que possui algumas características ecológicas limitantes, tais como crescimento lento e alta taxa de predação de sementes. Além disso, *A. angustifolia* é uma espécie alógama e, segundo Richards (1997), dentre as diferentes formas de reprodução, a polinização cruzada (alogamia) é a reprodução sexual que possui maior potencial de rearranjo da diversidade genética, o que pode ser detectado usando os marcadores moleculares.

As plantas possuem três genomas: nuclear, mitocondrial e cloroplastidial, passíveis de serem utilizados nas análises de diversidade molecular. O genoma nuclear é o material genético contido no núcleo da célula; o genoma mitocondrial é o material genético contido na organela celular mitocôndria e o cloroplastidial é o material genético presente na organela cloroplasto. Em algumas espécies a busca por marcadores moleculares no genoma nuclear fica comprometida em virtude do grande tamanho, como ocorre em *A.angustifolia* e coníferas de modo geral. Nesses casos, o uso de organelas como mitocôndrias (mtDNA) e cloroplastos (cpDNA) é comum. Os genomas de organelas são tipicamente não-recombinantes (não ocorre troca de material genético), uniparentalmente herdados e efetivamente haplóides (material genético não- duplicado). O fato de o cpDNA ser conservado e apresentar um polimorfismo (variação) maior do que o encontrado no mtDNA, torna-o mais adequado para estudos envolvendo espécies próximas de plantas. "Primers" ou oligonucleotídeos são sequências curtas de nucleotídeos do DNA que são sintetizadas e usadas para reconhecer e amplificar uma dada região do DNA. Quando tais sequências, geralmente de 18 a 21 nucleotídeos, são conservadas, os primers são conhecidos como "universais", pois amplificam a mesma região alvo do DNA de diferentes espécies. Diferentes técnicas estão sendo empregadas nas análises de diversidade genética de plantas usando o cpDNA, tais como o sequenciamento de genes conservados, o uso de polimorfismo de tamanho de fragmentos de restrição (RFLP) e análises de microssatélites (unidade de repetição do DNA) presentes no cloroplasto (cpSSR).

Independentemente do tipo e da localização do marcador aplicado, alguns parâmetros têm sido tradicionalmente usados na caracterização da diversidade genética das populações vegetais, começando-se pela avaliação da estrutura genética, isto é, a distribuição não aleatória de alelos e genótipos dentro da espécie (Hamrick, 1982). Além disso, um importante parâmetro é o nível de heterozigosidade, ou seja, variabilidade genética, independente dos efeitos de migração, seleção, mutação ou sistema reprodutivo. A heterozigosidade esperada é uma estimativa teórica enquanto que a heterozigosidade observada consiste na contagem direta de todos os heterozigotos em todos os locos (regiões marcadoras).

Este capítulo trata da variabilidade genética de *Araucaria angustifolia*, com enfoque nas populações brasileiras. Discute-se aqui o uso de diferentes marcadores genéticos ou moleculares; a necessidade de mais estudos com enfoque filogeográfico e uma breve discussão sobre processos evolutivos que envolvem a espécie no Brasil que podem ser inferidos com dados genéticos.

5.2 Marcadores genéticos aplicados às populações de *A. angustifolia* no Brasil

A caracterização genética das populações de *A. angustifolia* seguiu em consonância com os avanços da tecnologia e desenvolvimento de diversos tipos de marcadores genéticos aplicados às plantas. Inicialmente, a diversidade genética foi avaliada por marcadores isoenzimáticos (produtos da atividade dos genes), tendo sido estudadas uma população no Parque Nacional do Iguaçu - PR (Shimizu et al., 2000); nove populações em Santa Catarina (Auler et al., 2002); duas populações em Campos do Jordão - SP, cinco populações em Irati-SC e seis populações em Caçador-SC (Sousa et al., 2004); além de uma população natural em Campos do Jordão-SP (Mantovani et al., 2006). Nesta técnica, o fenótipo isoenzimático é determinado, normalmente, com enzimas contidas em extrato de sementes ou de partes vegetativas da planta. Os marcadores isoenzimáticos têm a característica de co-dominância, a qual permite acessar uma população quanto às frequências alélicas e genotípicas. Embora com a sensibilidade de detecção de polimorfismos mais baixa do que atualmente se obtém por marcadores moleculares, tais estudos permitiram o conhecimento sobre a variabilidade da espécie em diferentes populações e evidenciaram a ocorrência de cruzamentos entre aparentados, sugerindo a ocorrência de alterações no sistema reprodutivo da araucária brasileira, além da observação de que a grande parte da variabilidade genética de *A. angustifolia* estaria contida dentro das populações, o que corrobora os estudos em outras espécies de madeireiras (Hamrich et al., 1992). Polimorfismo é um termo usado para indicar que existem formas diferentes de determinado marcador que representa a variabilidade do indivíduo analisado. No caso de isoenzimas, por exemplo, faz-se a eletroforese na qual se obtém a separação por diferença de tamanho das isoenzimas (corrida em gel por meio de campo elétrico) que permite detectar o polimorfismo entre os indivíduos analisados usando-se a mesma isoenzima.

Usando outra técnica, conhecida como RAPD (*Random Amplified Polymorphic DNA*) descrita por Welsh & McClelland (1990) e Williams et al. (1990). Mazza et al. (1997) foram os primeiros a aplicar marcadores moleculares e testar a capacidade informativa dos mesmos na avaliação da diversidade genética da araucária, eliminando assim a interferência ambiental como era passível de ocorrer por meio de marcadores isoenzimáticos. O RAPD também foi utilizado por Stefenon et al. (2004) para análise de uma população natural no Parque Municipal de Lages - SC e por Medri et al. (2003) em Vargem Bonita - SC, mas as comparações diretas entre os resultados dos estudos não são apropriadas uma vez que o nível de polimorfismos é dependente do número de indivíduos amostrados e também do número de populações (Brown & Marshall, 1995). Ao longo deste capítulo pode-se notar que a variação nos métodos de coleta e amostragem dos diferentes estudos realizados em populações de araucárias no Brasil dificulta as comparações, a elucidação dos processos ecológicos e o grau de conservação das diferentes populações existentes. Brevemente, a técnica RAPD baseia-se na detecção de pequenos fragmentos do DNA do genoma, de forma aleatória. O polimorfismo é detectado com base na presença ou ausência dos fragmentos nos indivíduos em comparação. A diversidade genética acessada por Stefenon et al. (2004) foi estimada por um índice que considera cada fragmento como um loco com dois alelos, já que se trata de um marcador com característica dominante. Sendo assim, neste caso os dois alelos, ou seja, as duas variantes genéticas oriundas dos parentais não são discriminadas.

Outro método que foi aplicado à *A. angustifolia* e que evidenciou a diversidade genética total alta e a variação dentro da população estudada foi o PCR-RFLP *(Restriction Enzyme Fragment Length Polymorphism)*; uma técnica que, a partir da detecção (por meio da utilização de primers), separação e fragmentação de sequências do DNA genômico por meio de enzimas (enzimas de restrição), forma diversos fragmentos menores que variam em comprimento e isso reflete a diferença genética entre os indivíduos. Schlögl et al. (2007), a partir de uma região do DNA de cloroplasto (cpDNA) de *A. angustifolia* calcularam a diversidade com base no número e na frequência de haplótipos encontrados. Neste trabalho, os haplótipos foram definidos com base na combinação de fragmentos de DNA de regiões determinadas e o resultado do corte desses fragmentos com uma ou mais enzimas de restrição, montando-se assim uma matriz de frequência dos haplótipos nas populações. Os autores mostraram o potencial da referida técnica para a análise e conservação da espécie, mas eles ressaltaram a necessidade de a mesma ser aplicada em um número maior de populações, caracterizando assim o fluxo gênico. As vantagens do uso de regiões do DNA do cloroplasto serão apresentadas no item a seguir deste mesmo capítulo.

O AFLP (*Amplified Fragment Length Polymorphism*) é um marcador de natureza semelhante que foi desenvolvido por Vos et al. (1995) e aplicado à *A. angustifolia*. Tal técnica não exige conhecimento prévio sobre o DNA a ser estudado, usando como base o corte com enzimas de restrição e seleção de fragmentos pelo uso de oligonucleotídeos iniciadores contendo bases seletivas. Usando o DNA total de plantas de *A. angustifolia* em uma população de um remanescente de Floresta Ombrófila Mista do Estado de Santa Catarina, Brasil, Stefenon et al. (2003) encontraram 62 marcadores AFLP polimórficos e obtiveram no máximo 21% de bandas polimórficas utilizando 7 combinações de pares de primers, o que mostrou o potencial uso do marcador AFLP para aplicações em distintas populações. Tal marcador foi então empregado com o objetivo de avaliar a distribuição da variação genética dentro e entre populações naturais de *A. angustifolia* em diferentes regiões do Brasil (Stefenon et al., 2007; Souza et al., 2009). Em ambos os estudos, a diferenciação genética das populações estudadas esteve relacionada à distribuição geográfica das populações. Stefenon et al. (2007) avaliaram seis populações provenientes de quatro Estados onde ocorre a espécie no Brasil: Rio Grande do Sul, Paraná, Santa Catarina e São Paulo. Tal estudo mostrou que a população de Campos do Jordão - SP se diferenciou das demais populações e as hipóteses sugeridas foram que, além do isolamento geográfico, poderia ter havido um isolamento devido a uma expansão mais antiga nas áreas de ocorrência mais ao norte, com forças evolutivas diferentes das populações do sul. Stefenon et al. (2007) afirmam que a população de Campos do Jordão merece especial atenção no que concerne à conservação de seus recursos genéticos. Estes mesmos autores utilizaram também outra classe de marcadores moleculares, os microssatélites, que embasaram as mesmas conclusões a respeito da diferenciação genética das seis populações estudadas. O estudo de Souza et al. (2009) englobou nove populações distribuídas entre os Estados do Rio Grande do Sul, Paraná, Rio de Janeiro e Minas Gerais. Estes autores encontraram maiores índices de diversidade genética nas populações de *A. angustifolia* em florestas contínuas no sul do

Brasil que em populações isoladas no sudeste.

Os marcadores conhecidos como microssatélites ou SSRs (*Simple Sequence Repeats*) ou STR (*Short Tandem Repeats*) foram descritos no final da década de oitenta (Litt & Luty, 1989) e foram desenvolvidos em Araucariaceae primeiramente para *Araucaria cunninghamii* (Scott et al., 2003). Como esses microssatélites são regiões repetidas do DNA bastante variáveis, são importantes para comparar a fragmentação do hábitat ou perda de diversidade. Os marcadores desenvolvidos para esta espécie foram testados quanto a sua transferabilidade para outras espécies de araucárias (*A. colummaris, A. heterophylla, A. luxurians* e *A. bidwillii*). A transferabilidade de 15 locos caracterizados em *A. cunninghamii* (Scott et al., 2003), *A. rulei* e *A. subulata* (Robertson et al., 2004) para *A. angustifolia* não se mostrou promissora, uma vez que apenas dois locos microssatétiles exibiram polimorfismo (Salgueiro et al., 2005). Desta maneira, houve a necessidade de desenvolver locos microssatélites específicos para *A. angustifolia.*

Três estudos (Salgueiro et al., 2005; Schmidt et al., 2007 e Patreze & Tsai, 2010) desenvolveram técnicas para detectar locos ou regiões microssatélites específicos para *A. angustifolia* e as populações nativas vem sendo caracterizadas usando-se estes locos, com variações no número de locos utilizados e número de indivíduos por população. Utilizando alguns destes marcadores, Bittencourt & Sebbenn (2009) mostraram o efeito da fragmentação florestal na diversidade da espécie. Os autores observaram que alelos intermediários e raros que apareceram nas populações contínuas foram menos frequentes nas populações fragmentadas e alertaram que a perda destes alelos pode afetar a adaptabilidade se as populações fossem mantidas pequenas e isoladas por muitas gerações.

A genotipagem dos descendentes em populações fragmentadas é uma interessante estratégia para a compreensão dos efeitos da fragmentação na diversidade genética da araucária, já que tais indivíduos são resultantes da estruturação da população pós-fragmentação. O estudo de Bittencourt & Sebbenn (2009) também mostrou que mais de 80% da diversidade genética da araucária foi distribuída dentro da população em detrimento da diversidade entre populações. Uma importante informação extraída das análises de paternidade é a distância percorrida pelo pólen, para o estabelecimento da distância mínima entre fragmentos para que sejam plantadas árvores formando um corredor. O valor obtido no estudo de Bittencourt & Sebbenn (2009) foi um mínimo de 2 km de distância separando fragmentos de 1 a 5 hectares.

Os marcadores moleculares podem ser utilizados para responder outras questões importantes na conservação genética da espécie. Avaliando-se a diversidade em áreas de plantios e comparando-se com áreas naturais adjacentes é possível, por exemplo, verificar se a população plantada pode ou não ser uma fonte de material genético capaz de auxiliar a preservação da espécie. Stefenon et al. (2008) caracterizaram os locos microssatélites e os perfis AFLP para cinco populações reflorestadas e cinco populações naturais no sul do Brasil e observaram que a diversidade genética estava retida nas plantações, podendo aquelas populações serem fontes de recursos para conservação. A partir das análises realizadas, os autores sugeriram que os níveis altos de diversidade alélica nas plantações podem estar relacionados com a diversidade alélica elevada das matrizes onde as sementes foram coletadas, ou com o uso de uma mistura de sementes de origens distintas para replantios.

Aliando-se as informações sobre a manutenção da diversidade genética em reflorestamentos de *A. angustifolia* obtidas por Stefenon et al. (2008) ao estudo de Barbosa et al. (2009), o qual mostra a influência positiva de reflorestamento com *A. angustifolia* sobre a diversidade de outras espécies no Paraná, podemos dizer que os reflorestamentos comerciais da espécie podem ser interessantes para a conservação. Na área total estudada, Barbosa et al. (2009) encontraram 231 espécies, pertencentes a 60 famílias botânicas e um maior número de espécies em reflorestamentos mais antigos em detrimento aos mais recentes.

A Figura 5.1 mostra a distribuição geográfica das populações de *A. angustifolia* estudadas nas regiões Sul e Sudeste do Brasil, evidenciando-se o tipo de marcador empregado na análise da diversidade genética.

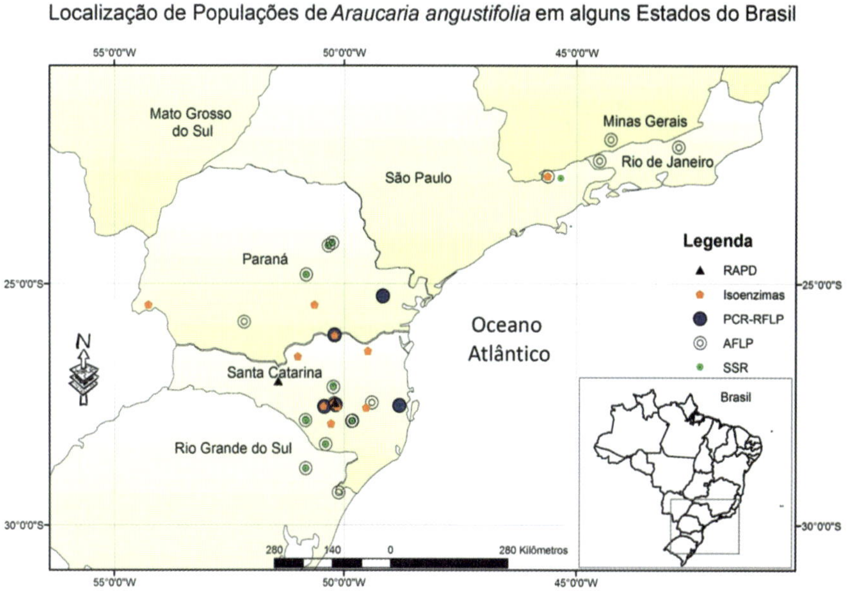

Figura 5.1 - Mapa da distribuição geográfica das populações de Araucaria angustifolia estudadas usando-se os marcadores genéticos do tipo RAPD, isoenzimas, PCR- RFLP, AFLP e SSR. As coordenadas geográficas das populações foram extraídas dos seguintes artigos científicos: Shimizu et al. (2000); Auler et al. (2002); Medri et al. (2003); Stefenon & Nodari (2003); Sousa et al. (2004); Stefenon et al. (2004); Mantovani et al. (2006); Schlög et al. (2007); Stefenon et al. (2007); Stefenon et al. (2008); Bittencourt & Sebbenn (2009); Souza et al. (2009); Patreze & Tsai (2010).

5.3 Variabilidade intraespecífica por sequenciamento de DNA de regiões conservadas

Em algumas espécies, como a *A. angustifolia*, a busca por marcadores moleculares pelo genoma total ou nuclear fica comprometida em virtude do grande tamanho; o gênero *Araucaria* apresenta C-*value* de aproximadamente 10,4 pg, sendo recomendado o uso de organelas como mitocôndrias (mtDNA) e cloroplastos (cpDNA) (Bennett & Leitch, 2005).

Os cpDNAs são mais comumente utilizados que mtDNA por serem moléculas circulares de 120 a 217 Kb (Mariac et al., 2000) altamente conservadas em tamanho e estrutura e apresentarem regiões polimórficas em maior quantidade do que no mtDNA. O fato de o cpDNA ser conservado permite a construção de "primers universais" (Dumolin-Lapègue et al., 1997). O conhecimento sobre o padrão de cpDNA é extremamente importante para a medida do fluxo gênico em populações de uma única espécie (McCauley, 1998). Por exemplo, se o cpDNA é estritamente herdado maternalmente, então a variação neste plastídeo pode ser usada para inferir padrões de fluxo gênico via sementes. Se paternalmente herdados, então marcadores cpDNA podem gerar informações úteis para inferir sobre o fluxo gênico via pólen.

O DNA de cloroplasto possui herança materna na maioria das espécies de plantas cultivadas comercialmente, mas algumas angiospermas apresentam herança biparental. Harris & Ingram (1991) mostraram que 27% de 398 espécies de angiospermas exibem potencial para herança biparental dos plastídeos. Shore & Triassi (1998) observaram herança parental em *Turnera ulmifolia* (Turneraceae). Nas gimnospermas, a herança é geralmente parental, e em *Eucalyptus* foram demonstradas heranças maternas (Byrne & Moran, 1994; McKinnon et al., 2001).

O sequenciamento do DNA em regiões conservadas do cloroplasto tem permitido realizar diversas inferências filogenéticas em coníferas (Wang et al., 1999; Quinn et al., 2002), além de permitir a detecção da variabilidade intraespecífica em diversas espécies de plantas (Blanco et al., 2007; Houliston & Olson 2006). Setoguchi et al. (1998) estabeleceram as relações filogenéticas em Araucariaceae a partir de sequencias do gene cloroplastidial que codifica a rbcL (ribulose-1,5-bifosfatocarboxilose/oxigenase), uma enzima fundamental no processo fotossintético. Usando uma sequencia parcial do gene que codifica a enzima maturase K no cloroplasto (matK) clonada de *A. angustifolia*, Patreze & Tsai (2010) confirmaram as relações filogenéticas entre a sequencia de *A. angustifolia* obtida e as sequencias de outras três espécies de araucária (*A. araucana*, *A. husteinii* e *A. heterophylla*). Além disso, as autoras mostraram a existência de dois sítios variáveis na sequencia de matK na comparação entre sequencias de dezenove indivíduos de uma mesma população natural em Campos do Jordão-SP, apontando para o potencial uso desta região como marcador para estudos filogeográficos. A sequencia obtida no referido trabalho está depositada na base de dados do National Center for Biotechnology Information - NCBI (Acesso: EF451975.1). Para *A. angustifolia* existem relativamente poucas e incompletas sequencias de genes ou sequencias de regiões intergênicas conhecidas como espaçadores cloroplastidiais depositadas em base de dados, dentre as quais podemos citar as sequencias dos genes rbcL, matk, tRNA-Tyr (trnY), tRNA-Glu (trnE), tRNA- Leu (trnL), psbA, rpoB, accD, rpoC1 ndhJ e dos espaçadores intergênicos: trnD-trnY, trnY-trnE, trnE-trnT, psbA-trnH.

5.4 **Outras aplicações do uso de marcadores moleculares de *A. angustifolia***

Os marcadores genéticos ou moleculares desenvolvidos e aplicados na caracterização da diversidade genética de *A. angustifolia* podem ser usados para outras espécies, como é o caso do emprego dos marcadores microssatélites desenvolvidos para *A. angustifolia,* mas transferidos recentemente com sucesso para a utilização em outras espécies de Araucariaceae, conforme os resultados positivos obtidos por Moreno et al. (2011), para as espécies *A. cunninghamii*, *Agathis alba*, *A. bidwilli, A. heterophylla* e *A. araucana.*

Os marcadores já desenvolvidos para *A. angustifolia* são úteis para delimitar as estratégias de conservação da espécie, além de auxiliar na compreensão dos processos evolutivos a ela relacionados. A caracterização do fluxo gênico via pólen e sementes são ferramentas importantes e os marcadores microssatélites são os mais utilizados atualmente para esse tipo de estudo. Análises de paternidade realizadas por Bittencourt & Sebbenn (2007) em um pequeno fragmento florestal no Paraná e um grupo de árvores situadas a 1,7 km de distância mostraram a utilidade dos marcadores SSR no monitoramento das distâncias percorridas pelo pólen e pelas sementes da araucária. Os autores encontraram uma média de 83m de distância para o percurso do pólen dentro do fragmento e até 2006m de distância quando o grupo de árvores foi incluído nas análises. Em relação às sementes, os autores encontraram uma estrutura espacial significativa até 50m entre árvores adultas, plântulas e jovens, indicando uma curta distância para a dispersão de sementes. Seria interessante que houvesse mais trabalhos desta natureza em outras populações de *A. angustifolia* para que fosse possível fazer uma correlação entre os tamanhos dos fragmentos, sua localização geográfica e a dispersão de pólen e de sementes da araucária no Brasil.

Avaliações do fluxo gênico podem ser realizadas alternativamente via genotipagem do endosperma e embrião das sementes no lugar de plântulas.

Desta maneira, podem ser detectados os alelos paternos (provenientes do pólen), por exclusão do alelo materno presente no endosperma. Em sementes de gimnospermas, o endosperma, também chamado de megagametófito, é um tecido de reserva que envolve o embrião e é, geralmente, um tecido haplóide, que deriva do megásporo, o qual persiste após a meiose (Pichot et al., 1998). Os gametas femininos também são originados pelo megásporo haplóide, assim, o genótipo do endosperma é exatamente o mesmo que o do gameta feminino. Com este pressuposto, Patreze (2008) iniciou a genotipagem, por meio de marcadores microssatélites, de sementes de *A. angustifolia* de uma população natural de Campos do Jordão - SP. Embora seja um estudo preliminar, foi constatada em 58% das sementes analisadas a presença de dois alelos em locos SSR no endosperma, quando o esperado em coníferas seria que esta estrutura fosse haplóide. Exceções a esta regra já haviam sido observadas em sementes de algumas gimnospermas, como por exemplo, em *Ginkgo biloba (*O'Malley & Kelly, 1988) e *Pinus attenuata* (O'Malley et al., 1988). Outra constatação, embora em um número restrito de sementes analisadas, foi a detecção de alelos nos embriões de sementes diferentes dos alelos da árvore mãe. Assim, os resultados de Patreze (2008) indicaram anomalias no sistema reprodutivo de *A. angustifolia* na população estudada; sugerindo a possibilidade de ter ocorrido apomixia paternal em *A. angustifolia*. A hipótese sugerida foi baseada na ocorrência de apomixia paterna em outra gimnosperma, *Cupressus dupreziana* (Pichot et al., 2001), onde o embrião se desenvolveu por reprodução assexuada a partir de grãos de pólen diplóides; no entanto, a ocorrência de tal fenômeno em *A. angustifolia* merece uma mais aprofundada investigação.

Outro campo de investigação interessante seria a busca por marcadores moleculares para determinação do sexo da araucária. *A. angustifolia* é uma espécie dióica, cuja dispersão das sementes se dá pela gravidade a curtas distâncias, em média, 2.5 m (máximo de 13 m) de acordo com Solorzano-Filho (2001). A identificação do sexo em estágio de plântula pode ser bastante útil em programas de reflorestamento, uma vez que esta espécie começa a produzir sementes somente por volta dos 10 e 15 anos (Angeli & Stape, 2003).

Desta maneira, a avaliação da diversidade genética da araucária e o uso de marcadores moleculares que contribuam com informações biológicas, ecológicas e evolutivas para a *A. angustifolia* nas diferentes áreas de ocorrência no Brasil são imprescindíveis para a manutenção e perpetuação desta espécie de tamanha importância.

Agradecimentos

Agradecemos à equipe do Laboratório de Microbiologia e Biologia Molecular do CENA/USP. O presente capítulo fez parte do projeto temático FAPESP- Biota: "Biodiversidade vegetal e de organismos edáficos em ecossistemas de *Araucaria angustifolia* naturais e impactados no Estado de São Paulo, sob a coordenação da Dra. Elke J.B.N. Cardoso. Agradecemos à CAPES por conceder a bolsa, aos colaboradores no desenvolvimento da tese: Dr. Adelar Mantovani (UDESC), Alexandre Magno Sebbenn (IF), Dra. Anete Pereira de Souza (UNICAMP), Dr. Paulo Y. Kageyama (ESALQ/USP) e Roland Vencovsky (ESALQ/USP); à Profa. Dra. Luzia Alice Ferreira de Moraes (UNIRIO) pela confecção do mapa apresentado e à Dra. Priscilla de Barros Rossetto pela leitura e revisão.

Referências Bibliográficas

Albert, C.H.; de Bello, F.; Boulangeat, I.; Pellet, G.; Lavorel S.; Thuiller W. 2012. On the importance of intraspecific variability for the quantification of functional diversity. Oikos 121: 116–126.

Angeli, A.; Stape, J.L. *Araucaria angustifolia (ara*ucária). Piracicaba: IPEF – Instituto de Pesquisas e Estudos

Florestais, 2003. Disponível em: <http://www.ipef.br/identificacao/araucaria. angustifolia.asp>. Acesso em: 06 fev.2012.

Auler, N.M.F.; Reis, M.S.; Guerra, M.P.; Nodari, R.O. 2002. The genetics and conservation of *Araucaria angustifolia:* I. Genetic structure and diversity of natural populations of means of non-adaptive variation in the state of Santa Catarina. Genetics and Molecular Biology 25:329–338.

Baldanzi, G.; Araujo, A.J. 1971. Investigação sobre a variação geográfica na *Araucaria angustifolia* na estação de pesquisas florestais de Rio Negro, Paraná. Floresta 3(2): 37-42.

Barbosa, C.E. de A; Benato, T.; Cavalheiro,A.L.; Torezan J.M.D. 2009. Diversity of Regenerating Plants in Reforestations with *Araucaria angustifolia* (Bert.) O. Kuntze of 12, 22, 35, and 43 Years of Age in Paraná State, Brazil. Restoration Ecology 17 (1): 60–67.

Bennett, M.D.; Leitch I.J. 2005. Genome size evolution in plants. pp 89–162. *In:* Gregory T.R. ed. The Evolution of the Genome. Elsevier, San Diego, USA.

Byrne, M.; Moran, G.F. 1994. Population divergence in the chloroplast genome of *Eucalyptus nitens.* Heredity 73:18-28.

Bittencourt, J.V.M.; Sebbenn A.M. 2007. Patterns of pollen and seed dispersal in a small, fragmented population of the wind-pollinated tree *Araucaria angustifolia in s*outhern Brazil. Heredity 99, 580–591.

Bittencourt, J.V.M; Sebbenn A.M. 2009. Genetic effects of forest fragmentation in high-density Araucaria angustifolia populations in Southern Brazil. Tree Genetics & Genomes 5:573–582.

Blanco, A.J.V; Pereira, M.F.; Coelho, A.S.G.; Chaves, L.J. 2007. Diversidade genética em populações naturais de araticunzeiro (*Annona crassiflora* Mart.) por meio da análise de seqüências de cpDNA. Pesquisa Agropecuária Tropical 37(3):169–175.

Brown, A. H. D.; Marshall, D. R. 1995. A basic sampling strategy: theory and practice. pp. 75–90. *In:* Guarino, L.; Rao, V. R.; Reid. R. eds. Collecting Plant Genetic Diversity Technical Guidelines, CAB International, Byrne and Moran, 1994,Wallingford, Oxon.

Cianciaruso, M. V.; Batalha, M. A.; Gaston, K. J.; Petchey O. L. 2009. Including intraspecific variability in functional diversity. Ecology 90(1): 81–89.

Dumolin-Lapègue, S.; Demesure, B; Fineschi, S.; Corre, V.L.; Petit, R.J. 1997. Phylogeographic structure of white oaks throughout the European continent. Genetics 146:1475–1487.

Fähler J.C.; Dl Lucca, C.M. 1980. Variación geografica de *Araucaria angustifolia (Bert.)* O. Ktze.: informe preliminar a los 5 años. p.96-101. *In: I*UFRO Meeting on forestry problems of the genus Araucaria, 1., 1979, Curitiba. Forestry problems of the genus Araucaria. FUPEF, Curitiba, PR.

Gurgel-Filho, O.A. 1980. Sílvica da *Araucaria angustifolia (Bert.)* O. Ktze. p 28–68. *In:* IUFRO Meeting on forestry problems of the genus Araucaria,1., 1979, Curitiba. Forestry problems of the genus Araucaria. FUPEF, Curitiba, PR.

Hamrick, J. L. 1982. Plant population genetics and evolution. American Journal of Botany 69 (10):1685-1693.

Harris, S. A.; Ingram R. 1991. Chloroplast DNA and biosystematics: the effects of intraspecific diversity and plastid transmission. *Taxon* 40: 393-412.

Houliston, G.J.; Olson, M.S. 2006. Nonneutral evolution of organelle genes in *Silene vulgaris*. Genetics 174:1983–1994.

IUCN 2011. IUCN Red List of Threatened Species. Version 2011.2. <www. iucnredlist.org>. Acessado em: 26 de novembro de 2011.

Kageyama, P. Y.; Jacob, W. S. 1980. Variação genética entre e dentro de populações de *Araucaria angustifolia (Bert)* O. Ktze. Piracicaba: IPEF

(Circular Técnica, 115).

Litt, M.; Luty, J. A. 1989. A hypervariable microsatellite revealed by *in vitro* amplification of a dinucleotide repeat within the cardiac muscle actin gene. American Journal of Human Genetics 44: 397-401.

Mckinnon, G.E.; Vaillancourt, R.E.; Tilyard, P.; Potts, B.M. 2001. Maternal inheritance of the chloroplast genome in Eucalyptus globulus and interspecific hybrids. Genome 44: 831-835.

Mantovani, A.; Morellato, L.P.C.; Reis, M.S. 2006. Internal genetic structure and outcrossing rate in a natural population of Araucaria angustifolia (Bert.) O. Kuntze. Journal of Heredity 97:466–472.

Mariac, C.; Trouslot, P.; Poteaux,C.; Bezançon, G.; Renno, J.-F. 2000. Chloroplast DNA Extraction from Herbaceous and Woody Plants for Direct Restriction Fragment Length Polymorphism Analysis. Biotechniques, Short Technical Reports 28:110-113.

Mazza, M. C. M. 1997. Use of RAPD markers in the study of genetic diversity of *Araucaria angustifolia* (Bert.) populations in Brazil. International Foundation for Science, Florianópolis, SC.

McCauley, D.E. 1998. The genetic structure of a Gymnodioecious plant: nuclear and cytoplasmic genes. Evolution 52 (1):255–260.

Medri, C.; Ruas P. M.; Higa A. R; Murakami, M.; Ruas C. de F. 2003. Effects of Forest Management on the Genetic Diversity in a Population of *Araucaria angustifolia* (Bert.) O. Kuntze. Silvae Genetica 52: 202-205.

Monteiro, R.F.R.; Speltz, R.M. 1980. Ensaio de 24 procedências de *Araucaria angustifolia (Bert.)* O. Kuntze. p.181- 200. In: IUFRO Meeting on forestry problems of the genus Araucaria, 1, 1979, Curitiba. Forestry problems of the genus Araucaria. FUPEF, Curitiba, PR.

Moreno, A. C.; Marchelli P.; Vendramin G. G.; Gallo L. 2011. A Cross transferability of SSRs to five species of Araucariaceae: a useful tool for population genetic studies in *Araucaria araucana.* Forest Systems 20(2), 303-314.

O'Malley, D.M.; Guries, R.P.; Wheeler N.C. 1988. Electrophoretic

Evidence for Mosaic 'Diploids' in Megagametophytes of Knobcone Pine (*Pinus attenuata* Lemm.*) Sil*vae genetic 37:3-4.

O'Malley, D. M.; Kelly, J. M. 1988. Segregation of a Megagametophyte Color Polymorphism in *Ginkgo biloba L. J*ournal of Heredity 79 (1):51-53.

Patreze, C.M. 2008. Análise molecular da diversidade genética em uma população natural de *Araucaria angustifolia* (Bert.) Kuntze no estado de São Paulo. Tese de doutorado, Universidade de São Paulo, SP.

Patreze, C.M.; Tsai, S.M. 2010. Intrapopulational genetic diversity of *Araucaria angustifolia* (Bert.) Kuntze is different when assessed on the basis of chloroplast or nuclear markers. Plant Systematics and Evolution 284:111 -122.

Pichot, C.; Borrut, A.; El Maâtaoui, M. 1998. Unexpected DNA content in the endosperm of *Cupressus dupreziana A. Ca*mus seeds and its implications in the reproductive process. Sexual Plant Reproduction 11: 148–152.

Pichot, C.; El Maâtaoui, M.; Raddi, S.; Raddi, P. 2001. Surrogate mother for endangered Cupressus. Nature 412: 39

Quinn, C.J.; Price, R.A.; Gadek, P.A. 2002. Familial concepts and relationships in the conifers based on rbcL and matK sequence comparisons. Kew Bulletin 57:513–531.

Reitz, R.; Klein, R.M.; Reis, A. 1988. Projeto Madeira do Rio Grande do Sul. Porto Alegre: Governo do Estado do Rio Grande do Sul, RS.

Richards, A. J. 1997. Plant breeding systems. Chapman & Hall, London, UK.

Robertson, A.; Hollingsworth, P.M., Kettle, C.J.; Ennos, R.A.; Gardner, M.F. 2004. Characterization of nuclear microsatellites in New Caledonian Araucaria species. Molecular Ecology Notes 4:62–63.

Salgueiro, F.; Caron, H.; De Sousa, M.I.F.; Kremer, A.; Margis, R. 2005. Characterization of nuclear microsatellite loci in South American Araucariaceae species. Molecular Ecology Notes 5: 256–258.

Schlögl, P.S.; Souza, A.P.; Nodari, R.O. 2007. PCR-RFLP analysis of non-coding regions of cpDNA in *Araucaria angustifolia* (Bert.) O. Kuntze. Genetics and Molecular Biology 30:423–427.

Schmidt, A.B.; Ciampi, A.Y., Nodari, R., Guerra, M.P. 2007. Isolation and characterization of microsatellite markers for *Araucaria angustifolia* (Araucariaceae). Molecular Ecology Notes 7:340–342.

Scott, L. J.; Shephered, M.; Henry, R. J. 2003 Characterization of highly conserved microsatellite locos in *Araucaria cunninghamii a*nd related species. Plant Systematics and Evolution 236 (3-4): 115-123.

Setoguchi, H.; Osawa, T.A.; Pintaud, J-C.; Jaffré, T.; Veillon, J-M. 1998. Phylogenetic relationships within Araucariaceae based on rbcL gene sequences. American Journal of Botany 85(11):1507–1516.

Shimizu, J.Y.; Higa, A.R. 1980. Variação genética entre procedências de *Araucaria angustifolia (Ber*t.) O. Ktze. na região de Itapeva, SP, estimada até o 6 ano de idade. pp 78–82. *In:* IUFRO Meeting on forestry problems of the genus Araucaria, 1., 1979. Curitiba. Forestry problems of the genus Araucaria. FUPEF, Curitiba, PR.

Shimizu J.Y.; Jaeger, P.; Sopchaki, A.S. 2000. Variabilidade genética em uma população remanescente de Araucária no Parque Nacional do Iguaçu, Brasil. Boletim de Pesquisa Florestal 41:18–36.

Shore, J. S.; Triassi, M. 1998. Paternally biased cpDNA inheritance in *Turnera ulmifolia* (Turneraceae). American Journal of Botany 85: 328-332.

Solórzano-Filho, J. A. 2001. Demografia e ecologia da dispersão de sementes de Araucaria angustifolia (Bert.) Kuntze (Araucariaceae), numa população relictual em Campos do Jordão, SP, 154p. Dissertação (Mestrado em Ciências), Universidade de São Paulo. SP.

Sousa, V.A.; Robinson, I.P.; Hattemer, H.H. 2004. Variation and population structure at enzyme gene loci in *Araucaria angustifolia* (Bert.). O. Ktze. Silvae Genetica 53:12–19.

Souza, M.I.F.; Salgueiro, F.; Carnavale-Bottino, M.; Félix, D.B.; Alves-Ferreira, M.; Bittencourt, J.V.M.; Margis R. 2009. Patterns of genetic diversity in southern and southeastern *Araucaria angustifolia* (Bert.) O. Kuntze relict populations. Genetics and Molecular Biology, 32, 3, 546-556.

Stefenon, V.M.; Gailing, O., Finkeldey, R. 2007. Genetic Structure of *Araucaria angustifolia* (Araucariaceae) Populations in Brazil: Implications for the in situ Conservation of Genetic Resources. Plant Biology 9:516–525.

Stefenon, V.M.; Gailing, O.; Finkeldey, R. 2008. Genetic structure of plantations and the conservation of genetic resources of Brazilian pine (*Araucaria angustifolia*). Forest Ecology and Management 255:2718–2725.

Stefenon, V.M.; Nodari, R.O.; Guerra, M.P. 2004. Genética e conservação de *Araucaria angustifolia:* III. Método rápido de extração de DNA e capacidade informativa de marcadores RAPD para análise da diversidade genética em populações naturais. Biotemas 17:47-63.

Stefenon; V.M.; Nodari; R.O., Reis; M.S. 2003. Padronização de protocolo AFLP e sua capacidade informativa para análise da diversidade genética em *Araucaria angustifolia.* Scientia Forestalis 64:163–171.

Vos, P.; Hogers, R.; Bleeker, M.; Reijans, M.; Vandelee, T.; Hornes, M.; Frijters, A.; Pot, J.; Peleman, J.; Kuiper, M.; Zabeau, M. 1995. AFLP: a new technique for DNA fingerprinting. Nucleic Acids Research 23:4407–4414.

Wang, X-R.; Tsumura, Y.; Yoshimaru, H.; Nagasaka, K.; Szmidt, A.E. 1999. Phylogenetic relationships of Eurasian Pines (Pinus, Pinaceae) based on chloroplast rbcL, matK, rpl20-rps18 spacer, and trnV intron sequences. American Journal of Botany 86(12):1742–1753.

Welsh, J.; McClelland, M. 1990. Fingerprinting genomes using PCR with arbitrary primers. Nucleic Acids Research 18: 7213-7218.

Williams, J.G.K.; Kubelik, A.R.; Livak, K.J.; Rafalski, J.A.; Tingey S.V. 1990. DNA polymorphisms amplified by arbitrary primers are useful as genetic markers. Nucleic Acids Research 18: 6531-6535.

6

Fauna edáfica em florestas com Araucária

Jamil de Morais Pereira, Dilmar Baretta
& Elke Jurandy Bran Nogueira Cardoso

6.1 Introdução

A riqueza e composição das espécies vegetais da Floresta Ombrófila Mista regulam a quantidade e qualidade de alimento, na forma de restos vegetais, necessários à sustentação da fauna invertebrada que vive na superfície e abaixo do solo (Baretta et al., 2010). Esses invertebrados, comumente denominados de fauna edáfica, pertencem a diversos táxons, cujos representantes habitam o ambiente solo-serapilheira e desenvolvem múltiplas funções nos ecossistemas terrestres (Aquino et al., 2008; Brown et al., 2009).

Uma das funções da comunidade de invertebrados do solo é auxiliar na estabilidade e produtividade dos ecossistemas florestais, contribuindo com a fertilidade do solo, especialmente porque atuam na decomposição dos resíduos orgânicos, principalmente na transformação da serapilheira e por alterar as populações e atividade de micro-organismos responsáveis pela mineralização e ciclagem de nutrientes (Lavelle, 1996; Correia & Oliveira, 2000).

Por outro lado, a manutenção de uma diversificada cobertura vegetal, como acontece na floresta de araucária, favorece a diversidade de invertebrados, devido à melhor qualidade de serapilheira e à permanente camada de matéria orgânica utilizada como hábitat e fonte de alimento pelos invertebrados, além de reduzir as oscilações de temperatura entre as estações, o que protege os animais mais susceptíveis à dessecação (Merlim, 2005; Baretta et al., 2010; Pereira, 2012). Embora a diversidade de invertebrados da fauna edáfica, em florestas de araucária, possa variar em função do esforço de amostragem e conservação da floresta, sua maior diversidade tem sido encontrada nas florestas mais conservadas (Duarte, 2004; Baretta et al., 2011; Pereira, 2012).

Outro aspecto importante, envolvendo a comunidade de invertebrados de solo, diz respeito à sua utilização como indicadora de qualidade de solo e/ou de distúrbios ambientais (Muys & Granval, 1997; Paoletti, 1999; Barros et al., 2003; Baretta et al., 2011). Como já constatado na literatura, a abundância e diversidade de invertebrados nos ecossistemas florestais sofrem alterações em resposta às mudanças nas propriedades físicas, químicas e ecológicas do ambiente solo-serapilheira, sendo resultado de intervenções naturais ou antrópicas (Baretta et al., 2011). Nesse sentido, a comunidade de invertebrados de solo, por ser responsiva às alterações ambientais e devido à sua importante participação nos processos do ecossistema, tem sido proposta para caracterizar um determinado ecossistema e monitorar suas alterações (Doran & Zeiss, 2000; Antunes et al., 2008; Baretta et al., 2010).

A expansão agrícola em áreas de ecossistemas florestais e a intensificação do uso do solo tornaram-se uma das principais causas da redução da biodiversidade do solo (Wilson, 1985; Duarte, 2004; Decaëns et al., 2006). Na busca por um equilíbrio, propõe-se que o manejo do solo, visando à produtividade (alimentos, fibras, madeira e combustíveis) deva incluir práticas que assegurem manter as propriedades físicas, químicas e biológicas do solo, tornando os sistemas de produção mais sustentáveis e preservando a qualidade do solo. Nesse sentido, a maior conscientização de que o solo é um componente vivo e dinâmico, muito importante na manutenção da qualidade ambiental, tem estimulado a avaliação de sua qualidade (Doran & Zeiss, 2000).

A comunidade de invertebrados do solo, além de atuar nos processos de decomposição e ciclagem de nutrientes é fundamental para a manutenção da produtividade primária, além de poder ser utilizada como indicadora das alterações que ocorrem nos ecossistemas terrestres. Em contrapartida, a manutenção de uma diversificada comunidade de invertebrados de solo tem estreita relação com a permanência da cobertura vegetal na área, o que não vem acontecendo com as florestas naturais, inclusive com a floresta de araucária, já intensamente explorada (Kronka et al., 2005; Ribeiro et al., 2009).

Essa intensa exploração da floresta de araucária, seja pela qualidade da madeira, expansão agrícola, urbanização e reflorestamento com espécies exóticas, provocou redução e fragmentação da sua área, colocando em risco toda a biodiversidade associada a esse ecossistema, incluindo a fauna do solo (Duarte, 2004; Merlin, 2005; Baretta, 2007; Pereira, 2012). Por outro lado, áreas mantidas em reflorestamento com araucária, em regiões de Mata Atlântica e a preservação da espécie nativa em áreas particulares e públicas (parques estaduais e nacionais) podem permitir a recuperação da fauna edáfica no ambiente e a sua preservação.

Apesar da importância e função exercida pela comunidade de invertebrados edáficos na floresta de araucária, ainda são incipientes as informações sobre as alterações naturais ou antrópicas nesse ecossistema, bem como a consequente mudança nos atributos físicos, químicos e biológicos do solo e suas implicações na regulação da biodiversidade, como será analisado no presente capítulo.

6.2 Classificação da fauna edáfica

A comunidade invertebrada do solo é representada por diversos grupos de invertebrados que vivem e/ou desenvolvem pelo menos uma fase de seu ciclo de vida dentro ou na superfície do solo (Baretta, 2007; Brown et al., 2009) (Figura 6.2).

Os invertebrados são agrupados em classes de tamanho, principalmente de acordo com a medida do diâmetro de seu corpo em micro, meso e macrofauna do solo (Figura 6.1) (Swift et al., 1979; Baretta et al., 2011). Cada classe apresenta diferentes grupos tróficos que mantêm certa relação com o hábitat ocupado pelo organismo no ambiente solo-serapilheira. Por exemplo, os organismos que compõem a microfauna (diâmetro do corpo menor que 0,2 mm) estão presentes em filmes de água que se desenvolvem ao redor de superfícies, enquanto os da mesofauna (0,1 $\leq$ diâmetro do corpo $\leq$ 2 mm) colonizam os espaços porosos do ambiente solo-serapilheira. Já a macrofauna inclui os invertebrados visíveis a olho nu (diâmetro do corpo > 2 mm) com elevada capacidade de movimentação dentro e na superfície do solo-serapilheira (Baretta et al., 2011).

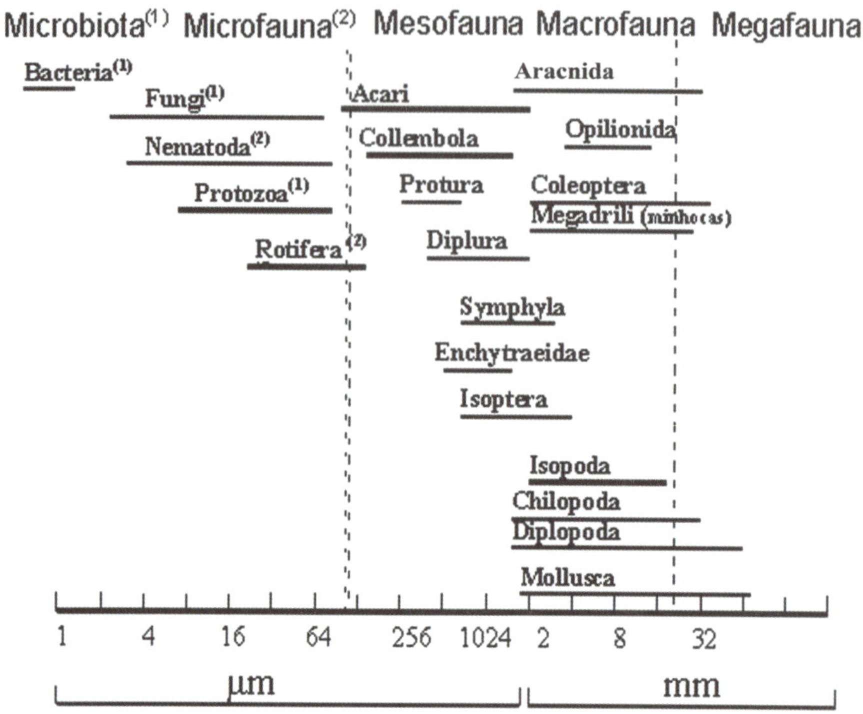

Figura 6.1 - Classificação da fauna do solo por tamanho (Modificada de Swift et al., 1979 por Baretta et al., 2011).

Figura 6.2 - Imagens de alguns representantes da fauna edáfica. FOTO: Pereira, J.M.

6.2.1 Microfauna

A microfauna inclui, entre outros, principalmente, os nematóides e protozoários que estão mais relacionados com o fluxo de C e N no solo em razão de sua elevada taxa de "turnover" e também pelo alto consumo de micro-organismos de baixa relação C:N (Lavelle & Spain, 2001). As diferentes espécies de nematóides que vivem no solo, inclusive os de vida livre, se destacam como os mais importantes consumidores de bactérias e fungos em muitos ecossistemas, afetando processos de decomposição e ciclagem de nutrientes (Yeates et al., 1993; Freckman, 1998; Griffiths et al., 1999).

Nematóides e protozoários são mais abundantes na camada superficial do solo, onde se encontra maior acúmulo de matéria orgânica e umidade, além da rizosfera onde há elevadas populações de micro-organismos utilizados como fonte de alimento (Coleman et al., 2004). Por outro lado, os protozoários e nematóides servem como alimentos para outros organismos em níveis mais elevados na cadeia trófica e são sensíveis à falta de umidade, altas temperaturas e à compactação do solo (Lavelle & Spain, 2001). De modo geral, os nematóides estão largamente distribuídos no solo, embora práticas que reduzam a população de bactérias, fungos, algas e raízes finas podem alterar sua abundância. A complexidade e diversidade da cobertura vegetal do solo influenciam na determinação da estrutura da comunidade de nematoides, sendo estes responsivos às práticas de manejo nos agrossistemas (Ferris & Ferris, 1974; Niblack & Bernard,1985).

6.2.2 Mesofauna

Na mesofauna estão incluídos os ácaros, colêmbolos e enquitreídeos (Figura 6.2), entre outros, não menos importantes. Os colêmbolos são artrópodes ápteros com seis segmentos abdominais (hexápodos) e até 5 mm de comprimento, com presença de estrutura (fúrcula) que os capacita a movimento saltatório (Coleman et al., 2004; Zepellini & Bellini, 2004). Normalmente, as espécies de colêmbolos que vivem na serapilheira e na vegetação são de tamanho maior e de pigmentação escura, enquanto as que habitam nos poros e na camada superficial do solo, são menores e sem pigmentação (Lavelle & Spain, 2001).

Quanto ao modo de alimentação, os colêmbolos são saprófagos e se alimentam de fungos, bactérias e algas que se desenvolvem na serapilheira em decomposição (Lavelle & Spain, 2001; Bardgett, 2005). Apresentam larga distribuição e abundância nos ecossistemas terrestres, incluindo as florestas de araucária (Ponge et al., 2003; Sousa et al., 2004; Baretta et al., 2008), atuando em processos de decomposição e formação de micro-estrutura no solo, além de servir como fonte de alimento para outros organismos do solo (Whitford, 1996; Hopkin, 1997, Rusek, 1998).

Os ácaros são pequenos artrópodes que pertencem à classe Arachnida e apresentam o corpo não segmentado, quatro pares de pernas nas fases pós-larvais, apêndices articulados e exoesqueleto (Lavelle & Spain, 2001; Moraes & Flechtmann, 2008). Os ácaros podem variar de 0,1- 0,2 a 1,5-2 mm de comprimento, ficando entre os microartrópodes mais abundantes na fauna do solo em muitos ecossistemas (Duarte, 2004; Bardgett, 2005). A maioria dos ácaros de solo pertence às ordens Mesostigmata, Prostigmata, Astigmata e Cryptostigmata. Nesta última se encontra a subordem Oribatida com muitos ácaros conhecidos pelo papel que desempenham no solo, como decompositores da matéria orgânica, principalmente em florestas (Silva, 2002; Duarte, 2004).

Os ácaros de solo são tipicamente epigeicos e vivem na serapilheira e espaços porosos, especialmente na profundidade de 10-15 cm de solo, onde se alimentam de algas, fungos e matéria orgânica em decomposição. Sua resistência à falta de umidade e extremos de temperatura permite que sobrevivam em quase todos os tipos de solo (Lavelle & Spain, 2001; Moraes & Flechtmann, 2008). Todavia, no Brasil, os trabalhos que envolvem ácaros e sua relação com a qualidade do solo são praticamente inexistentes, devido especialmente ao baixo número de taxonomistas.

Outro grupo importante da mesofauna, mas pouco estudado no Brasil, são os enquitreídeos (Oligochaeta), também chamados de "minhoca branca" com cerca de 1-50 mm de comprimento. A maioria dos enquitreídeos tem baixa capacidade de movimentação e são bastante sensíveis à falta de umidade e altas temperaturas e, por isso, vivem na serapilheira e na camada de matéria orgânica do solo (Lavelle & Spain, 2001; Bardgett, 2005; Maraldo & Holmstrup, 2010). Alimentam-se principalmente de micélio fúngico e matéria orgânica em decomposição, além de ingerir material fecal de colêmbolos e minhocas (Didden, 1993). Por não possuírem moela, como as minhocas, os enquitreídeos têm limitada capacidade de triturar e misturar o alimento ingerido (Niva et al., 2010).

Os enquitreídeos (Figura 6.2) são encontrados tanto em áreas árticas como em florestas tropicais e frequentemente são dominantes na fauna de tundra e floresta temperada de coníferas, onde constituem uma biomassa significativa em relação ao peso total da biomassa da fauna (Didden, 1993). Apesar do importante papel desenvolvido pelos enquitreídeos na estrutura do solo e processos de decomposição e mineralização de nutrientes, principalmente em solos temperados (Williams & Griffiths, 1989; Maraldo & Holmstrup, 2010), no Brasil, a ecologia e biodiversidade desses organismos ainda continuam pouco estudadas (Römbke, 2003).

6.2.3 Macrofauna

Os macroinvertebrados edáficos são bastante ativos no ambiente solo-serapilheira e constituem mais de 20 grupos taxonômicos, os quais podem influenciar diretamente no funcionamento do ecossistema (Lavelle et al., 2006).

Nos diferentes ecossistemas terrestres a macrofauna edáfica inclui grupos tais como: minhocas (Oligochaeta), formigas (Hymenoptera: Formicidae), cupins (Isoptera), milipeias ou piolhos-de-cobra (Diplopoda), besouros (Coleoptera), centopeias ou lacraias (Chilopoda), aranhas (Araneae), tatuzinhos (Isopoda), grilos (Orthoptera), opiliões (Opiliones), baratas (Blattodea), percevejos (Hemiptera), entre outros não menos importantes (Tabela 1) (Lavelle & Spain, 2001; Moreira et al., 2008; Moreira et al., 2010; Baretta et al., 2011).

Tabela 6.1- Classificação funcional das principais classes ou ordens de invertebrados da macrofauna do solo (Adaptado de Brown et al., 2009).

Grupos funcionais	Nomes comuns	Classe ou Ordem
Geófagos, detritívoros e onívoros	Minhocas	Oligochaeta
Fitófagos, predadores, detritívoros, onívoros	Formigas	Hymenoptera
Geófagos, detritívoros, rizófagos, fitófagos	Cupins	Isoptera
Detritívoros	Milipeias, piolhos-de-cobra	Diplopoda
Rizófagos, predadores, detritívoros, fitófagos	Besouros, corós, escaravelhos	Coleoptera
	Centopeias, lacraias	Chilopoda
Predadores	Aranhas	Araneae
	Opiliões	Opiliones
Detritívoros	Tatuzinhos	Isopoda
Rizófagos, fitófagos, detritívoros, onívoros	Grilos	Orthoptera
Fitófagos, detritívoros, onívoros	Baratas	Blattodea
Rizófagos, fitófagos, predadores	Percevejos	Hemiptera

Os macroinvertebrados de solo apresentam diversas estratégias de alimentação que os capacita a explorar diferentes nichos e executar diversas funções no ambiente serapilheira-solo dos ecossistemas florestais (Tabela 6.1). Aqueles que são geófagos ingerem grande quantidade de solo mineral e húmus como é o caso de minhocas endogeicas e cupins humívoros, além de colêmbolos e enquitreídeos (Wolters, 2000). Os detritívoros respondem pela trituração e ingestão de material vegetal ou animal presente na serapilheira e na superfície do solo, representados, principalmente, pelas minhocas epigeicas e anécicas, milipeias e tatuzinhos.

As aranhas, centopéias e opiliões fazem parte do grupo de predadores e se alimentam de outros organismos vivos, promovendo o controle biológico. As formigas, cupins, besouros e grilos estão entre os que apresentam diferentes estratégias de alimentação (Brown et al., 2009) e são muito importantes para os processos ecológicos e regulação das populações (Lavelle & Spain, 2001; Baretta et al., 2011).

A decomposição da matéria orgânica, mediada por micro-organismos do solo, consiste na principal forma de manter a fertilidade do solo em ecossistemas naturais tropicais (Correia & Andrade, 2008). No entanto, a fragmentação e incorporação da matéria orgânica ao solo pela ação de diferentes organismos da macrofauna tornam-na mais prontamente disponível ao ataque dos decompositores, favorecendo a mineralização e ciclagem de nutrientes (Wolters, 2000).

As minhocas compreendem um dos mais importantes grupos da fauna do solo, consideradas, junto com os cupins e as formigas, como "engenheiros do ecossistema" (Lavelle, 2002). Na busca por alimento e abrigo, esses invertebrados de solo criam galerias, canais e câmaras no perfil e na superfície do solo, trituram e misturam partículas de solo e de matéria orgânica, com posterior distribuição na superfície e perfil do solo, modificando suas propriedades físicas, químicas e biológicas e, consequentemente, aumentando a disponibilidade de alimento para outros grupos, bem como a capacidade de o solo suportar a produção primária (Lee, 1985; Brown, 1995; Lavelle, 2002; Decaëns et al., 2004). A macrofauna, especialmente as minhocas, podem disseminar esporos de fungos micorrízicos e bactérias fixadoras de nitrogênio (Brown, 1995), sendo sugerido que as interações entre micro-organismos do solo e a macrofauna sejam consideradas nos estudos sobre desenvolvimento de práticas de manejo mais sustentáveis para a manutenção de florestas de araucárias (Azevedo, 2010).

No Brasil, ainda há poucos estudos envolvendo biodiversidade de macroinvertebrados edáficos como indicador da qualidade do solo e/ou de distúrbio ambiental, principalmente em florestas de araucária, embora estes sejam responsivos às alterações edáficas e às modificações do ambiente e ao manejo do solo, além da já conhecida participação nos processos do ecossistema, alta abundância e distribuição (Lavelle et al., 1997; Doran & Zeiss, 2000; Antunes et al., 2008; Baretta et al., 2010).

6.3 Resultados de pesquisa envolvendo fauna do solo em floresta com araucária

6.3.1 Macro e Mesofauna do solo

A macrofauna do solo em ecossistemas de araucária incluindo mata nativa de araucária (M), mata de araucária introduzida (RSF) e mata de araucária introduzida e impactada pelo fogo (RF), no parque estadual de Campos de Jordão-SP foi estudada por Merlim (2005). Neste estudo, a riqueza de grupos taxonômicos encontrada variou de 11 a 16 e a densidade de indivíduos por metro quadrado (ind. m^{-2}) de (856 e 1317) em M nos períodos de chuva e de seca, respectivamente; de (10 a 15) grupos e densidade de indivíduos de (1133 a 1333 ind. m^{-2}) em RF; e de (8 a 10) grupos e (454 e 789 ind. m^{-2}) em RSF respectivamente, tanto no período seco como no chuvoso. Os insetos sociais, formigas e cupins das ordens Hymenoptera: (Formicidae) e Isoptera predominaram na época seca e chuvosa, respectivamente.

Apesar da dificuldade de identificação de artrópodes na fase larval, Merlim et al. (2006) desenvolveram um interessante trabalho em um Latossolo Amarelo, utilizando-se da abundância de famílias de larvas de coleópteros para estudar a similaridade entre os ecossistemas de araucária. Foram encontradas larvas de 15 famílias de coleópteros, sendo as principais Chrysomelidae, Nemonychidae, Tenebrionidae, Elateridae, Scarabaeidae e Curculionidae. O maior número de famílias foi encontrado na mata de araucária nativa (M) (12 famílias) estabelecida em Latossolo Amarelo. Já na mata de araucária introduzida (RSF) e na mata de araucária introduzida e impactada pelo fogo, em Cambissolo, foram encontradas, 9 e 8 famílias, respectivamente.

Nemonychidae foi a família mais abundante encontrada no período chuvoso e de seca em M e apenas no período chuvoso em RSF. De modo geral, observa-se que na floresta de araucária, onde a estrutura da vegetação está mais preservada, ocorre um maior aporte de serapilheira ao solo, favorecendo a abundância e diversidade dos organismos da comunidade da macrofauna edáfica.

A abundância e diversidade da fauna edáfica também foi estudada por Pereira (2012) em três localidades do estado de São Paulo, em que se constatou que a maior quantidade de grupos ocorre em floresta de araucária nativa, em comparação com as áreas de araucária reflorestadas, tanto no inverno quanto no verão. Outra informação relevante foi que a coleta no verão proporcionou os maiores valores de riqueza de grupos, independente do estado de conservação da floresta de araucária.

Na região de Campo Belo do Sul-SC, a abundância e riqueza da macrofauna edáfica foram estudadas por Silva et al. (2004), em um Nitossolo sob mata de araucária nativa, sendo os grupos mais frequentes Hymenoptera, Isoptera, Araneae e Coleoptera, com uma riqueza média de 11 grupos.

Outro levantamento da macrofauna do solo, realizado por Baretta (2007) no Parque Estadual de Campos de Jordão-SP incluiu floresta com araucária nativa (NF), floresta introduzida (R), floresta introduzida impactada pela queima acidental (RF) e área de pastagem natural com araucária impactada pela queima acidental (NPF), com três épocas de amostragem. A maior e a menor densidade total da macrofauna foram encontradas em NF (1493 ind. m^{-2}) em setembro de 2004 e em R (578 ind. m^{-2}) em fevereiro de 2005. Na área NF foram encontrados os maiores valores de densidade (ind. m^{-2}) com 1458 e 1414 nos meses de fevereiro de 2005 e agosto de 2005, respectivamente. A área R ainda apresentou (764 e 700 ind. m^{-2}) em setembro de 2004 e em agosto de 2005, respectivamente. Já as áreas impactadas por fogo apresentaram diferentes valores de densidades de ind. m^{-2} em RF (1437, 769 e 832) e em NPF (1119, 1148 e 1214) em setembro de 2004, fevereiro de 2005 e agosto de 2005, respectivamente. Dentre os principais grupos da macrofauna encontrados destacaram-se Oligochaeta (minhocas), Formicidae (formigas), Isoptera (cupins), Coleoptera (besouros), Enchytraeidae (enquitreídeos), Araneae (aranhas), Chilopoda (centopéias) e Diplopoda (piolho-de-cobra), entre outros. Os grupos Isoptera e Formicidae novamente foram os mais abundantes em todas as áreas, nas três épocas de amostragens, corroborando outros estudos (Merlim, 2005).

Nestas mesmas épocas, condições e áreas, Baretta et al. (2007b) ainda realizaram a coleta de aranhas usando o método de armadilhas (Pitfall traps) e monólitos de solo (TSBF) até 20 cm de profundidade. Considerando ambos os métodos de coleta, foram identificadas 20 famílias de aranhas associadas às áreas, sendo capturadas 19 famílias nas armadilhas e apenas 10 nos monólitos de solo. A abundância de aranhas (espécimes $armadilha^{-1}$), riqueza de famílias e o índice de Shannon (H) encontrados foram de (65, 11 e 0,75) em R, (41, 9 e 0,63) em NF, (23, 5 e 0,26) em NPF e (19, 10 e 0,67) em RF respectivamente. A utilização do método de monólito de solo para a coleta de aranhas resultou em abundância ($ind.m^{-2}$), riqueza de famílias e índice de Shannon de (160, 8 e 0,35) em NF, (96, 4 e 0,27) em RF, (32, 1 e 0,10) em R e (16, 1 e 0,10) em NPF respectivamente. Os resultados indicam que nas áreas de florestas mais preservadas, como NF, encontram-se os maiores valores de abundância, riqueza e diversidade, provavelmente devido à maior oferta de alimento para as aranhas.

A diversidade de famílias de colêmbolos nas mesmas condições e áreas de araucária também foi estudada por Baretta et al. (2008). Nas quatro áreas com araucária amostradas, foram encontradas oito famílias de colêmbolos: Brachystomellidae, Entomobryidae, Hypogastruridae, Isotomidae, Katiannidae, Paronellidae, Sminthuridae e Tomoceridae. A riqueza de famílias de colêmbolos e os valores de índice de diversidade de Shannon encontrados nas áreas com araucária foram de (7 e 1,73) em NF, (6 e 1,43) em R, (4 e 1,33) em RF e (4 e 0,93) em NPF, respectivamente. De acordo com os autores, nas florestas mais preservadas, como é o caso em NF, há maior heterogeneidade de hábitat e, consequentemente, capacidade de sustentar maior diversidade de famílias de colêmbolos. Entretanto, são poucos os levantamentos de famílias de colêmbolos em florestas de araucária no Brasil.

Os microartrópodes de solo são muito abundantes em ecossistemas florestais e contribuem no processo de decomposição e mineralização da matéria orgânica, influenciando os níveis de fertilidade local. Duarte (2004) estudou a abundância de microartrópodes do solo e serapilheira em sete diferentes tamanhos de fragmentos de floresta de araucária no Rio Grande do Sul. Nos fragmentos menores e mais alterados de mata com araucária foi observada uma elevada redução da abundância de diversos grupos da fauna do solo, principalmente de ácaros oribatídeos, em relação aos demais microartrópodes, que variaram de 46,9 a 61,3% do total de indivíduos, em todos os fragmentos. Neste sentido, sugerem-se mais estudos de biodiversidade de organismos edáficos em florestas com araucária.

6.4 Macrofauna

6.4.1 Minhocas

Em estudos envolvendo diversidade de espécies de minhocas é importante destacar a necessidade de utilização de mais de um método de coleta, além da caracterização do estado de conservação dos ecossistemas estudados (Baretta et al., 2007a).

Um dos estudos mais completos de diversidade de minhocas foi realizado por Baretta et al. (2007a), pois os autores usaram três métodos de coleta: TSBF (25x25 cm), monólitos de (40x40 cm) e aplicação de formol diluído (0,5%) para avaliar ecossistemas de araucária natural, introduzido, impactado pelo fogo e pastagem com araucária submetida a fogo acidental em Latossolo de Campos do Jordão, SP. Os autores verificaram que a abundância de minhocas variou, dependendo do método de coleta, de 0 a 20 indivíduos por metro quadrado, entre os ecossistemas estudados. A mais abundante foi a espécie exótica *Amynthas corticis* encontrada na floresta natural, favorecida pela maior fertilidade do solo, especialmente matéria orgânica. As demais espécies associadas com araucária foram todas nativas: *Glossoscolex* sp.1, *Glossoscolex* sp.2, *Glossoscolex bondari* e *Urobenus brasiliensis*. Foi observada uma forte associação da espécie *Glossoscolex* sp.1 com as áreas impactadas pelo fogo acidental, mostrando uma possível resistência desta espécie a esse distúrbio. As espécies de *Glossoscolex* (endogeicas) foram amostradas com mais eficiência por TSBF, principalmente (40x40 cm), enquanto que *U. brasiliensis* (Figura 6.2) e *A. corticis* (epigeicas) foram melhor extraídas pela aplicação de formol.

O melhor efeito de amostragem de *Amynthas gracilis*, pelo método do formol, pode ser explicado pelo comportamento dessa espécie, que constrói galerias mais próximas à superfície do solo, tornado-a mais facilmente atingida pelo formol (Baretta et al., 2007a). Por outro lado, o comportamento endogeico de *P. corethrurus,* pouco frequente na superfície do solo, torna-a pouco sensível ao formol, sendo amostrado, com maior eficiência, pelo TSBF (Pereira et al., 2011). Contudo, a combinação de métodos pode dar resultados mais próximos da realidade, visto que numa mesma área é comum ocorrerem diferentes categorias ecológicas de minhocas (epigeicas, anécicas e endogeicas) e a aplicação de apenas um método pode favorecer um grupo em detrimento de outros (Baretta et al., 2007a).

A menor densidade de minhocas relacionada com a acidez dos solos (pH em torno de 3,5) e com a baixa disponibilidade de nutrientes da serapilheira e do solo foi relatado por Merlin (2005), ao estudar diferentes ecossistemas de araucária. A utilização de apenas um método de coleta pode ter limitado a eficiência do estudo. Contudo, a densidade de minhocas foi de 10 e 5 ind. m^{-2} na época seca e chuvosa, respectivamente, na mata de araucária nativa, enquanto que na mata de araucária introduzida e na introduzida impactada pelo fogo foi, respectivamente, de 3 e 9 e de 8 e 13 ind. m^{-2} na época seca e chuvosa, através do método de escavação e triagem manual de monólitos TSBF (0-30 cm).

Em um levantamento de diversidade de espécies de minhoca realizado por Lima (2011) num Cambissolo na Estação de Pesquisas da Embrapa Florestas, no município de Colombo-PR, utilizando apenas o método TSBF (40x40 cm de lado), a maior abundância de minhocas foi encontrada em plantios de *Pinus elliottis* (112 ind.m^{-2}) em comparação ao plantio de *Araucaria angustifolia* (59 ind. m^{-2}) e de Floresta Ombrófila Mista (37 ind. m^{-2}). A densidade de *Ponthoscolex corethrurus* foi significativamente maior que das demais espécies em todos os ecossistemas, enquanto a densidade de *Amynthas gracilis* foi significativamente maior na Floresta Ombrófila Mista em comparação aos plantios de pinus e araucária. A maior abundância de *A. gracilis* na Floresta Ombrófila Mista esteve relacionada a solos com maior teor de umidade, elevados teores de C, K e com pH, densidade aparente, e teores de P e Ca+Mg menores, enquanto *P. corethrurus* esteve mais associada a solos com maiores valores de pH e teores de nutrientes. Ao todo, Lima (2011) encontrou cinco espécies de minhocas em Cambissolo associado aos plantios florestais de *Pinus elliotti*, *Araucaria angustifolia* e Floresta Ombrófila Mista, no município de Colombo-PR, sendo elas: *Urubenus brasiliensis* e *Andiorrhinus* sp. (nativas), *P. corethrurus* (peregrina) e as exóticas *A. gracilis* e *Metaphire schmardae*. A maior abundância de minhocas foi obtida pela aplicação do formol na Floresta Ombrófila Mista (20 ind. m^{-2}), seguida do plantio com pinus (15,76 ind. m^{-2}) e do plantio com araucária (11,56 ind. m^{-2}). Na coleta com monólitos (40x40 cm), a maior abundância de minhocas foi encontrada no plantio com pinus (112,25 ind. m^{-2}), seguido do plantio de araucária (59,5 ind. m^{-2}) e da Floresta Ombrófila Mista (37 ind. m^{-2}).

A abundância diferenciada de Oligochaeta também foi relatada por Pereira (2012), utilizando TSBF (25x25 cm). Esse autor encontrou maiores densidades de *Amynthas gracilis, A. corticis* e *Ponthoscolex corethrurus*, tanto no inverno quanto no verão, associadas à área de reflorestamento com araucária na Mata Atlântica. Tais espécies foram favorecidas, principalmente, pelo maior teor de umidade do solo.

6.5 Fauna edáfica como indicadora da qualidade do solo em florestas com araucária

Estudos envolvendo a fauna e outros atributos edáficos como indicadores da qualidade do solo e/ou ambiental em florestas, quase sempre associam propriedades fisicas, químicas e microbiológicas do solo como variáveis ambientais explicativas das modificações da biodiversidade associada à araucária. Nesse sentido, Baretta et al. (2008) encontraram na floresta nativa de araucária, uma maior diversidade da meso e macrofauna do solo e de famílias de colêmbolos e aranhas, em comparação com as áreas sujeitas a intervenções antrópicas, evidenciando a sensibilidade dessas famílias em detectar distúrbios ambientais nas florestas de araucária. Nestes estudos, na maioria das vezes, são necessários métodos estatísticos multivariados, pois são vários os atributos edáficos analisados em um mesmo ponto de amostragem (Baretta et al., 2007a).

Dentre os métodos mais utilizados destacam-se a Análise de Componentes Principais (ACP), na qual foram utilizadas a abundância de famílias de colêmbolos em diferentes áreas com *Araucaria angustifolia,* impactadas ou não pela intervenção antrópica, bem como as variáveis ambientais químicas e microbiológicas do solo, dentre outras não menos importantes (Baretta et al., 2008). De maneira geral, a floresta de araucária introduzida (R) apresentou uma maior abundância de colêmbolos da família Sminthuridae e uma baixa abundância das famílias Isotomidae, Brachystomellidae e Entomobryidae. Já a floresta nativa de araucária (NF) apresentou a maior diversidade de famílias de colêmbolos e os maiores valores dos atributos químicos Ca, Mg, P e MO e microbiológicos, respiração basal (C-CO_2) e carbono da biomassa microbiana (CBM), que favoreceram a maior diversidade de famílias de colêmbolos. A área de pastagem natural com araucárias nativas impactadas pelo fogo (NPF) mostrou maior associação com pH e qCO_2, este último indicando que há maiores perdas de C, nessa área, na forma de CO_2 por unidade de C microbiano. Esses resultados corroboram os resultados obtidos em florestas de araucária no Planalto Sul Catarinense (Baretta et al., 2005). Dessa maneira, as alterações nos atributos químicos e microbiológicos do solo promoveram modificações na abundância de famílias de colêmbolos onde as mais sensíveis às interferências antrópicas podem ser utilizadas como indicadoras de distúrbio e/ou de qualidade de solo em ecossistemas de florestas de araucárias. Outras informações sobre colêmbolos como indicadores de qualidade do solo podem ser obtidas em Baretta et al. (2008).

A fragmentação de florestas de araucária, principalmente no Sul do país, tem afetado negativamente a abundância de diferentes grupos de ácaros de solo, inclusive oribatídeos e, consequentemente, pode prejudicar a qualidade do solo desse ecossistema (Duarte, 2004).

A abundância e diversidade de grupos da fauna do solo têm sido utilizada na separação de florestas de araucária em diferentes estádios de conservação. Pereira (2012) estudou a distribuição de grupos da macrofauna entre as florestas de araucária nativa (NF) e reflorestada (RF), em três regiões distintas do estado de São Paulo, usando atributos fisico, químicos e microbiológicos do solo como variáveis explicativas. O resultado da ACP mostrou que, tanto no inverno quanto no verão, a área RF ficou caracterizada pela maior associação com Oligochaeta (minhocas) encontrada em solos com maiores teores de umidade, porosidade total, acidez potencial, atividade da enzima desidrogenase e quociente metabólico. Na área de floresta de araucária nativa foram encontradas, com exceção de Oligochaeta, os maiores valores de praticamente todos os grupos da macrofauna (Chilopoda, Coleoptera, Hymenoptera, Diplopoda, Isoptera, Isopoda, Orthoptera, Opilionidae, abundância e riqueza de grupos) e das variáveis ambientais (CBM, Ca e P no solo, C e N na serapilheira, macroporosidade, densidade do solo e massa seca de serapilheira).

Quando Pereira (2012) utilizou os grupos e atributos da macrofauna e as variáveis ambientais anteriormente citadas em uma Análise Canônica Discriminante (ACD), observou-se que o modelo estatístico utilizado na ACD explicou uma boa parte da variabilidade dos dados. Na Figura 6.3A e B, observa-se que os valores referentes à floresta de araucária nativa (FN) estão agrupados no quadrante à direita (valores positivos), enquanto que os valores referentes à área reflorestada com araucária (RF) se agrupam no quadrante à esquerda (valores negativos). A Função Canônica Discriminante 1 (FCD1) explicou praticamente a variabilidade dos dados sendo ainda obtido alta correlação canônica para época de inverno (0,95) e verão (0,93).

Nas (Figuras 6.3A e B), consegue-se perceber que nas duas épocas de amostragens a FCD1 separou nitidamente a floresta de araucária nativa (NF) do reflorestamento de araucária (RF), mostrando que há alta dissimilaridade em relação aos atributos ambientais (carbono da biomassa microbiana, respiração basal do solo, pH, carbono orgânico, P, K, Mg, H+Al, teor de S na serapilheira, umidade do solo, macroporosidade e porosidade total, no inverno e carbono da biomassa microbiana, respiração basal do solo, quociente metabólico, pH, P, K, H+Al, teor de S na serapilheira, umidade do solo, macroporosidade, porosidade total e massa seca de serapilheira, no verão) e da macrofauna edáfica (Coleoptera, Orthoptera, Chilopoda, Mollusca, Griloblattodea, Enchytraeidea, Oligochaeta, riqueza de grupos taxonômicos, índice de Pielou, no inverno e Coleoptera, Mollusca, Enchytraeidea, Oligochaeta, o grupo Outros, riqueza de grupos taxonômicos e índice de Pielou, no verão) entre as duas áreas tanto no inverno (Figura 6.3A) quanto no verão (Figura 6.3B).

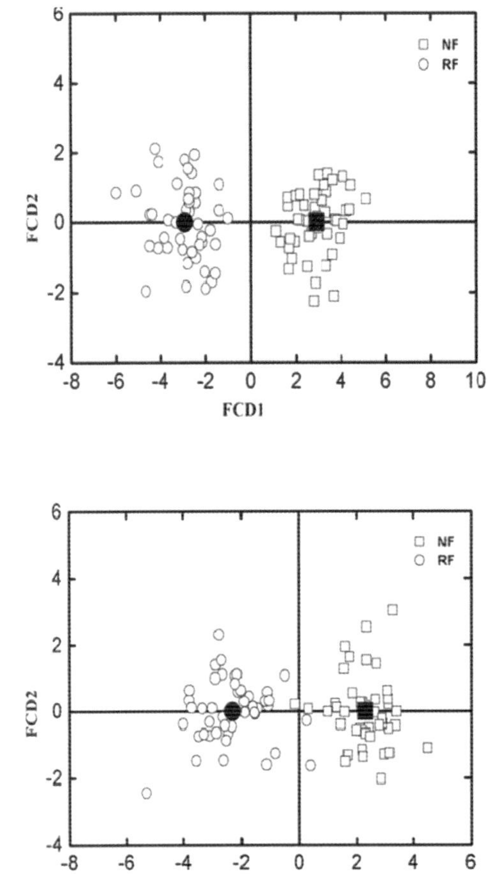

Figura 6.3 - Coeficientes canônicos padronizados (CCP) da função canônica discriminante 1 e 2 (FCD1 e FCD2), discriminando Florestas de Araucária nativa (NF) e reflorestada (RF), considerando os atributos das variáveis ambientais e da macrofauna do solo coletados com método TSBF (25 x 25 cm), no Inverno (agosto de 2009) (a) e Verão (fevereiro de 2010) (b). O símbolo cheio representa o valor médio de CCP (centróide) para cada área (n=45)

O potencial indicador da macrofauna do solo e de variáveis ambientais (químicas e microbiológicas do solo) na separação de áreas com araucárias nativas e reflorestadas, impactadas ou não pela queima acidental também foi avaliado por Baretta et al. (2010). Na Figura 6.4, os resultados da ACP mostraram que a área com araucárias nativas ficou separada das demais áreas, nas três épocas de coleta, sendo caracterizada pelos maiores valores de praticamente todos os atributos da macrofauna (Diplopoda, Chilopoda, Araneae, Opilionidae, Oligochaeta, índice de diversidade de Shannon) e das variáveis ambientais (C-CO_2, CBM, relação CBM:COT, Ca, Mg, COT, P, umidade do solo e MST). Neste caso, observa-se que quase todos os símbolos referentes à floresta com araucária nativa (NF) encontram-se agrupados no quadrante esquerdo superior, associados à maioria dos grupos da fauna do solo e variáveis ambientais, enquanto as outras áreas se associam com menor número de variáveis e a separação entre elas não é tão nítida.

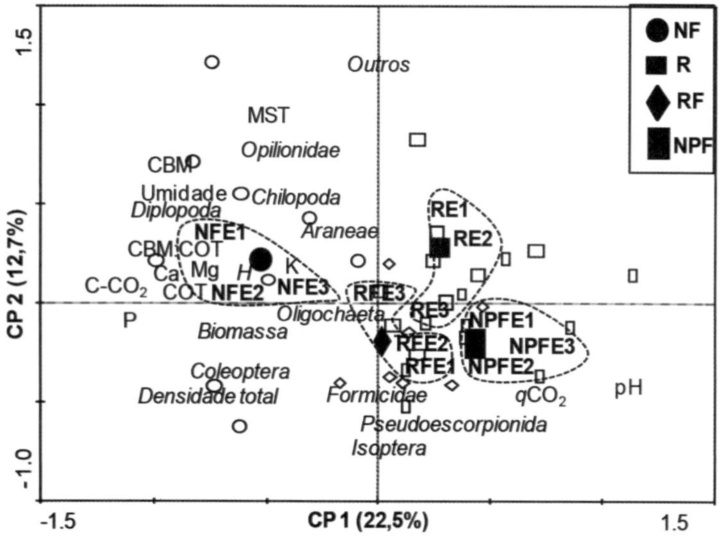

Figura 6.4 - Relação entre as componentes principais 1 e 2 (CP 1 e CP 2) da análise de componentes principais (ACP), discriminando Florestas de Araucária nativa (NF), introduzida (R), introduzida impactada (RF) e área de pastagem natural com araucárias nativas impactada pela queima acidental (NPF), atributos da macrofauna do solo [Em itálico na figura= são os grupos mais frequentes da macrofauna do solo; Outros= somatório dos grupos de organismos menos frequentes; Biomassa= biomassa fresca total da macrofauna e H= índice de diversidade de Shannon) e variáveis ambientais explicativas [pH= potencial hidrogeniônico do solo; P= fósforo; K= potássio; Ca= cálcio; Mg= magnésio; Umidade= umidade do solo; MST= matéria seca total da serapilheira; COT= carbono orgânico total do solo; C-CO_2= respiração basal do solo; CBM= carbono da

biomassa microbiana; qCO_2= quociente metabólico e relação CBM:COT)] em setembro de 2004 (E1= Época 1), fevereiro de 2005 (E2= Época 2) e agosto de 2005 (E3= Época 3). Símbolo cheio representa o valor médio das três épocas de coleta (centróide) para cada área (n= 10).

Quando a Análise Canônica Discriminante (ACD) foi realizada pelos mesmos autores, usando as mesmas variáveis ambientais explicativas e os principais atributos da macrofauna para identificar quais deles seriam mais importantes na separação das áreas com araucárias obtiveram- se os seguintes resultados:

a) Dos diversos atributos da macrofauna analisados, os grupos Isoptera, Chilopoda, Diplopoda, biomassa total da macrofauna e índice de diversidade de Shannon foram os principais responsáveis por praticamente toda a separação entre as áreas, sendo considerados como bons indicadores das perturbações antrópicas que ocorreram nas áreas com araucária.

b) Das variáveis ambientais, as que mais contribuíram na separação das áreas com araucária foram: Matéria seca total da serapilheira, teores de P e os atributos microbiológicos (carbono da biomassa microbiana e respiração basal do solo), confirmando a utilidade de diversos parâmetros relacionados com o carbono do solo, principalmente o CBM, como bons indicadores da qualidade biológica do solo em florestas de araucária (Baretta et al., 2005; Baretta et al., 2010).

A partir dos resultados da ACD deste trabalho, os autores utilizaram os valores da Taxa de Discriminação Paralela (TDP) dos atributos ambientais e da macrofauna que melhor separaram as áreas com araucárias, de acordo com seu valor indicador, na construção de uma classe de indicadores da qualidade do solo (Tabela 6.2). Isso é muito importante, sendo este o primeiro estudo desta natureza e que contribui para melhor escolher quais os atributos edáficos são mais sensíveis na separação entre os tratamentos, minimizando tempo e recursos financeiros com avaliação de atributos físicos, químicos e biológicos menos sensíveis.

Tabela 6.2 – Classes de indicadores de qualidade do solo definidas a partir do valor da Taxa de Discriminação Paralela (TDP) resultante da Análise Canônica Discriminante (ACD) das funções canônicas discriminantes 1 e 2 (FCD1 e FCD2), para cada atributo edáfico em áreas com araucária sob diferentes estados de conservação, independente de tratamento, na região de Campos de Jordão, SP. (Fonte: Adaptado de Baretta et al., 2010).

Valor de TDP do atributo	Classe de qualidade	Valor indicador
≤ 0,03	I	Baixo
0,04 - 0,09	II	Médio
0,10 - 0,20	III	Bom
0,21 - 0,41	IV	Muito bom
0,42 - 1,00	V	Otimo
> 1,00 *	VI	Excelente

* Valores podem variar de acordo com o ecossistema amostrado e o número de atributos químicos, físicos e biológicos do solo incluídos no modelo.

6.6 Considerações finais

Infelizmente os estudos envolvendo fauna e outros atributos edáficos em florestas de araucária ainda estão concentrados, em sua maioria, no estado de São Paulo, onde a floresta sofreu intensa fragmentação e as áreas remanescentes de florestas nativas são encontradas em porções menores e descontínuas. Assim, há necessidade de um maior esforço de pesquisa sobre esse tema em outras regiões, especialmente na Mata Atlântica, visando o conhecimento mais detalhado e aprofundado dos organismos edáficos associados à araucária.

A manutenção de uma diversificada comunidade ativa de invertebrados edáficos em florestas de araucária, principalmente de transformadores de serapilheira, engenheiros do ecossistema e predadores, contribui para a melhoria da fertilidade do solo e produtividade vegetal, além de serem úteis como indicadores de qualidade de solo e/ou de distúrbios ambientais nesse ecossistema.

Contudo, há uma estreita relação entre diversidade de grupos da fauna edáfica em floresta de araucária e a manutenção da cobertura florestal que, por sua vez, também depende dos atributos físicos, químicos e microbiológicos do solo. Nesse contexto, já há conscientização de que o monitoramento da qualidade do solo nas áreas de florestas de araucária deva ser feito com avaliações envolvendo indicadores físicos, químicos e biológicos (fauna do solo), gerando dados mais robustos para uma conclusão mais holística para dar suporte às políticas públicas de conservação da biodiversidade da fauna edáfica associada à araucária.

Outro aspecto importante foi a criação de classes de qualidade do solo específicas para florestas de araucária, que podem ser utilizadas para testar o potencial de diferentes atributos e classificá-los de acordo com o potencial indicador. Esse conhecimento serve de base para classificação de outros tipos de ecossistemas brasileiros a serem estudados.

Referências Bibliográficas

Antunes, S.C.; Pereira, R.; Sousa, J.P.; Santos, M.C.; Gonçalves, F. 2008. Spatial and temporal distribution of litter arthropods in different vegetation covers of Porto Santo Island (Madeira Archipelago, Portugal). European Journal of Soil Biology 44: 45-56.

Aquino, A.M.; Correia, M.E.F.; Alves, M.V. 2008. Diversidade da macrofauna edáfica no Brasil. p. 143-170. In: Moreira, F.M.S.; Siqueira, J.O.; Brussaard, L. Biodiversidade do solo em ecossistemas brasileiros. Ed. UFLA, Lavras-MG.

Azevedo, P.T.M. Minhocas, fungos micorrízicos arbusculares e bactérias diazotróficas em mudas de *Araucaria angustifolia.* 2010. 76p. Dissertação (Mestrado em Solos e Nutrição de Plantas) - Escola Superior de Agricultura Luiz de Queiroz, Universidade de São Paulo, Piracicaba, SP.

Bardgett, R. 2005. The biology of soil: a community and ecosystem approach. Oxford University Press Inc., New York, 242p.

Baretta, D. Fauna do solo e outros atributos edáficos como indicadores da qualidade ambiental em áreas com *Araucaraia angustifolia* no Estado de São Paulo. 2007. 158p. Tese (Doutorado em Solos e Nutrição de Plantas) - Escola Superior de Agricultura Luiz de Queiroz, Universidade de São Paulo, Piracicaba, SP.

Baretta, D.; Brescovit, A.D.; Knysak, I.; Cardoso, E.J.B.N. 2007b. Trap and soil monolith sampled edaphic spiders (Aracnida:Araneae) in *Araucaria angustifolia* forest. Scientia Agrícola 64: 384-392.

Baretta, D., Brown, G.G., Cardoso, E.J.B.N. 2010. Potencial da Macrofauna e outras variáveis edáficas como indicadores da qualidade do solo em áreas com *Araucaria angustifolia.* Acta Zoólogica Mexicana 2: 135-150.

Baretta, D.; Brown, G.G.; James, S.W.; Cardoso, E.J.B.N. 2007a. Earthworm populations sampled using collection methods in Athantic Forest with *Araucaria angustifolia.* Scientia Agricola 64: 384-392.

Baretta, D.; Ferreira, C.S.; Sousa, J.P.; Cardoso, E.J.B.N. 2008. Colêmbolos (Hexapoda: Collembola) como indicadores de qualidade do solo em áreas com *Araucaria angustifolia*. R. Bras. Ci. Solo 32: 2693-2699.

Baretta, D.; Santos, J.C.P.; Figueiredo F.R.; Klauberg-Filho, O. 2005. Efeito do monocultivo de pinus e da queima do campo nativo em atributos biológicos do solo no planalto sul catarinense. Revista Brasileira de Ciência do Solo 29:715-724.

Baretta, D.; Santos, J.C.P.; Segat, J.C.; Geremia, E.V.; Filho, L.C.L.O.; Alves, M.V. 2011. Fauna edáfica e qualidade do solo. p. 141-192. *In:* Filho, O.K.; Mafra, A.L.; Gatiboni, L.C. Tópicos em ciência do solo. Viçosa, MG, Sociedade Brasileira de Ciência do Solo.

Barros, E.; Neves, A.; Blanchard, E.; Fernandes, E.C.M.; Wandelli, E.; Lavelle, P. 2003. Development of the soil macrofauna community under silvopastoral and agrosilvicultural systems in Amazonia. Pedobiologia 47: 273-280.

Brown, G.G. 1995. How do earthworms affect microfloral and faunal community diversity? Plant Soil 170: 209-231.

Brown, G.G.; Maschio, W.; Froufe, L.C.M. 2009. Macrofauna do solo em sistemas agroflorestais e Mata Atlântica em regeneração nos municípios de Barra do Turvo, SP, e Adrianópolis, PR. Colombo: Embrapa Florestas, 51p. (Embrapa Floresta. Documentos, 184).

Coleman, D.C.; Crossley Jr., D.A.; Hendrix, P.H. 2004. Fundamentals of soil ecology. Elsevier, Academic Press, San Diego, USA.

Correia, M.E.F.; Oliveira, L.C.M. 2000. Fauna de solo: aspectos gerais e metodológicos. Seropédica, RJ: Embrapa Agrobiologia, 46p. (Documentos, 112).

Correia, M.E.F.; Andrade, A.G. 2008. Formação de serapilheira e ciclagem de nutrientes. 137-158. In: Santos, G.A.; Silva, L.; Canellas, L.P.; Camargo, F.A.O. Fundamentos da matéria orgânica do solo: Ecossistemas tropicais e subtropicais. 2.ed. Porto Alegre, Metrópole.

Decaëns, T.; Jiménez, J.J.; Barros, E.; Chauvel, A.; Blanchart, E., Fragoso, C.; Lavelle, P. 2004. Soil macrofauna communities in permanent pastures derived from tropical forest or savanna. Agriculture Ecosystems & Environment 103: 301-312.

Decaëns, T.; Jimenez, J.J.; Gioia, C.; Measey, G.J. Lavelle, P. 2006. The value of soil animals for conservation biology. European Journal of Soil Biology 42: S23-S38.

Didden,W.A.M. 1993. Ecology of terrestrial Enchytraeidae. Pedobiologia 37: 2–29.

Doran, J.W.; Zeiss, M.R. 2000. Soil health and sustainability: managing the biotic component of soil quality. Applied Soil Ecology 15: 3-11.

Duarte, M.M. 2004. Abundância de microartrópodes do solo em fragmentos de mata com araucária no sul do Brasil. Iheringia, Série Zoológica 94 (2), p.163-169.

Ferris, V.R.; Ferris, J.M. 1974. Inter-relationships between nematode and plant communities in agricultural ecosystems. Agroecosystems 1: 275-299.

Freckman, D.W. 1998. Bacterivorous nematodes and organic-matter decomposition. Agriculture, Ecosystems & Environment 24: 195-217.

Griffiths, B.S.; Bonkowski, M.; Dobson, G.; Caul, S. 1999. Changes in soil microbial community structure in the presence of microbial-feeding nematodes and protozoa. Pedobiologia 43: 297-304.

Hopkin, S.P. 1997. Biology of the Springtails (Insecta: Collembola).Oxford University Press, London, 322p.

Kronka, F. J. N.; Nalon, M.A.; Matsukuma, C. K.; Kanashiro, M. M.; Ywane, M. S. S.; Pavão, M.; Durigan, G.; Lima, L.M. P. R.; Guillaumon, J.R.; Baitello, J.B.; Borgo, S.C.; Manetti, L.A.; Barradas, A.M.F.; Fukuda, J.C.; Shida, C.N.; Monteiro, C.H.B.; Pontinhas, A.A.S.; Andrade, G.G.; Barbosa, O.; Soares, A.P.; Joly, C.A.; Couto, H.T.Z. 2005. Inventário florestal da vegetação natural do Estado de São Paulo. Secretaria do Meio Ambiente, Instituto Florestal, São Paulo, 200 p.

Lavelle, P. 1996. Diversity of soil fauna and ecosystem function. Biology International 33: 3-16. Lavelle, P., 2002. Functional domains in soils. Ecological Research 17: 441–450.

Lavelle, P.; Bignell, D.; Lepage, M.; Wolters, V. Roger, P.; Ineson, P. Heal, O.W.; Ghillion, S. 1997. Soil function in a changing world: the role of invertebrate ecosystem engineers. European Journal of Soil Biology 33: 159-193.

Lavelle, P.; Decaëns, T.; Aubert, M.; Barot, S.; Blouin, M.; Bureau, F.; Margerie, P.; Mora, P.; Rossi, J.P. 2006. Soil invertebrates and ecosystem services. European Journal of Biology 42: S3-S15.

Lavelle, P.; Spain, A. 2001. Soil Ecology. Kluwer Academic Publishers, Dordrecht.

Lee, K.E. 1985. Earthworms. Their Ecology and Relationships with Soils and Land Use. Academic Press, Sydney.

Lima, O.G. Indicadores físicos, químicos e biológicos da qualidade do solo em plantios florestais e floresta Ombrófila Mista na Embrapa florestas, Colombo-PR. 2011, 67p. Dissertação de mestrado, Universidade Federal do Paraná, Curitiba, PR.

Maraldo, K.; Holmstrup, M. 2010. Enchytraeids in a changing climate: A mini-review. Pedobiologia, 53:161-167.

Merlim, A. O. Macrofauna edáfica em ecossistemas preservados e degradados no Parque Estadual de Campos de Jordão, SP. 2005. 89p. Dissertação (Mestrado em Ecologia de Agroecossistemas), Universidade de São Paulo, Escola Superior de Agricultura Luiz de Quei roz. Piracicaba, SP.

Merlim, A.O.; Aquino, A.M.; Cardoso, E.J.B.N. 2006. Larvas de Coleoptera em ecossistemas de araucária no Parque Estadual de Campos de Jordão, SP. Ciência Rural 36: 1303-1306.

Moraes, G, J.; Flechtmann, C. H. W. 2008. Manual de acarologia: Acarologia básica e ácaros de plantas no Brasil., Editora Holos, Ribeirão Preto, SP.

Moreira, F.M.S.; Huising, E.J.; Bignell, D.E. 2010. Manual de biologia dos solos tropicais: amostragem e caracterização da biodiversidade. Lavras-MG, Universidade Federal de Lavras, 368p.

Moreira, F.M.S.; Siqueira, J.O.; Brussaard, L. 2008. Biodiversidade do solo em ecossistemas brasileiros. Universidade Federal de Lavras, Lavras, MG.

Muys, B.; Granval, P.H. 1997. Earthworms as bio-indicators of Forest site quality. Soil Biology and Biochemistry29: 323-328.

Niblack, T.L.; Bernard, E.C. 1985. Nematode community structure in dogwood, maple and peach nurseries inTennessee. Journal of Nematology 17: 126-131.

Niva, C.C.; Römbke, J.; Schmelz, R.M.; Brown, G.G; 2010. Enquitreídeos (Enchytraeidae, Oligochaeta, Annelida). p. 351-161. *In:* Moreira, F.M.S.; Huising, E.J.; Bignell, D.E. Manual de biologia dos solos tropicais: amostragem e caracterização da biodiversidade. Universidade Federal de Lavras, Lavras, MG.

Paoletti, M.G. 1999. Using bioindicators based on biodiversity to assess landscape sustainability. Agriculture, Ecosystems and Environment 74: 1-18.

Pereira, J.M. Atributos biológicos como indicadores de qualidade do solo em Floresta de Araucária nativa e reflorestada no Estado de São Paulo. 2012. 137p. Tese (Doutorado em Microbiologia Agrícola), Universidade de São Paulo, Escola Superior de Agricultura Luiz de Queiroz. Piracicaba, SP.

Pereira, J.M.; Baretta, D.; Vasconcellos, R.L de F.; Cardoso, E.J.B.N. 2011. Macrofauna como indicadora de qualidade do solo em floresta de araucária nativa e reflorestada no estado de São Paulo. In: Anais do XXXIII Congresso Brasileiro de Ciência do Solo. SBCS, Uberlândia-MG, Brasil, CD-ROM.

Ponge, J.F.; Gillet, S.; Dubs, F.; Fedoroff, E.; Haese, L.; Sousa, J.P.; Lavelle, P. 2003. Collembolan communities as bioindicators of land use intensification. Soil Biology and Biochemistry 35: 813-826.

Ribeiro, M.C.; Metzger, J.P.; Martensen, A.C.; Ponzoni, F.; Hirota, M. 2009. Brazilian Atlantic Forest: how much is left and how is the remaining forest distributed? Implications for conservation. Biological Conservation 142: 1141-1153.

Römbke, J. 2003. The role of Gilberto Righi in the development of tropical microdrile taxonomy. Pedobiologia 47: 405-412.

Rusek, J. 1998. Biodiversity of Collembola and their functional role in the ecosystem. Biodiversity and Conservation 5: 185–195.

Silva, E.S. Ácaros (Arthropoda: Acari) edáficos da Mata Atlântica e Cerrado do Estado de São Paulo, com ênfase na superfamília Rhodacaroidea. 2002. 86p. Dissertação (Mestrado). Escola Superior de Agricultura Luiz de Queiroz.

Piracicaba, São Paulo, SP.

Silva, P. da, Santos, J.C.P., Barzotto, I., Haverroth, F.J. & Tasca, F.A. 2004. Macrofauna edáfica em área de campo nativo, mata de araucária e florestas de pinus em diferentes estágios de desenvolvimento. In: Anais da Reunião Brasileira de Fertilidade do Solo e Nutrição Plantas, 26; Reunião Brasileira Sobre Micorrizas, 9; Simpósio Brasileiro de Microbiologia do Solo, 5; SBCS/SBM/CAV-UDESC, Lages (SC) Brasil, CD-ROM.

Sousa, J.P.; Gama, M.M. da.; Pinto, C.; Keating, A.; Calhôa, F.; Lemos, M.; Castro, C.; Luz, T.; Leitão, P. Dias, S. 2004. Effects of land-use on Collembola diversity patterns in a Mediterranean landscape. Pedobiologia 48: 609-622.

Swift, M.J.; Heal, O.W.; Anderson, J.M. 1979. Decomposition in terrestrial ecosystems. Blackwell, Oxford.

Whitford,W.G. 1996. The importance of the biodiversity of soil biota in arid ecosystems. Biodivers. Conserv. 7:1207–1219.

Williams, B.L.; Griffiths, B.S. 1989. Enhanced nutrient mineralization and leaching from decomposing sitka spruce litter by enchytraeid worms. Soil Biology and Biochemistry 21: 183-188.

Wilson, E.O. 1985. The biological diversity crisis: a challenge to science. BioScience 13: 57-68.

Yeates, G.W.; Bongers, T.; De Goede, R.G.M.; Freckman, D.W.; Georgieva, S.S. 1993. Feeding-habits in soil nematode families and genera - an outline for Soil ecologists. Journal of Nematology 25: 315-331.

Wolters, V. 2000. Invertebrate control of soil organic matter stability. Biology and Fertility of soil 31: 1-19.

Zeppelini, F.D.; Bellini, B.C. 2004. Introdução ao estudo dos Collembola. João Pessoa, Universidade Federal da Paraíba, 82p.

7

Micorrizas na Floresta com Araucária

Milene Moreira, Joice Andrade Bonfim, Rafael Borges da Silva Valadares
& Elke Jurandy Bran Nogueira Cardoso

7.1 Introdução

Os fungos micorrízicos arbusculares (FMA) são importantes nos ecossistemas, pois participam de processos essenciais que propiciam um melhor desenvolvimento vegetal. Possibilitam às plantas uma maior absorção de água e nutrientes, proteção contra patógenos radiculares, resistência a metais pesados no ambiente, assim como melhorias para a estruturação dos solos. Estes fungos pertencem ao filo *Glomeromycota*, ordem Glomales e são de ocorrência generalizada nos hábitats naturais e cultivados. Fazem associação simbiotrófica mutualística com cerca de 90% das plantas vasculares (Cardoso et al., 2010).

Entre as plantas que formam associação com os FMA está a *Araucaria angustifolia*, que é considerada uma exceção dentre as coníferas, cuja colonização é geralmente realizada pelos fungos ectomicorrízicos (basidiomicetos). Esta espécie tem despertado o interesse pelos micorrizalogistas no país, uma vez que está em risco de extinção e pouco se conhece sobre suas comunidades e sua funcionalidade nessas florestas. Além disso, devido à sua capacidade micotrófica, a associação com os FMA torna-se de grande importância para a manutenção da biodiversidade e produtividade dos ecossistemas florestais.

Alguns trabalhos realizados no Brasil sobre a ocorrência e diversidade de FMA em ecossistema de araucária enfatizam a importância da preservação desse bioma, que abriga um grande número de plantas, animais e micro-organismos. Ameaças à biodiversidade dos ecossistemas de araucária incluem a extinção de diversas outras espécies vegetais, como por exemplo, a fragilizada família Orchidaceae, dependente de interações ecológicas com insetos para polinização e com fungos micorrízicos, responsáveis pela germinação de suas sementes. Nesse caso, estes fungos são chamados de fungos micorrízicos orquidóides e, devido à sua importância para o estabelecimento das orquídeas no ambiente e grande ocorrência nos ecossistemas de araucária, estes também serão tratados nesse capítulo.

7.2 Fungos Micorrízicos Arbusculares

A simbiose com os fungos micorrízicos arbusculares (FMA) é a mais ancestral dentre todos os tipos de micorrizas conhecidas. Evidências fósseis indicam que as primeiras plantas terrestres já estavam colonizadas por fungos que apresentavam estruturas miceliais e esporos similares aos dos atuais fungos micorrízicos arbusculares (Redecker et al., 2000).

Os FMA são muito importantes e comuns nos agroecossistemas. Pertencem ao Filo *Glomeromycota*, Classe *Glomeromycetes* (Glomeromicetos) e são biotróficos obrigatórios, ou seja, dependem do estabelecimento da associação mutualística com as plantas hospedeiras para completar seu ciclo de vida (Schüβler et al., 2001; Smith & Read, 2008). Ao colonizar as raízes, esses fungos emitem o micélio externo que cresce no solo formando a extensa rede micelial que explora microambientes não alcançados pelas raízes não colonizadas por FMA (Cruz et al., 2008), contribuindo para uma maior absorção de água e nutrientes minerais, especialmente os elementos de baixa mobilidade no solo como o P (Smith & Read, 2008). Auxiliam, ainda, na proteção contra patógenos radiculares (Sikes et al., 2009), na resistência a metais pesados no ambiente (Arriagada, 2010), além de melhorar fisicamente o solo através da formação de agregados estáveis (Rillig et al., 2004). Em troca de todos esses benefícios as plantas fornecem substrato energético ao fungo, ocorrendo uma perfeita interação.

Os mecanismos que regulam a colonização micorrízica ainda são pouco conhecidos, mas sabe-se que para formação e estabelecimento das micorrizas arbusculares, a troca de sinais inicia-se antes do contato físico entre os simbiontes, com a secreção de exsudatos capazes de estimular a ramificação das hifas dos FMA pelas raízes. Essas hifas diferenciam-se em apressórios na superfície da raiz e colonizam o tecido cortical, tanto intercelular quanto intracelularmente (Kiriachek et al., 2009).

No córtex, algumas hifas intracelulares diferenciam-se em arbúsculos, estruturas responsáveis pela troca de metabólitos entre os simbiontes. Arbúsculos são estruturas formadas pela interação das hifas dos FMA e a plasmalema de algumas células do córtex da planta hospedeira. O arbúsculo fica rodeado por uma membrana chamada de membrana periarbuscular que é derivada da membrana plasmática da planta, de tal forma que a colonização é intracelular, mas extracitoplasmática (Berbara et al., 2006; Parniske, 2008).

Algumas espécies da família Glomeraceae também podem formar vesículas, estruturas ricas em lipídeos cuja função é de reserva de nutrientes (Moreira & Siqueira, 2006). Estas estruturas específicas dos FMA podem ser visualizadas através da clarificação e coloração das raízes por processo químico e, na observação microscópica, servem para identificar e quantificar a colonização radicular. Na associação micorrízica arbuscular (MA) estas estruturas não podem ser detectadas a olho nu, ao contrário do que acontece nas ectomicorrizas (Phillips & Hayman, 1970).

Os esporos formados pelos FMA apresentam-se entre os maiores do Reino Fungi, variando em tamanho de 22 a 1050 μm. São estruturas multinucleadas podendo conter de centenas a milhares de núcleos (Pawlowska & Taylor, 2004). É através dos esporos que é realizada a descrição e identificação das espécies dos FMA, pois eles apresentam características com alta variabilidade que não é encontrada em nenhum outro grupo fúngico. A caracterização morfológica para fins taxonômicos leva em consideração as estruturas e formação das paredes dos esporos e suas camadas, estrutura de germinação e forma de emergência do tubo germinativo, tamanho, forma, cor, tipo, entre outras (De Souza et al., 2010). Atualmente, já pode ser feita classificação taxonômica baseada em técnicas moleculares.

Os Glomeromicetos estão classificados em quatro ordens, treze famílias e dezenove gêneros, com pouco mais de 215 espécies descritas (Tabela 7.1). Estudos revelam a ocorrência de 119 espécies de FMA registradas no Brasil, evidenciando a grande diversidade nos ecossistemas brasileiros (De Souza et al., 2010).

Tabela 7.1- Classificação taxonômica atual do filo Glomeromycota segundo ordens, famílias, gêneros e número de espécies descritas por gênero e reportadas no Brasil.

Ordem	Família	Gênero	Número de espécies	
			Descritas	**Brasil**
Archaeosporales	Archaeosporaceae	Archaeospora	1	1
		Intraspora	1	1
	Ambisporaceae	Ambispora	8	5
	Geosiphonaceae	Geosiphon	1	0
Diversisporales	Acaulosporacea	Acaulospora	34	22
		Kuklospora	2	2
	Diversisporaceae	Diversispora	2	1
		Otospora	1	0
	Entrophosporaceae	Entrophospora	2	1
	Gigasporaceae	Gigaspora	8	6
	Scutellosporaceae	Scutellospora	10	6
	Dentiscutataceae	Dentiscutata	7	6
		Fuscutata	4	2
		Quatunica	1	1
	Racocetraceae	Cetrospora	5	2
		Racocetra	9	8
	Pacisporaceae	Pacispora	7	1
Glomerales	Glomeraceae	Glomus	111	52
Paraglomerales	Paraglomeraceae	Paraglomus	3	2
Total	13	19	217	119

(Fonte: De Souza et al., 2010)

7.3 FMA em ecossistema com Araucária

A *Araucaria angustifolia* (Bertoloni) Otto Kuntze é uma árvore nativa do Brasil, que atualmente está em risco de extinção. A associação com os FMA é comum (Moreira-Souza & Cardoso, 2002; Zandavalli et al., 2008; Moreira et al., 2009) e o primeiro relato sobre a ocorrência de FMA em ecossistema de *Araucaria angustifolia* foi realizado por Milanez & Monteiro em 1950. Os autores observaram a presença dos FMA nas raízes dessa espécie através de cortes anatômicos. Um ano depois, Santos (1951) observou que as raízes da araucária apresentavam tamanho e forma modificada, com estruturas arredondadas, ou seja, nódulos radiculares. Inicialmente pensou-se que estes nódulos tinham a função de fixar o nitrogênio atmosférico, como ocorre em leguminosas. Porém, foi verificado que esta hipótese não procedia e até hoje ainda não se conhece a sua verdadeira função. Sabemos apenas que toda a extensão da raiz pode ser colonizada por FMA, inclusive os nódulos.

Os relatos existentes confirmam a ocorrência dos FMA na araucária e sua capacidade micotrófica. Estudos sobre a diversidade de espécies iniciou-se em 1990 por Bononi et al. (1990) em São Paulo, no Jardim Botânico. Foram identificadas 15 espécies, com as mais freqüentes sendo *G. macrocarpum*, *G. maculosum*, *A. morrowiae* e *Gigaspara* sp. As espécies *Glomus citricolum*, *G. halonatum* e *G. reticulatum* foram citadas pela primeira vez em ecossistema brasileiro.

Dez anos depois, Breuninger et al. (2000) compararam a riqueza de espécies entre uma área de floresta de araucária e um campo adjacente nas terras altas do norte do Rio Grande do Sul. Encontraram 13 espécies de FMA no primeiro e seis no segundo ecossistema. O número de esporos também foi superior na floresta nativa (300 esporos 50 g solo^{-1}) em comparação com o campo (150-180 esporos). A colonização radicular na floresta nativa foi de 60% e nas plantas no campo foi de 38%. Nesse estudo a presença de vesículas, arbúsculos e apressório foi verificada e o tipo de colonização foi classificado como Arum-type (presença de hifas intercelulares e arbúsculos intracelulares), reportada pela primeira vez em Gimnosperma, discordando de Andrade et al. (2000) que caracterizaram o padrão de colonização (Figura 7.1) observado em floretas de araucária em Santa Catarina como Paris-type (presença de hifas intracelulares enoveladas com pouco arbúsculo).

Alguns estudos sobre FMA em ecossistemas de araucária no Brasil foram realizados na região Sul, uma vez que essa espécie ocorre principalmente nos estados do Paraná, Santa Catarina e Rio Grande do Sul. Em São Paulo existem poucas áreas esparsas ainda intactas, assim como em Minas Gerais e no Rio de Janeiro. Uma das áreas mais preservadas de floresta de araucária no Estado de São Paulo está localizada no Parque Estadual de Campos do Jordão. Nos estudos fica evidente a preocupação com a extinção desse ecossistema e relatos abordam a diversidade de FMA de acordo com o tipo de formação florestal (natural ou reflorestada) e ainda relacionam as condições edafo-climáticas como importantes em afetar a diversidade de espécies de FMA.

Em resumo, estudos em ecossistemas de araucária mostram que a densidade de esporos geralmente é maior na floresta nativa em relação às áreas de araucária reflorestada (Moreira- Souza et al., 2003, Moreira et al., 2007a), mas o inverso também já foi observado (Moreira et al. 2006b; Zandavalli et al., 2008). Essas mudanças na densidade e distribuição de esporos estão associadas às modificações nas condições edáficas, como alterações na cobertura vegetal e nas propriedades físicas e químicas do solo, além do histórico de cada área.

Resultados diversos são encontrados com relação à colonização micorrízica em ecossistemas de araucária. Pereira (2012) encontrou valores baixos de colonização que variaram de 4 a 11% e não verificou diferenças para colonização nas florestas com *Araucaria angustifolia* nativa (NF) e reflorestada (RF). Moreira et al. (2006b) também não encontraram diferença significativa para colonização entre floresta de araucária nativa, reflorestada e impactada por fogo, no inverno e os valores de colonização variaram de 10,7 a 14,5%. No entanto, na primavera, esses valores foram superiores, variando de 25 a 40% nas mesmas áreas de estudo. Já outros estudos mostram que a colonização radicular por FMA em plantas das florestas nativas apresentam maiores taxas de colonização do que em florestas reflorestadas (Breuninger et al.,2000; Moreira-Souza et al., 2003; Albuquerque, 2003; Moreira et al., 2007a; Moreira et al., 2007b; Zandavalli et al., 2008).

Com relação à diversidade de espécies, nas florestas de *Araucaria angustifolia* predominam os gêneros de FMA (Figura 7.2) *Acaulospora* e *Glomus* e as principais espécies encontradas são: *Kuklospora colombiana*, *Paraglomus occultum*, *Scutellospora calospora*, *Scutellospora gilmorei*, *Scutellospora pellucida*, *Acaulospora scrobiculata*, *Acaulospora gerdemannii*, *Acaulospora mellea*, *Gigaspora margarita*, *Gigaspora decipiens*, *Glomus clarum*, *Glomus diaphanum*, *Glomus etunicatum*, *Glomus fasciculatum*, *Glomus microcarpum* e *Glomus macrocarpum* (Bononi et al., 1990; Breuninger et al., 2000; Souza, 2000; Moreira-Souza et al., 2003; Zandavalli, 2008; Albuquerque, 2003; Moreira et al., 2007a; Moreira et al., 2007b; Zangaro & Moreira, 2010).

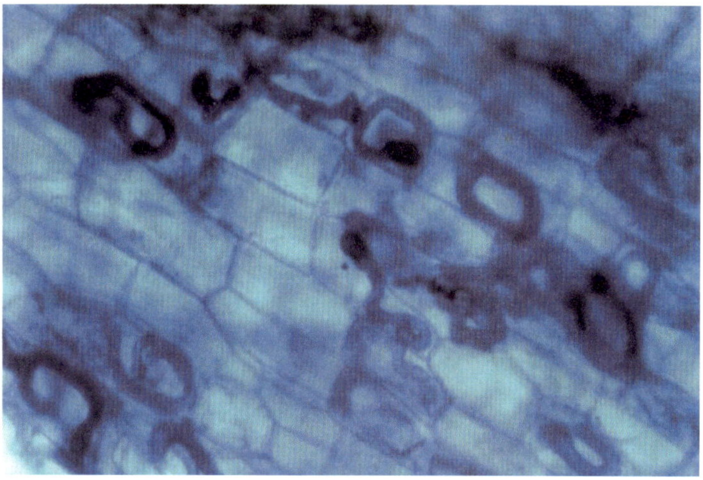

Figura 7.1 - Colonização micorrízica arbuscular nas raízes de *Araucaria angustifolia*, mostrando hifas e pélotons (hifas enroladas nas células vegetais).

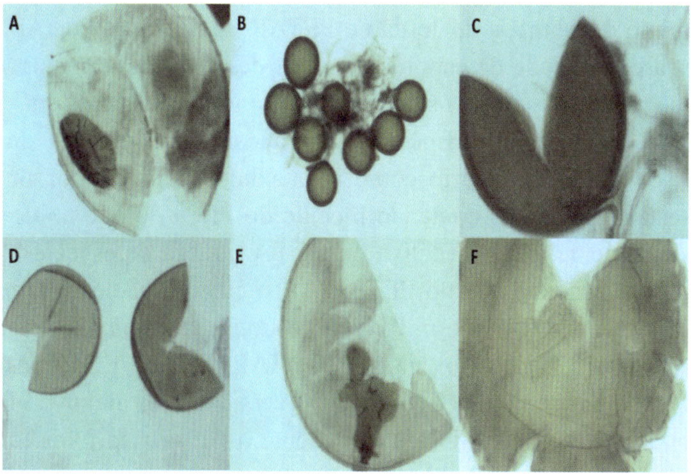

Figura 7.2 - Esporos de FMA presentes no ecossistema de araucária em Campos do Jordão-SP. A: *Scutellospora pellucida*; B e C: *Glomus sp.*; D: *Acaulospora laevis*; E: *Scutellospora sp.* e F: *Ambispora appendicula*.

7.4 Multiplicação de esporos de FMA

Esporos e propágulos de FMA provenientes de florestas de araucária foram multiplicados em casa de vegetação, utilizando sorgo, milho + amendoim e araucária como plantas-iscas, metodologia muito utilizada para estudos da diversidade de fungos MA, com intuito de recuperar as espécies encontradas em condições de campo. Foram realizados dois ciclos de multiplicação em plantas de sorgo, em ambos os ciclos foram identificadas 11 espécies e um táxon não conhecido. No primeiro ciclo as espécies mais frequentes recuperadas foram *Glomus macrocarpum*, *Glomus diaphanum* e *Kuklospora colombiana*, já no segundo ciclo foram às espécies *Scutellospora pellucida* e *Acaulospora gerdemannii*. Contudo, *Acaulospora foveata,* que não foi identificada em condições de campo, foi recuperada nos vasos iscas e *Glomus diaphanum* teve sua esporulação favorecida em casa de vegetação. Enquanto *Gigaspora margarita* foi encontrada frequentemente no campo, nos vasos de multiplicação apresentou baixa esporulação (Moreira-Souza et al., 2003).

Moreira et al. (2007b) estudaram a esporulação e a diversidade de FMA em diferentes florestas com *A. angustifolia* [floresta nativa (FN), floresta replantada (R) e floresta replantada com queima acidental (RF)] em dois Parques Estaduais do Estado de São Paulo (PECJ, localizado no município de Campos do Jordão e PETAR no município de Apiaí). Para conhecer a diversidade de esporos de FMA desses locais, amostras de solo rizosférico retiradas junto às araucárias foram inoculadas em "culturas armadilhas", tendo como hospedeiros a araucária e/ou milho + amendoim. Quando se utilizou araucária como planta hospedeira, maior número de esporos estava nos vasos contendo inóculo do PECJ do que no do PETAR, independentemente da área (nativa ou não).A riqueza de espécies foi maior no PECJ (18 espécies) que no PETAR (7), e cinco espécies foram comuns nos dois Parques. Utilizando milho + amendoim como plantas hospedeiras, o número total de esporos foi maior no PETAR que no PECJ, considerando todas as áreas em conjunto. Contudo, a diversidade foi maior no PECJ (13 espécies) do que no PETAR (11), e somente o *Glomus* sp.1 foi comum em todas as áreas.

A utilização de araucária como planta isca mostrou similar riqueza de espécies comparando com o campo do PECJ, mas a identificação das espécies não foi necessariamente a mesma. Contudo, nos vasos representativos do PETAR, tanto a araucária como o milho + amendoim subestimaram a riqueza de espécies. Nem todas as espécies de FMA esporulam na mesma época e, a esporulação é afetada por diversos fatores bióticos e abióticos, o que indica que os levantamentos realizados frequentemente subestimam o número de espécies presentes (Moreira et al., 2007b).

7.5 Dependência micorrízica da *Araucaria angustifolia*

Devido à grande dependência da associação micorrízica para o sucesso dos programas de recuperação das florestas de araucária, o uso de mudas inoculadas com FMA têm sido uma alternativa bastante interessante. Alguns trabalhos realizados objetivam verificar quais espécies de FMA propiciam o melhor desenvolvimento da araucária em condições de casa de vegetação e qual seria a melhor dose de P a ser utilizada, uma vez que a colonização é inibida em altas concentrações de P (Moreira & Cardoso, 2002; Zandavalli et al., 2004; Cardoso et al., 2010)

Moreira-Souza & Cardoso (2002) demonstraram pela primeira vez a dependência micorrízica de plantas de *Araucaria angustifolia*, com diferentes doses de P, verificando o desenvolvimento da planta e do endófito após a inoculação. O experimento foi conduzido em casa de vegetação e, como inóculo foram testadas três espécies de fungos (*Glomus intraradices*, *Gigaspora rosea,* e uma mistura de fungos MA nativos da floresta de Araucária de Campos do Jordão, SP), além de um controle sem inoculação de FMA, com quatro doses de P no substrato (0, 20, 50 e 150 mg kg^{-1} de P na forma de KH2PO4), com cinco repetições. Avaliaram-se massa da matéria seca da parte aérea e raiz, taxa de colonização radicular, número de esporos no solo e os teores de nutrientes na parte aérea da planta. Concluiu-se que a *Araucaria angustifolia* é uma planta micotrófica e tem dependência micorrízica até a dose de 150 mg kg^{-1} de P no solo, sendo a taxa de colonização radicular e esporulação variável com a espécie de FMA. *Gigaspora rosea* é indicada para baixos teores de P no solo e *Glomus intraradices* para teores mais elevados, enquanto os FMA nativos são benéficos ao crescimento da araucária com qualquer teor de P. As plantas micorrizadas apresentaram maiores concentrações de P e menores de N e K que as não-micorrizadas, independentemente da espécie de fungo inoculada.

Em outro estudo os autores (Zandavalli et al., 2004) também testaram o estado nutricional e resposta do desenvolvimento de plantas de *Araucaria angustifolia* inoculadas com *Glomus clarum*, espécie que foi por eles identificada na rizosfera da Araucária em condições naturais, e mais o tratamento controle (sem FMA) com substrato esterilizado. O desenvolvimento das plantas foi avaliado até 21 meses após o transplantio e determinou-se a matéria seca das plantas, conteúdo de nutrientes das folhas e colonização radicular. As raízes colonizadas por *G. clarum* apresentaram até 81% de colonização. A inoculação promoveu o crescimento com incremento de até 312% sobre as plantas testemunhas (sem inoculação). Os autores também concluíram que a *Araucaria angustifolia* apresenta alto grau de dependência micorrízica (Zandavalli et al., 2004).

Moreira et al. (2007b), estudando em casa de vegetação o desenvolvimento de plantas de Araucária com inóculos nativos de FMA provenientes de cinco florestas de Araucária no Estado de São Paulo (Floresta nativa e replantada em Campos do Jordão e em Apiaí e uma área de floresta replantada que sofreu queima acidental em Campos do Jordão), utilizaram também plantas controles sem inoculação. Verificaram que os valores de colonização radicular variaram de 21,7% (floresta replantada com queima acidental) a 36,7% (floresta nativa em Apiaí), nas demais florestas os valores não diferiram estatisticamente dessa última. Em relação à massa da matéria seca total as plantas inoculadas mostraram maior produção de biomassa e maior crescimento quando comparadas com as do controle. Somente entre as plantas não inoculadas com FMA algumas morreram durante a condução do experimento. A eficiência micorrízica foi calculada e os valores variaram de 168 a 427%, confirmando a alta dependência da araucária pela simbiose micorrízica.

Utilizando a espécies *Gigaspora rosea* e baixas doses de P, Azevedo (2010) verificou que a presença do FMA propiciou melhor desenvolvimento de mudas de araucária, com aumento da concentração de N e P na sua parte aérea. Outros autores também encontraram maior concentração de P em mudas de araucária inoculadas com FMA (De Lima et al., 2009).

Recentemente, Moreira et al., (2012), testando quatro doses de fósforo

(0, 20, 50 e 150 mg kg^{-1} de substrato na forma de KH2PO4) e espécies de FMA nativas de florestas de *Araucaria angustifolia*, utilizando a araucária como planta-isca, não encontraram nenhuma correlação entre dose de P, número de esporos e colonização radicular. Entretanto, foi verificado efeito da dose de P sobre a abundância de esporulação de cada espécie. As espécies *Acaulospora bireticulata*, *Scutellospora pellucida* e *Acaulospora morrowiae* apareceram mais nas duas maiores doses de P (50 e 150 mg kg^{-1}), e possivelmente estas devem ser mais tolerantes a doses elevadas ou talvez até sejam favorecidas em solos com maiores teores desse elemento.

Além da espécie de FMA envolvida e da dose de P, outro fato que está associado à dependência micorrízica é o estádio de desenvolvimento das espécies arbóreas presentes nas florestas. A colonização micorrízica geralmente é menor nos ecossistemas que apresentam floresta madura ou clímax do que em floresta onde as plantas estão em estádios iniciais de desenvolvimento (espécies com crescimento rápido) (Aidar et al., 2004; Stürmer et al., 2006; Zangaro et al., 2008). Em uma floresta clímax as plantas apresentam crescimento mais lento, e por isso, necessitam menos dos fungos, devido à sua baixa atividade metabólica, menor investimento na produção de folhas e menor disponibilidade de luz, que pode resultar em menos carboidratos disponíveis nas raízes para os FMA (Zangaro et al., 2008). Assim, as plantas potencialmente favoráveis à associação buscam reduzir a dependência da simbiose, evitando o dreno de carbono (Janos, 1980). Nas florestas de araucária, no entanto, situação contrária a essa tem sido observada algumas vezes, quando as plantas das florestas nativas apresentaram maiores taxas de colonização do que as de matas reflorestadas.

Outro ponto que merece destaque é a presença de raízes de araucária sobre a superfície do solo ou até mesmo crescendo nos troncos em decomposição, com geotropismo negativo, e altura de até 1m (Moreira et al., dados não publicados). As taxas de colonização encontradas nessas raízes variaram de 31-54% sendo consideradas altas com relação aos dados de colonização das raízes presentes abaixo da superfície do solo, conforme relatado acima (Moreira et al., 2009). Além disso, verificou-se também a presença de esporos viáveis de FMA nessas condiçoes, dentro ou em torno das raízes. Esse fato pode indicar uma possível otimização da aquisição de nutrientes por parte dessas raízes para as plantas, através da exploração de nichos com acumulação de material orgânico em volta das raízes aéreas (Moreira et al., dados não publicados).

7.6 Micorrizas em Orquídeas

A família Orchidaceae é uma das maiores entre as angiospermas, com aproximadamente 500 gêneros e 35.000 espécies (Cribb et al., 2003). Nas Florestas de Araucária do estado de São Paulo estão presentes diversas espécies, incluindo as dos gêneros *Octomeria, Pleurothalles, Oncidium, Cattleya, Laelia, Maxillaria, Isochillis, Epidendrum, Gomesa e Soprhonitis*. O desmatamento tem diminuído a diversidade das orquídeas brasileiras e levado várias espécies à extinção. Além disso, muitas orquídeas têm propriedades medicinais e alto valor comercial, o que estimula a coleta predatória. Por isto, existe um esforço crescente da comunidade científica e de organizações não-governamentais em priorizar pesquisas relacionadas à conservação de orquídeas e programas de reintrodução de espécies ameaçadas de extinção, no Brasil e ao redor do mundo (Valadares, 2009).

Todas as orquídeas compartilham a característica de possuírem sementes diminutas, muitas vezes chamadas "*dust seeds*" que não possuem reservas disponíveis para a germinação. Na natureza, utilizam da associação simbiótica com fungos endomicorrízicos, que providenciam açúcares simples para a germinação e mantém o desenvolvimento do embrião até o início da fotossíntese. Algumas orquídeas continuam a depender plenamente dos fungos micorrízicos durante a fase adulta, como é o caso das orquídeas aclorofiladas que adquirem todo seu carbono (C) via fungo micorrízico, enquanto outras passam a fazer fotossíntese e desenvolvem a nutrição mixotrófica, onde parte do C é fixado pela via fotossintética e parte é provida pelos fungos micorrízicos (Rasmussen & Rasmussen, 2009).

As orquídeas epífitas são maioria na Floresta Ombrófila e, apesar de necessitarem das micorrizas durante a germinação, parecem depender menos da associação na fase adulta, visto a baixa taxa de colonização encontrada nas orquídeas dos gêneros descritos acima (Valadares, 2007, não publicado). Porém, as orquídeas, como *Gomesa crispa* (Valadares, 2009) e *Coppensia doniana* (Valadares et al., 2012), que colonizam rochas ou taludes, muito pobres em nutrientes, apresentam alta colonização, mesmo na fase adulta, o que indica maior necessidade micotrófica nestes ambientes.

Os fungos micorrízicos de orquídeas são diferentes dos FMA e pertencem ao grupo de fungos rizoctonióides (do inglês *Rhizoctonia-like fungi*), antes agrupados no gênero *Rhizoctonia*, amplamente conhecido na agricultura por ser um dos principais patógenos de raízes (Gonzales- Garcia et al., 2006). Atualmente estes fungos foram re-classificados nos gêneros *Tulasnella, Ceratobasidium, Sebacina* e *Thanatephorus,* com base em suas características sexuais e no aparato septal de suas hifas. Além de patógenos e micorrizas de orquídeas, o grupo dos rizoctonióides inclui gêneros saprófitas e ectomicorrízicos (Selosse et al., 2007). Após o isolamento e reconhecimento das características vegetativas, os fungos podem ser utilizados em testes de germinação simbiótica, que avaliam a capacidade dos isolados em promover a germinação simbiótica. Assim, verifica-se seu potencial para a utilização em projetos de reintrodução de espécies ameaçadas.

O conhecimento da diversidade dos fungos micorrízicos de orquídeas tem papel crucial para a manutenção da diversidade de orquídeas em ambientes naturais. Os estudos realizados mostram que a maioria das espécies de orquídeas possui especificidade a determinados gêneros, espécies ou até linhagens específicas dos fungos micorrízicos de orquídea (Dearnaley, 2007; Rasmussen & Rasmussen, 2009). A presença de um fungo micorrízico compatível é, então, um fator crítico na distribuição das orquídeas na natureza (Otero et al., 2007, Valadares et al., 2012). Orquídeas hábeis em associar-se a fungos distintos apresentam maiores chances de colonizar novos substratos (Pereira, 2009; Swarts & Dixon, 2009; Valadares, 2009), enquanto orquídeas mais especialistas tendem a ser mais raras, porém, com maior capacidade de aquisição de carbono pela via micoheterotrófica (Girlanda et al., 2011). Por outro lado, alguns simbiontes fúngicos podem ser bem distribuídos, colonizando uma maior diversidade de substratos, de forma a garantir a maior distribuição de sua orquídea hospedeira (Pereira, 2009; Valadares et al., 2012). Assim, é necessário conhecer a diversidade de fungos, a distribuição destes fungos e o grau de dependência micorrízica da orquídea de interesse, para posterior seleção de isolados eficientes em promover a germinação de suas sementes.

7.7 Micorrizas em orquídeas da Floresta com Araucária

Valadares et al. (2012) estudaram, por métodos morfológicos e moleculares, a diversidade micorrízica em *Coppensia doniana* sin. *Oncidium donianum* (Figura 7.3) em um campo de altitude (1800m) de Campos do Jordão. Esta orquídea ocorre em taludes e rochas que acompanham uma estrada vicinal ao redor do Parque Estadual de Campos do Jordão (Figura 7.4), sempre com suas raízes associadas à matéria orgânica do solo. Dez plantas adultas foram amostradas e foi encontrada uma diversidade micorrízica restrita, com apenas três clados de fungos, todos pertencentes ao gênero *Ceratobasidium,* colonizando a orquídea. Os fungos foram testados quanto à sua capacidade de promover a germinação simbiótica da orquídea e todos tiveram alto sucesso (acima de 90%) na germinação. O cultivo simbiótico seguiu até os 10 meses de idade com a transferência das plântulas para células de cultivo contendo *Sphagnum.* Ficou demonstrado que esta orquídea se associa a um grupo restrito, mas bem distribuído de fungos, já que estes apresentam sequências (ITS) similares às de fungos que colonizam desde ambientes pantaneiros, ambientes rochosos a lenho de árvores, o que permite a distribuição do gênero *Coppensia (Oncidium)* nos mais diversos hábitats. Outro estudo realizado com o mesmo enfoque demonstrou que uma *Gomesa crispa* coletada em Barra do Chapéu - SP também se associava a quatro clados de *Ceratobasidium,* mas a capacidade de germinação simbiótica destes fungos não foi demonstrada (Valadares, 2009).

Figura 7.3 - Flor de *Coppensia doniana* sin. *Oncidium donianum* coletada em Campos do Jordão- SP.

Figura 7.4 - Monólito de solo coletado em um campo de altitude do Parque Estadual de Campos do Jordão. A: Matéria orgânica nos primeiros centímetros B: Raízes de Coppensia doniana limitadas ao espaço onde existe material orgânico. C: Saprólito originado da decomposição das rochas gnaisse e granito. Fotografia de Carlos Marcelo Ribeiro.

Com base no conhecimento da diversidade de orquídeas encontrada na Floresta Ombrófila e na Mata Atlântica em geral e, sabendo que várias espécies estão ameaçadas de extinção, é necessária a continuidade dos estudos de diversidade micorrízica e suas relações de especificidade em orquídeas brasileiras. Projetos de reintrodução de espécies de orquídeas ameaçadas devem ser baseados nas técnicas de germinação simbiótica, pois assim, as plântulas que serão introduzidas nas florestas levarão consigo seu parceiro simbionte, o que possibilita o recrutamento de novas plântulas ao longo dos anos. A figura 7.5 ilustra os passos da germinação e cultivo simbiótico de *Coppensia doniana* (Valadares et al., 2012). Portanto, é necessário, além de conhecer a diversidade de orquídeas e fungos micorrízicos associados, a criação de um banco de sementes e de fungos compatíveis que possibilitem a utilização destas técnicas simbióticas em projetos de reintrodução de espécies ameaçadas.

Figura 7.5 - Etapas da germinação simbiótica de *Coppensia doniana* sin. *Oncidium donianum*. A: protocórmios de *Coppensia doniana*, 41 dias após semeadura sobre meio de cultivo contendo fungo micorrízico (Foto: Carlos Marcelo Ribeiro). B: orquídeas simbióticas após 91 dias, visualizadas no microscópio estereoscópico com aumento de 30x. C: plântulas de *C. doniana*, com 150 dias, retiradas de potes de vidro com 1% de carvão ativado. D: plântulas com 10 meses, cultivadas em vasos de cerâmica contendo *Sphagnum* como substrato.

Referências Bibliográficas

Aidar, M.P.M.; Carrenho, R.; Joly, C.A. 2004. Aspects of arbuscular mycorrhizal fungi in an Atlantic Forest chronosequence in Parque Estadual Turístico do Alto Ribeira (PETAR), SP. Biota Neotropica 4: 1-15.

Albuquerque, P.P. 2003. Aspectos ecológicos de populações de fungos micorrízicos arbusculares em reflorestamento e em mata nativa da *Araucaria angustifolia (Bert.)* O. Ktze. Dissertação de mestrado. Universidade do Estado de Santa Catarina, Lages, SC.

Andrade, A.C.S.; Queiroz, M.H.; Hermes, R.A.L.; Oliveira, V.L. 2000. Mycorrhizal status of some plants of the Araucaria Forest and the Atlantic rainforest in Santa Catarina, Brazil. Mycorrhiza 10:131-136.

Arriagada, C.; Pereira, G.; Garcia-Romera, I.; Ocampo, J.A. 2010. Improved zinc tolerance in *Eucalyptus globulus ino*culated with *Glomus deserticola and Trametes versicolor* or *Coriolopsis rigida. S*oil Biology and Biochemistry 42:118-125.

Azevedo, P.T.M. 2010. Minhocas, fungos micorrízicos arbusculares e bactérias diazotróficas em mudas de *Araucaria angustifolia. 77 p.* Dissertação (Mestrado em Solos e Nutrição de Plantas) – Escola Superior de Agricultura "Luiz de Queiroz", Universidade de São Paulo, Piracicaba, SP.

Berbara, R.L.L.; Souza, F.A.; Fonseca, H. M.A.C. 2006. Fungos micorrízicos arbusculares: muito além da nutrição. *In: F*ernandes, M.S., ed. Nutrição Mineral de Plantas, SBCS, Viçosa, MG.

Bononi, V.L.R.; Grandi, R. A. P.; Lopes, S.A.R.; Rodrigues, E.; Fonseca, M.P. 1990. Micorrizas vesículo- arbusculares em *Araucaria angustifolia (Bert*oloni) O. Kuntze. Revista do Instituto Florestal 2: 87-93.

Breuninger, M.; Eining, W.; Magel, E.; Cardoso, E.; Hampp, R. 2000. Mycorrhiza of Brazil Pine (*Araucaria angustifolia B*ert. O. Ktze.). Plant Biology 2:4-10.

Cardoso, E.J.B.N.; Cardoso, I. M.; Nogueira, M.A.; Maluche Baretta, C.R.D.; De Paula, A.M. 2010. Micorrizas arbusculares na aquisição de nutrientes pelas plantas. p. 153-215. *In:* Siqueira, J.O.; De Souza, F.A.; Cardoso, E.J.B.N.; Tsai, S.M., eds. Micorrizas: 30 anos de pesquisas no Brasil. Editora UFLA,

2010. Lavras, MG.

Cribb, P.J.; Kell, S.P.; Dixon, K.W.; Barrett, R.L. 2003. Orchid conservation: a global perspective. p.1-24. *In:* Dixon, K.W.; Kell, S.P.; Barrett, R.L.; Cribb, P.J., eds. Orchid Conservation., Natural History Publications (Borneo), Kota Kinabalu.

Cruz, C.; Correia, P.; Ramos, A.C.; Carvalho, L.; Bago, A.; Martins-Loução, M.A. 2008. Arbuscular mcyorrhiza in physiological and morphological adaptions of Mediterranean plants. p.729-749. *In:* Varma, A.: Hock, B. Eds. Mycorrhiza: Biology, Genetics, Novel Endophytes and Biotecnology. Springer-Verlag, Germany.

De Lima, J.E.; Vasconcellos, R.L.F.; Cardoso, E.J.B.N. 2009. The tripartite symbiosis between diazotrophic bacteria, arbuscular mycorrhizal fungi, and *Araucaria angustifolia* seedlings. *In:* International Conference on Mycorriza 6, Resumo, 1 CD-ROM, Belo Horizonte, MG.

De Souza, F.A.; Stürmer, S.L.; Carrenho, R.; Trufem, S.F.B. 2010. Classificação e taxonomia de fungos micorrízicos arbusculares e sua diversidade e ocorrência no Brasil. p. 15-75 *In:* Siqueira, J.O.; De Souza, F.A.; Cardoso, E.J.B.N.; Tsai, S.M., eds. Micorrizas: 30 anos de pesquisas no Brasil. Editora UFLA, 2010. Lavras, MG.

Dearnaley, J.D.W. 2007. Further advances in orchid mycorrhizal research. Mycorrhiza 17:475–486.

Girlanda, M.; Segreto, R.; Cafasso, D.; Liebel, H. T.; Rodda, M.; Ercole, E.; Cozzolino, S.; Gebauer, G.; Peroto, S. 2011. Photosynthetic mediterranean meadow orchids feature partial mycoheterotrophy and specific mycorrhizal associations. American Journal of Botany 98:1148–1163.

Gonzales-Garcia, V.; Portal-Onco, M.V.; Susan R. 2006. Biology and Systematics of the form genus Rhizoctonia. Spanish Journal of Agricultural Research 4:55-79.

Janos, D.P. 1980. Vesicular-arbuscular mycorrhizae affect lowland tropical rain forest plant growth. Ecology 61:151-162.

Kiriachek, S. G.; Azevedo, L.C.B.; Peres, L. E. P.; Lambais, M. R. 2009. Regulação do desenvolvimento de micorrizas arbusculares, Revista Brasileira de Ciência do Solo, 33:1-16.

Milanez, F.R.; Monteiro Neto, H. 1950. Nota prévia sobre micorriza no pinho do Paraná. Arquivos do Serviço Florestal 4:87-93.

Moreira, M.; Baretta, D.; Cardoso, E.J.B.N. 2012. Doses de fósforo determinam a prevalência de fungos micorrízicos arbusculares em *Araucaria angustifolia.* Ciência Florestal (Impresso).

Moreira, F.M.S.; Siqueira, J.O. 2006. Microbiologia e bioquímica do solo. Editora UFLA, Lavras, MG.

Moreira, M.; Baretta, D.; Tsai, S.M.; Cardoso, E.J.B.N. 2009. Arbuscular mycorrhizal fungi in a native forest and in reforested Araucaria Forest: A case study. Scientia Agricola 66: 677-684.

Moreira, M.; Baretta, D.; Tsai, S.M.; Cardoso, E.J.B.N. 2006b. Spore density and root colonization by mycorrhizal fungi in preserved or disturbed *Araucaria angustifolia (Bert.)* O. Ktze. Ecosystems. Scientia Agricola 63:380-385.

Moreira, M.; Gomes, J. E.; Tsai, S.M.; Cardoso, E.J.B.N. 2006a. Colonization of air roots by arbuscular mycorhizal fungi in Araucaria angustifolia (Bert.) O. Ktze. trunks in Campos do Jordão, Brazil. *In:* International Conference on Mycorriza, 5., 1 Anais, Resumo, Granada, Espanha.

Moreira, M; Baretta, D.; Tsai, S.M.; Gomes-da-Costa, S.M.; Cardoso, E.J.B.N. 2007a. Biodiversity and distribution of arbuscular mycorrizhal fungi in *Araucaria angustifolia* forests. Scientia Agricola 64:393-399.

Moreira, M.; Nogueira, M.A.; Tsai, S.M.; Gomes-da-Costa, S.M.; Cardoso, E.J.B.N. 2007b. Sporulation and diversity of arbuscular mycorrhizal fungi in Brazil Pine in the Field and in the greenhouse. Mycorrhiza 17: 519-526.

Moreira-Souza, M.; Cardoso, E.J.B.N. 2002. Dependência micorrízica de *Araucaria angustifolia* (Bert.) O. Ktze. sob doses de fósforo. Revista Brasileira de Ciência do Solo 26:905-912.

Moreira-Souza, M.; Trufem, S.F.B.; Gomes-Da-Costa, S.M.; Cardoso, E.J.B.N. 2003. Arbuscular mycorrizal fungi associated with *Araucaria angustifolia* (Bert.) O.Ktze. Mycorrhiza 13:211-215.

Otero, J. T.; Flanangan, N. S.; Herren E. A.; Ackerman, J. D.; Bayman P.

2007. Widespread mycorrhizal specificity correlates to mycorrhizal function in the neotropical epiphytic orchid *Ionopsis utricularioides* (Orchidaceae). American Journal of Botany 94:1944-1950.

Sikes, B.A.; Cottenie, K.; Klironomos, J.N. 2009. Plant and fungal identity determines pathogen protection of plant roots by arbuscular mycorrhizas. Journal of Ecology 97:1274-1281.

Smith, S.W, Read, D.J. 2008. Mycorrhizal symbiosis. 3.ed., Academic, London, UK.

Souza, M.M.S.R.de. 2000. Ecofisiologia de fungos micorrízicos arbusculares em *Araucaria angustifolia.* 108 p. Tese (Doutorado em Solos e Nutrição de Plantas) – Escola Superior de Agricultura "Luiz de Queiroz", Universidade de São Paulo, Piracicaba, SP.

Stürmer, S.L.; Klauberg Filho, O.; Queiroz, M.H.D.; Mendonça, M.M.D. 2006. Occurrence of arbuscular mycorrhizal fungi in soils of early stages of a secondary succession of Atlantic Forest in South Brazil. Acta Botanica Brasílica 20:513-521.

Swarts, N.D.; Dixon, K.W. 2009. Terrestrial orchid conservation in the age of extinction. Annals of Botany 104 (3):543-556.

Valadares, R.B.S.; Pereira, M.C.; Otero, J.T.; Cardoso, E.J.B.N. 2012. Narrow Fungal Mycorrhizal Diversity in a Population of the Orchid *Coppensia doniana.* Biotropica 44:114-122.

Valadares, R.B.S. 2009. Diversidade micorrízica em *Coppensia doniana* (Orchidaceae) e filogenia de fungos micorrízicos associados à subtribo Oncidiinae., 94p. Dissertação (Mestrado) – Escola Superior de Agricultura "Luiz de Queiroz", Piracicaba, SP.

Zandavalli, R.B.; Stürmer, S.L.; Dillenburg, L.R. 2008. Species richness of arbuscular mycorrhizal fungi in forests with Araucaria in Southern Brazil. Hoehnea 35:63-68.

Zandavalli, R.B.; Dillenburg, L.R.; Souza, P.V.D. 2004. Growth responses of *Araucaria angustifolia* (Araucariaceae) to inoculation with the mycorrhizal fungus *Glomus clarum.* Applied Soil Ecology 25:245-255.

Zangaro, W.; Assis, R.L.D.; Gonçalves, M.C.; Andrade, G.; Nogueira, M.A. 2008. Changes in arbuscular mycorrhizal associations and fine root traits in sites under different plant successional phases in Southern Brazil. Mycorrhiza 19:37-45.

Zangaro, W.; Moreira, M. Micorrizas arbusculares nos Biomas Floresta Atlântica e Floresta de Araucária. p. 279- 310. *In:* Siqueira, J.O.; De Souza, F.A.; Cardoso, E.J.B.N.; Tsai, S.M., eds. Micorrizas: 30 anos de pesquisas no Brasil. Editora UFLA, 2010. Lavras, MG.

8

Componentes da microbiota do solo como indicadores de qualidade do solo em Florestas com Araucária (Biodiversidade) e genética funcional da microbiota do solo.

Daniel Bini, Simone Cristina Braga Bertini,
Carolina R. D. Maluche
Baretta & Elke J.B.N. Cardoso

8.1 Introdução

Tão importantes como características físicas e químicas do solo são os seus componentes biológicos, ou seja, a diversidade genotípica e funcional dos micro-organismos edáficos. O conjunto de micro-organismos do solo, também chamada de biomassa microbiana do solo, exerce diversas funções essenciais para a manutenção do equilíbrio dos ecossistemas terrestres. O conjunto de funções desses micro-organismos pode ser chamado de atividade microbiana e pode ser medido por meio da quantificação da biomassa microbiana, da respiração basal e da atividade enzimática, e pelo cálculo de alguns quocientes (metabólico e microbiano), dentre outras formas. Pelo fato de os micro-organismos estarem intimamente relacionados com o solo e todo ecossistema, distúrbios de origem antropogênica ou natural podem afetá-los. Devido às grandes modificações antrópicas a diversidade pode ser perdida antes mesmo de tornar-se conhecida nos mais variados ecossistemas.

Em florestas de araucária o conhecimento sobre os micro-organismos e suas funções ainda é incipiente. O conhecimento da biodiversidade de organismos e dos indicadores microbiológicos associados às florestas de araucária é necessário para o estímulo à geração e difusão de conhecimento científico e tecnológico, permitindo a conservação dos remanescentes das florestas de araucárias e estimulando seu manejo sustentável. Desta forma, a importância dos estudos relacionados às florestas de araucária não se resume à redução deste ecossistema a pequenos fragmentos, mas também ao fato de se encontrarem nestes fragmentos recursos genéticos significantes e desconhecidos para o homem (Solórzano-Filho & Kraus, 1999).

De modo geral, a ação antrópica sobre as florestas de araucária não se limitou apenas ao desmatamento para o uso como áreas agrícolas, mas também ocorreu através da utilização não racional da sua madeira de excelente qualidade, da coleta de suas sementes para fins culinários, do uso das áreas para pastejo de animais e do aumento da ocorrência de incêndios florestais. Os incêndios florestais, cuja incidência natural constitui um pré-requisito essencial para algumas florestas (ver capítulo 2) e é um distúrbio fundamental para vários outros ecossistemas na superfície terrestre, tiveram a sua frequência e intensidade agravada pela ação do homem (Gliessman, 2001). Neste caso, o aumento excessivo na frequência dos incêndios pode acarretar em mudanças na composição de espécies de plantas em florestas desmatadas ou atingidas pelo fogo, com distúrbios na ciclagem biogeoquímica decorrentes de alterações da qualidade da liteira, taxa de decomposição e, ainda, eficiência do dossel na filtragem de partículas finas de ar e absorção de nutrientes (Bélanger et al., 2004), fatores estes que estão intimamente ligados à diversidade e funcionalidade da microbiota do solo.

Em solos de ecossistemas florestais a qualidade e a quantidade do material orgânico que são depositados no solo são as principais responsáveis pela nutrição de toda a comunidade viva, inclusive das espécies florestais. Hoogh & Dietrich (1979) salientam que a disponibilidade de nutrientes para as plantas depende das características biológicas do solo, sendo estas influenciadas pelo conteúdo de matéria orgânica e taxa de mineralização, tendo a atividade microbiana um papel importante na nutrição da espécie *Araucaria angustifolia*. Neste caso, processos fundamentais, como fixação biológica de N, solubilização de fosfatos, mineralização da matéria orgânica e associação com fungos micorrízicos, são extremamente importantes em florestas com araucária, sendo a caracterização da microbiota do solo importante para fins informativos, de preservação e tecnológicos, pois se trata de um bioma altamente distinto e especializado.

Devido à sua imensa heterogeneidade em propriedades físicas, químicas e biológicas, os solos são considerados os ambientes que exibem a maior biodiversidade no nosso planeta. Desta maneira, o estudo da diversidade microbiana do solo tem sido considerado importante na sustentabilidade de ecossistemas florestais, uma vez que a redução ou eventual extinção de espécies poderá comprometer funções do solo, sua resiliência e produtividade (Giller et al., 1997). A caracterização da diversidade microbiana em ambientes naturais e impactados pode fornecer informações sobre como as comunidades microbianas funcionam, além da composição destas comunidades frente às mudanças ambientais (Øvreås, 2000).

Um problema central nos estudos de ecologia de micro-organismos edáficos é associar a diversidade microbiana encontrada com a sua função no solo, bem como a compreensão das relações entre diversidade genética e a estrutura de comunidades (Nannipieri et al., 2003). O entendimento dessas relações vem sendo dificultado pela incapacidade de se cultivar a maioria dos micro-organismos do solo. Acredita-se que 1g de solo abriga mais de 10 bilhões de micro-organismos de diferentes espécies (Rosselló-Mora & Amann, 2001), sendo que menos de 1% deste total é passível de ser cultivado em meios de cultura tradicionais (Torsvik & Øvreås, 2002). Neste caso, a perspectiva de uma vasta diversidade de micro-organismos não-cultiváveis no solo estimulou o desenvolvimento de técnicas que permitem o estudo dessas comunidades microbianas independentemente de seu cultivo. Para tanto, técnicas moleculares revolucionaram o estudo da ecologia microbiana do solo, aliadas aos avanços da bioinformática e dos métodos de análise estatística, permitindo a caracterização de uma diversidade microbiana até então desconhecida, e da organização de suas comunidades (Lambais et al., 2005).

Evidências mostram que muitas das funcionalidades dos micro-organismos do solo são redundantes, ou seja, podem ser realizadas por diferentes espécies, como por exemplo, a decomposição da matéria orgânica. A presença da redundância de funções no solo torna ainda mais importante o conceito de diversidade microbiana. O termo "diversidade microbiana" caracteriza-se pelo número de diferentes espécies de fungos e bactérias (riqueza) e sua relativa abundância na microbiota do solo (Altieri, 1999; Nannipieri et al., 2003). A diversidade funcional da microbiota do solo é determinada pela diversidade genética, e esta pode ser utilizada como indicador da qualidade dos solos (Lambais et al., 2005), permitindo o entendimento da complexidade da ligação entre diversidade microbiana e suas funções no solo e a compreensão das relações entre diversidade genética e a estrutura de comunidades (Nannipieri et al., 2003).

8.2 Biomassa microbiana

A biomassa microbiana do solo é o componente vivo da matéria orgânica e é constituída por fungos, bactérias, arqueas, actinobactérias, protozoários, algas e a microfauna, excluindo-se raízes e animais do solo que sejam maiores que $5x10^3$ μm^3 (Allison, 1973; Jenkinson & Ladd, 1981; Anderson & Domsch, 2010). As funções assumidas pela biomassa microbiana estão relacionadas aos processos de oxidação de resíduos orgânicos, transformação da matéria orgânica, fixação do nitrogênio atmosférico, decomposição de minerais, ciclagem de nutrientes e associação mutualística com plantas (Allison, 1973; Rawlings et al., 2003; Klironomos, 2003; Schipanski et al., 2010; Baldrian et al., 2011). O conteúdo de carbono da biomassa microbiana pode variar muito entre os ecossistemas naturais brasileiros, como no cerrado (39 a 1434 $\mu gC\ g^{-1}$ solo) (Oliveira et al., 2001; Mercante et al., 2004), na floresta amazônica (54 a 942 $\mu gC\ g^{-1}$ solo) (Feigl et al., 1995; Sotta et al., 2008) ou mesmo em florestas de araucária (169 a 1520 $\mu gC\ g^{-1}$ solo) (Baretta et al., 2005; Bertini, 2011). Em florestas de araucária, localizadas no estado de São Paulo, observamos que o carbono da biomassa microbiana também mostrou uma ampla variação de 169 a 737 $\mu gC\ g^{-1}$ solo em florestas nativas e de 186 a 619 $\mu gC\ g^{-1}$ solo em plantios com e sem queima (Tabela 8.1). O carbono da biomassa microbiana pode variar em decorrência de vários fatores, tais como: temperatura, umidade, pH, matéria orgânica e tipo de solo (Kasel, 2007; Ford et al., 2007; Luxhøi et al., 2008). Tanto a variação climática (temperatura, seca e chuva) como a diferente composição vegetal de áreas nativas e de plantios podem influenciar na quantidade de carbono da biomassa microbiana em florestas de araucária.

Tabela 8.1 - Carbono da biomassa microbiana do solo em florestas de araucária nativa (FN) e de plantio sem queima (PL) e com queima (PQ) no Parque Estadual Turístico do Alto Ribeira (PETAR), Estações Ecológicas de Bananal (EECB) e Itaberá (EECI), Estação Experimental de Itapeva (EEXI) e Parque Estadual de Campos do Jordão (PECJ), no Estado de São Paulo.

Local	FN		PL		PQ		Autor
	Seca	Chuva	Seca	Chuva	**Seca**	**Chuva**	
	μgC g^{-1}solo						
PETAR,EECB e EECI/EEXI	675	737	601	582	-	-	Pereira (Comunicação pessoal)
PETAR	169	192	299	288	-	-	Bertini (2011)
PECJ	296	314	225	322	503	619	Bertini (2011)
PECJ	316	408	217	355	186	453	(1)Baretta (2007)
PECJ	450	-	311	-	271	-	Maluche-Baretta (2007)
PETAR	682	352	592	210	-	-	(1)Carvalho (2005)
PECJ	427	450	367	450	172	315	(1)Carvalho (2005)

(1)Valores aproximados

Pode-se perceber a modificação gradativa no acúmulo de carbono da biomassa entre as áreas nativas e de plantios de araucárias (Pereira et al., 2013). As florestas nativas que antes apresentavam maiores acúmulos de carbono da biomassa quando comparadas aos plantios com ou sem queima (Carvalho, 2005; Maluche-Baretta, 2007) passaram a apresentar, dependendo da época de amostragem, valores maiores ou iguais (Baretta, 2007) e, após algum tempo, menores conteúdos de carbono da biomassa quando comparadas a esses mesmos plantios (Bertini, 2011). Isso ocorre provavelmente devido à presença de gramíneas, nas áreas plantadas (Tabela 8.1), por meio da liberação de exsudatos e a decomposição rápida das raízes que podem aumentar a concentração de matéria orgânica e de nutrientes no solo (Petra et al., 2004; Steinaker & Wilson, 2005). Por meio do carbono da biomassa microbiana foi possível verificar alterações entre as áreas nativas e de plantios de araucária. Nessas áreas, constatou-se que o carbono da biomassa microbiana foi útil para indicar modificações entre elas (Pereira et al., 2013).

8.3 Respiração basal

A respiração basal reflete a atividade total ou a energia gasta pelos organismos aeróbios durante o processo de decomposição do material orgânico do solo (Anderson & Domsch, 1985). É um indicador sensível da decomposição de resíduos, da mineralização do carbono orgânico do solo e de distúrbios no ecossistema, como mudanças no uso da terra e aplicação de pesticidas, metais pesados e outros compostos químicos no solo (Anderson; Domsch, 1985; Sparling, 1997; Hu & Ying-Chun, 2011; Muñoz-Leoz et al., 2011). Em florestas de araucária a respiração basal é muito variável e não se mostrou relacionada com as áreas nativas ou de plantio ou com a estação do ano (seca e chuva) (Carvalho, 2005; Maluche-Baretta, 2007; Baretta, 2007; Bertini, 2011). Essa variação pode ocorrer por causa da forte influência que a umidade, temperatura, disponibilidade de nutrientes e a estrutura do solo, em conjunto, têm sobre a respiração basal (Alef, 1995). Uma forma de fazer a avaliação da atividade microbiana em florestas de araucária poderia ser por meio do cálculo dos quocientes metabólico e microbiano, embora estes também não sejam fáceis de interpretar.

8.4 Quociente metabólico e quociente microbiano

O quociente metabólico (qCO_2) é o resultado da razão da respiração basal pela biomassa microbiana (Anderson & Domsch, 1986). O $qCO2$ é uma adaptação da teoria da bioenergética do desenvolvimento dos ecossistemas de Odum (1969) para a comunidade microbiana do solo (Anderson & Domsch, 1986). Desse modo, em um ambiente considerado em equilíbrio, a biomassa microbiana seria mais eficiente para assimilar o carbono e perderia menos na forma de CO_2. Isso refletiria no maior acúmulo de carbono na biomassa microbiana em relação ao carbono orgânico total do solo, podendo ser estimado por outro índice, chamado de quociente microbiano (*q*Mic) (Anderson & Domsch, 1990). O *q*Mic é calculado pela razão da biomassa microbiana pelo carbono orgânico total do solo. Por outro lado, a economia de energia disponibiliza maior quantidade de carbono que será alocada para a produção de biomassa, resultando num alto *q*Mic (Anderson & Domsch, 2010).

Baixos valores de qCO_2 e altos de *q*Mic foram encontrados em florestas nativas e o contrário em plantios de araucária. Pode-se concluir que as áreas de floresta nativa são os ambientes com maior diversidade de serapilheira e que isso favoreceu o desenvolvimento de populações de micro-organismos mais eficientes na utilização do carbono. A floresta de araucária nativa tem a serapilheira composta por material vegetal proveniente da *A. angustifolia* e de outras espécies latifoliadas. É uma serapilheira de decomposição lenta por causa do material vegetal originado da araucária, que apresenta alta relação C/N e altas concentrações de lignina, taninos e outros polifenóis (Bubb et al., 1998; Bertini, 2011). No entanto, quando as áreas de plantio sofrem modificação na sua composição vegetal ou presença de gramínea (*Paspalum* sp), que pode também alterar as caracteristicas da serapilheira, essa estabilidade é modificada (Bertini, 2011).

8.5 Atividade enzimática do solo

As enzimas do solo são produzidas principalmente por micro-organismos, mas também por raízes de plantas e animais do solo (Tabatabai, 1994). Devido às suas propriedades catalíticas essas enzimas são de fundamental importância na decomposição de resíduos orgânicos, formação de matéria orgânica (húmus), ciclagem de nutrientes e, consequentemente, participam diretamente nos ciclos biogeoquímicos, os quais são fundamentais para a fertilidade do solo (Dick et al., 1994; Bandick et al., 1999). As enzimas são encontradas intracelularmente em células vivas ou mortas, mas também extracelularmente em restos celulares microbianos, resíduos de plantas, adsorvidas em argila, associadas a colóides húmicos ou, provisoriamente, ao complexo enzima-substrato e, apesar disso, ainda podem permanecer ativas (Dick et al., 1994; Alef & Nannipieri, 1995).

Algumas enzimas podem ser facilmente determinadas *in vitro* sob condições controladas de temperatura, pH e concentração de substrato (Alef & Nannipieri, 1995). A forte relação da atividade enzimática com as funções do solo torna as enzimas capazes de apontar modificações no ecossistema (Dick & Tabatabai, 1992), e por isso são consideradas indicadoras de qualidade do solo (Bandick & Dick, 1999). Desse modo, as enzimas do solo podem ser utilizadas como indicadoras de poluição, distúrbios nos ecossistemas e de práticas agrícolas (Bastida et al., 2006; Richardson et al., 2009; Turgay et al., 2010).

Em florestas de araucária foram realizados estudos utilizando a atividade de algumas enzimas do solo como indicadoras de qualidade do solo. A ß-glicosidase, a urease, a fosfatase ácida e a arilsulfatase são enzimas fundamentais na transformação do C, N, P e S no solo. A ß- glicosidase está envolvida na degradação da matéria orgânica, enquanto que urease, fosfatase ácida e arilsulfatase mineralizam nutrientes como o N, P, e S, que são essenciais para nutrição vegetal (Alef & Nannipieri, 1995). A desidrogenase representa a capacidade oxidativa total dos micro-organismos do solo durante as primeiras etapas de degradação da matéria orgânica (Dick, 1997). E a análise da hidrólise do diacetato de fluoresceína é considerada uma indicadora da atividade microbiana do solo (Bandick & Dick, 1999). As enzimas ß-glicosidase, urease, fosfatase ácida, arilsulfatase, desidrogenase e a hidrólise do diacetato de fluoresceína foram medidas em áreas de florestas de araucária nativa e de plantios com e sem queima (Tabela 8.2) (Carvalho, 2005; Bertini, 2011).

Tabela 8.2 - Variação da atividade enzimática do solo em florestas de araucária nativa (FN) e de plantio sem queima (PL) e com queima (PQ).

Enzimas do solo	FN	PL	PQ
Desidrogenase (µg TPF g^{-1}solo $24h^{-1}$)	35 - 116	16 - 85	16 - 24
Arilsulfatase (µg ρ-nitrofenol g^{-1}solo h^{-1})	437 - 636	460 - 694	547 - 702
Fosfatase (µg ρ-nitrofenol g^{-1}solo h^{-1})	1046 - 2246	1202 - 1667	1234 - 1541
ß-Glicosidase (µg ρ-nitrofenol g^{-1}solo h^{-1})	116 - 490	124 - 257	210 - 290
FDA (mg fluoreceína g^{-1}solo h^{-1})	17 - 19	17 - 18	12 - 13
Urease (µg $NH4^{+}$ g^{-1}solo h^{-1})	10 - 44	7 - 13	10 - 12

Todas as enzimas do solo avaliadas nas florestas nativa e de plantio de araucária estão dentro dos padrões de atividade enzimática geralmente encontrados na literatura (Nannipieri et al., 2002), exceto a hidrólise do diacetato de fluoresceína que está acima, indicando uma alta atividade microbiana (Tabela 2) (Burket & Dick, 1998; Sicardi et al., 2004; Gelsomino & Azzellino, 2011). Além disso, verifica-se que a enzima arilsulfatase apresentou valores máximos nos plantios diferentes das florestas nativas. A arilsulfatase é responsável por catalisar a hidrólise de éster de sulfatos, liberando na solução do solo o sulfato inorgânico (Strickland & Fitzgerald, 1984). Em floresta de araucária constataram-se, além da relação positiva entre a atividade da arilsulfatase e os plantios, maiores concentrações de enxofre nos plantios do que nas áreas nativas (Bertini, 2011; Bertini et al., 2014). Também se observou relação positiva entre a atividade da arilsulfatase e os conteúdos de carbono orgânico, nitrogênio total e capacidade de trocas de cátions no solo (Bertini, 2011; Bertini et al., 2014). A entrada de carbono facilmente decomponível no solo favorece o aumento da atividade da arilsulfatase ao estimular o crescimento microbiano com maior demanda por enxofre (David et al., 1982; Klose et al., 1999; Dilly & Nannipieri, 2001).

8.6 Diversidade de Bacteria e Archaea no solo

Durante muitos anos, considerou-se que a maior diversidade da vida na terra era devida aos eucariotos, principalmente por suas formas multicelulares (Whittaker, 1969), enquanto os procariotos eram considerados simples, primitivos e relativamente uniformes em suas características (Hugenholtz & Pace, 1996). Este conceito começou a ser modificado há cerca de 20 anos, quando Carl Woese e seus colaboradores, baseados na análise de uma subunidade menor do RNA ribossomal, sugeriram que os organismos vivos fossem classificados em três grupos: *Archaea, Bacteria e Eukarya.* Tais grupos foram denominados domínios e surgiram através de vias evolutivas distintas a partir de um ancestral comum. O domínio Bacteria, inicialmente proposto por Woese (1987), era formado por 11 filos compostos por indivíduos cultiváveis e bem caracterizados. Posteriormente, através de técnicas independentes de cultivo, verificou-se a presença de um número muito maior de filos, muitos destes com representantes não cultiváveis (De Long & Pace, 2001).

A comparação dos genomas sequenciados de *Archaea* e *Bacteria* permite concluir que a principal diferença entre os domínios é devido a diferenças filogenéticas e bioquímicas, sendo que a adaptação ao estresse crônico de energia é uma hipótese importante de pressão seletiva que rege a separação destes dois grupos (Valentine, 2007). Pouco se sabe sobre as funções que as *Archaea* desempenham nos ambientes onde são encontradas.

Alguns estudos mostram grupos relevantes para o ciclo do C como é o caso dos metanogênicos (Cadillo-Quiroz et al., 2006; Galand et al., 2005; Kotsyurbenko et al., 2004) e da oxidação de NH4+ em ambientes marinhos e no solo, surgindo a denominação de *Archaea* amônio oxidantes (Treusch et al., 2005). A partir disso, sabe-se que as *Archaea* não se limitam apenas a ambientes extremos, mas que se espalham pelos mais variados hábitats como as bactérias, os fungos e demais organismos.

Estima-se que 1 m^2 de solo de floresta possa conter mais de 2.000.000 de metazoários e mais de 1.000.000 de protozoários, representando 1.000 ou mais espécies (Marshall, 2000). Cerca de 10.000 espécies de fungos vivem no solo, sendo que a sua biomassa em solos de florestas pode ser maior do que 1 kg m^{-2} (Marshall, 2000). Solos de florestas podem abrigar milhares de espécies de bactérias, incluindo actinobactérias filamentosas, contribuindo para uma elevada diversidade funcional destes organismos (Marshall, 2000). De modo geral, estudos da diversidade microbiana em ambientes naturais são importantes para o entendimento e compreensão dos processos ecológicos que governam o seu funcionamento, e do papel funcional dessa diversidade; além de identificar alterações ambientais associadas a distúrbios e aumentar o conhecimento sobre os recursos genéticos disponíveis (Kennedy & Smith, 1995).

A partir de todas estas informações foram realizados alguns estudos com o objetivo geral de avaliar a diversidade, funcionalidade e estrutura das comunidades microbianas de Bacteria e Archaea, em florestas de *Araucaria angustifolia* natural, introduzida e impactada pela queima acidental. O acesso a estas informações só foi possível através do uso de técnicas moleculares e bioquímicas, ou seja, de métodos não dependentes de cultivo. A seguir serão apresentadas algumas informações e resultados através de dois estudos de caso.

8.6.1 Estudo de caso 1: Perfis de ácidos graxos ligados a ésteres de fosfolipídios (PLFA) da comunidade microbiana do solo

Os fosfolipídios são componentes essenciais das membranas de todas as células vivas, não sendo encontrados em produtos armazenados no solo ou em células mortas (Zelles, 1999). Assim, mudanças nos perfis de fosfolipídios são geralmente relacionadas a variações na abundância de grupos microbianos e podem ser interpretadas por referências a bancos de dados de culturas puras ou vias biossintéticas conhecidas (Zelles, 1999). No entanto, o método PLFA não permite a identificação de espécies e pode somente ser utilizado para estimar a mudança total na estrutura de comunidades (Nannipieri et al., 2003). Neste sentido, os ácidos graxos ligados a ésteres de fosfolipídios permitem uma visualização da estrutura fenotípica de comunidades microbianas pela sua descrição baseada nas relações de filogenia de micro-organismos e de seus perfis de PLFA.

O método baseia-se na extração, fracionamento, metilação e cromatografia dos fosfolipídios componentes dos lipídios do solo (Nannipieri et al., 2003), os quais servem para a caracterização da estrutura de comunidades microbianas do solo, pela variabilidade de ácidos graxos presentes na membrana celular de diferentes micro-organismos. A proporção constante de PLFA específicos na biomassa de células, bem como a variação nos ácidos graxos entre diferentes grupos taxonômicos resultam em marcadores que podem ser utilizados para interpretar perfis de comunidades microbianas no solo (Ibekwe & Kennedy, 1998). Diferentes grupos de bactérias são caracterizados por ácidos graxos ligados a ésteres de fosfolipídios específicos, e uma mudança na estrutura destas comunidades pode ser caracterizada por mudanças nos padrões da composição de PLFA do solo. Estudos envolvendo sistemas florestais mostram que esta técnica de análise de PLFA é conveniente para avaliar a estruturação das comunidades microbianas do solo (Frostergård & Bååth, 1996; Hackl et al., 2005; Grayston & Prescott, 2005; Grayston & Rennenberg, 2006), embora essa técnica não permita a identificação das espécies de micro-organismos dessa comunidade.

Foi realizado um estudo por Maluche-Baretta (2007) com objetivo de avaliar a diversidade, funcionalidade e estrutura das comunidades microbianas em florestas de *Araucaria angustifolia* natural, introduzida e impactada pela queima acidental. Este estudo foi realizado no Parque Estadual de Campos de Jordão, SP, tendo como áreas de estudo: floresta nativa com predomínio de araucária (FN), reflorestamento de araucária (RF), e reflorestamento de araucária com queima acidental ocorrida seis anos antes, em julho de 2001 (RQ). Dentre várias análises químicas e microbiológicas do solo, nestas áreas foi dado destaque para a análise dos perfis de ácidos graxos ligados a ésteres de fosfolipídios (PLFA).

De modo geral, nas florestas com araucária, foram encontrados, inicialmente, perfis similares de ácidos graxos ligados a ésteres de fosfolipídios dominantes como: 16:0, cy19:0 e i15:0. Porém, uma maior diversidade global de PLFA foi encontrada na área de floresta de araucária acometida por queima (RQ). O PFLA 16:0 é um fosfolipídio saturado de cadeia curta, abundante nos solos (Ibekwe & Kennedy, 1998; Schutter & Dick, 2000) e característico de bactérias (Lechevalier & Lechevalier, 1988). Os outros PLFA mais abundantes nas três áreas foram: o ciclopropano cy19:0 e o ramificado i15:0, os quais são característicos de bactérias Gram-negativas (Gucker et al., 1986) e Gram-positivas (O'Leary & Wilkinson, 1988), respectivamente. Além destes grupos dominantes, outros ácidos graxos foram encontrados, sendo que houve o maior número de ácidos graxos únicos não identificados em RQ, como: 17:0, 15:1ω6c, i14:0, cy17:0, 16:1ω7c, a17:1ω9c e 21:13OH. Em contrapartida, na área de floresta nativa de araucária (FN) foi detectada uma alta concentração de 16:0 N álcool. Toda a diversidade de ácidos graxos encontrada na área de reflorestamento com araucária (RF) esteve representada nas demais áreas, com exceção do ramificado a13:0. Dentre os PLFA únicos encontrados em RQ tem-se o ramificado i14:0 que é característico de bactérias Gram-positivas (O'Leary & Wilkinson, 1988), além do ciclopropano cy17:0 e o insaturado 16:1ω7c, ambos característicos de bactérias Gram-negativas (O'Leary & Wilkinson, 1988), e também utilizados como indicadores de estresse (Gucker et al., 1986; Ratledge & Wilkinson, 1988). Os PLFA como os encontrados na floresta nativa e reflorestada com araucária (a13:0 e 16:0 N álcool, respectivamente), não estão relacionados especificamente a nenhum grupo de organismos. No entanto, alguns estudos envolvendo bibliotecas de organismos aeróbios revelaram grande quantidade relativa de 16:0 N álcool presente em perfis de PLFA de poucas espécies de Moraxella, um cocobacilo Gram-negativo pertencente à classe *Betaproteobacteria* (Sasser, 1990). Em estudos com bactérias extremófilas denominadas piezofílicas (Fang et al., 2003) e bactérias redutoras de sulfato em lagos poluídos com mercúrio (Macalady et al., 2000), foi encontrado o ramificado a13:0 como constituinte de membrana.

O fato é que, analisando todo o perfil dos ácidos graxos em conjunto, pode-se avaliar que as áreas de reflorestamento e com histórico de queima de araucária apresentaram composição similar em termos de PLFA, sendo esta diferente daquela encontrada em área de floresta nativa com araucária. Neste caso, a área nativa de araucária ficou associada aos seguintes PLFA: cy19:0 e 18:3ω6,9,12c, enquanto as demais apresentaram forte associação com os PLFA: a17:0 e a15:0.

A composição de PLFA de organismos pode variar de acordo com as condições ambientais e atividade celular (Haack et al., 1994; Leckie, 2005). Incrementos na razão de isômeros trans a cis 16:1ω7 têm sido associados ao estresse nutricional para bactérias (Heipieper et al., 1996). O PLFA ciclopropil (cy17:0 e cy19:0) está relacionado às fases prolongadas de crescimento estacionário de algumas bactérias e ao crescimento sob baixas concentrações de oxigênio e C, baixo pH e alta temperatura (Guckert et al., 1986; Ratledge & Wilkinson, 1988). Desta maneira, incrementos desses PLFA podem indicar um estresse fisiológico quando de mudanças significativas na composição das comunidades microbianas (Leckie, 2005). Os micro-organismos podem modificar ácidos graxos monoinsaturados cis para ciclopropanos em condições adversas, mantendo a função da membrana, uma vez que diminuem a perda de lipídios e, além disso, não permitem que a fluidez da membrana seja alterada (Gukert et al., 1986). Além disso, alguns trabalhos vêm mostrando repetidamente a relação negativa entre cy19:0 e o pH. Por isso, Rousk et al. (2010) sugeriram que o ciclopronano cy19:0 seja utilizado como um indicador dos efeitos diretos da mudança do pH em relação à composição do PLFA microbiano.

Outro ponto importante é que a análise de PFLA pode ser utilizada para avaliar a maior ou menor presença de bactérias e fungos em um determinado ecossistema. Neste sentido, as áreas de FN, RF e RQ não se diferenciaram por meio das concentrações de PLFA indicadores de bactérias (somatórios dos PLFA: 14:0, 16:0, i14:0, i15:0, a15:0, i16:0, i16:1 I, i17:0 e a17:0) e fungos totais (somatório dos PLFA: 18:1ω9c, 18:2ω6,9,12c e 18:3ω6,9,12c) (% molar). Entretanto, essas áreas mostraram uma maior concentração de PLFA de bactérias do que de PLFA de fungos. Tais resultados foram verificados também por Wilkinson et al. (2002) e Grayston & Prescott (2005), os quais encontraram uma maior composição de PFLA oriunda da biomassa bacteriana em relação à biomassa fúngica, em solos de florestas na Alemanha e no Canadá. Interessantemente, os solos com floresta de araucária apresentam uma característica marcante, uma vez que, mesmo apresentando valores baixos de pH, demonstram maior favorecimento à biomassa microbiana de bactérias. De modo geral, seria de se esperar que um pH mais elevado viesse a favorecer o crescimento de bactérias, ocasionando uma diminuição da biomassa fúngica dos solos (Grayston & Prescott, 2005; Killham, 1994), e não o contrário. Bertini (2010) também verificou, em vários fragmentos florestais com araucária, resultados semelhantes, sendo, possivelmente, uma característica marcante deste bioma, embora o maior favorecimento de bactérias não denote necessariamente uma inibição dos fungos. Ao contrário, a grande quantidade e diversidade de FMA em área de araucária (Cap. 7) e a alta biomassa microbiana de C e N nestas áreas sugere que mais de 70% da biomassa seca de micro- organismos é proveniente de fungos.

8.6.2 Estudo de caso 2: Estrutura das comunidades de Bacteria e Archaea em floresta com *A. angustifolia*

A análise da estrutura das comunidades microbianas, baseada na extração do DNA diretamente do solo, tem prometido resolver muitas dúvidas relacionadas ao modo com que as diferentes perturbações (naturais e antropogênicas) podem afetar as populações de micro-organismos, principalmente, criando bases para a compreensão das relações existentes entre diversidade microbiana e suas funções no solo. As técnicas moleculares geralmente envolvem a extração de ácidos nucléicos do solo e amplificação de regiões específicas do DNA por PCR, permitindo o estudo e identificação de micro-organismos. Soma-se a isso o fato de que o sequenciamento dessas regiões com posterior comparação das sequências com outras, depositadas em bancos de dados públicos, tem revelado um grande número de micro-organismos nunca antes vistos (Borneman & Triplett, 1997).

Para o estudo da organização das comunidades microbianas a técnica de PCR-DGGE (eletroforese em gel com gradiente desnaturante), tem sido muito empregada. Esta técnica foi originalmente desenvolvida para a identificação de mutações pontuais nas sequências de DNA, e teve seu uso expandido por Muyzer et al. (1993), no estudo da diversidade genética microbiana. A técnica de PCR-DGGE baseia-se na separação de fragmentos de fita dupla do DNA de mesmo tamanho, porém com sequências divergentes, em gel contendo acrilamida a uma concentração constante e com gradiente de uréia e formamida (Rosado & Duarte, 2002). Na separação do DNA no gradiente desnaturante os fragmentos irão migrar diferencialmente, de acordo com o seu teor de G+C (número de pares de bases nitrogenadas guanina e citosina) (Muyzer & Smalla, 1999).

A técnica de DGGE mostra-se como uma ferramenta eficiente na detecção de mudanças na estrutura de comunidades microbianas, em função de alterações ambientais, causadas por práticas de manejo e/ou associação à variabilidade de atributos mensurados nas áreas (Clegg, 2006). Em solos florestais, a técnica de PCR-DGGE tem se apresentado útil na identificação de diferentes padrões na estrutura de comunidades, refletindo-se em alta diversidade (Henckel et al., 2000; Laverman et al., 2005; Nogueira et al., 2006).

Um estudo foi realizado por Maluche-Baretta (2007), nas mesmas áreas descritas para o estudo de caso 1, porém o objetivo foi acessar a estrutura das comunidades de *Bacteria* e *Archaea* no solo por PCR-DGGE e sequenciamento parcial do gene rRNA 16S de *Bacteria*.

As áreas de floresta com araucária (nativa, de reflorestamento e com histórico de queima) apresentaram uma separação dos *amplicons* (número de sequências amplificadas pelo método de PCR) do gene rRNA 16S de *Bacteria* e *Archaea* obtidos por DGGE, indicando diferentes estruturas de comunidades de *Bacteria* (Figura 8.1) e *Archaea* (Figura 8.2) em cada área. No caso, FN e RQ apresentaram maior similaridade entre o domínio *Bacteria*, sendo a área de reflorestamento distinta delas. Isso pode sugerir que a área com histórico de queima está evoluindo para uma condição próxima àquela encontrada na área nativa. No entanto, isso não ficou evidente para o domínio *Archaea*. De fato, pouco se sabe sobre a variação espacial da estrutura de comunidades microbianas nos solos (Laverman et al., 2005). Fatores reguladores da diversidade, como temperatura, pH, umidade, concentração de nitrogênio e, até mesmo, a inibição alelopática devida a compostos fenólicos, não explicam completamente a variação espacial das comunidades microbianas nos solos florestais (De Boer & Kester, 1996; Griffiths et al., 2000). A grande heterogeneidade, característica dos solos, determina diferentes microssítios com condições químicas e microbiológicas distintas. As áreas de estudo apresentaram uma alta variabilidade dos atributos químicos encontrados entre os diferentes pontos amostrados e, consequentemente, uma maior variabilidade microbiológica era esperada nesses diferentes pontos. Essa variabilidade espacial encontrada pode ter influenciado mais o domínio *Archaea* que o de *Bacteria*, uma vez que, apesar de algumas diferenças encontradas, não houve distinção das áreas pelo domínio *Archaea*. Mesmo não apresentando diferenças profundas entre as áreas, os relatos de presença de arqueias em solos de florestas com araucárias são inéditas e de grande importância.

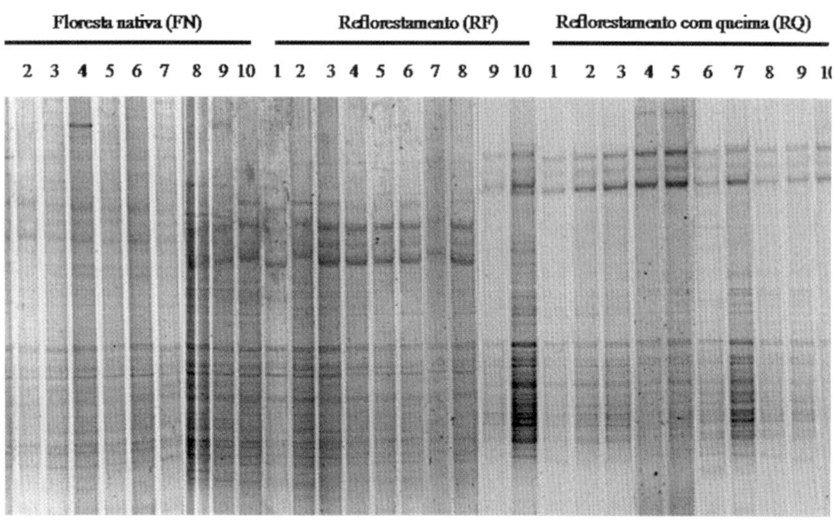

Figura 8.1 – Eletroforese em gel de poliacrilamida com gradiente desnaturante dos *amplicons* da região V3 do gene rRNA 16S de *Bacteria*, das amostras de solo coletadas na profundidade de 0-20 cm, em áreas de floresta nativa com predomínio de araucária (FN), reflorestamento de araucária (RF) e reflorestamento de araucária com queima (RQ), no PECJ. 1-10: numeração das repetições dentro de cada área amostrada.

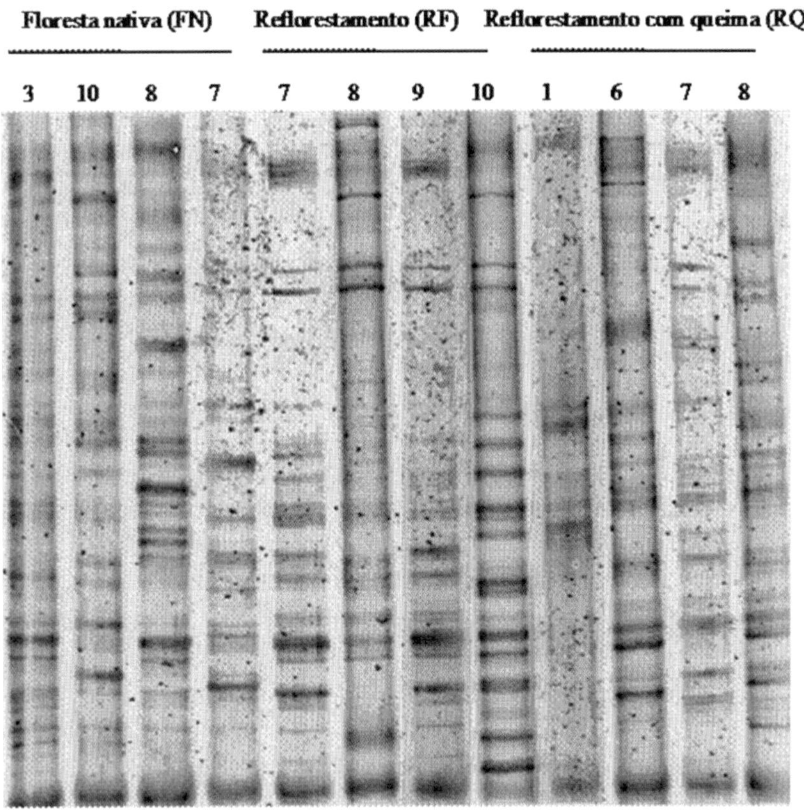

Figura 8.2 – Eletroforese em gel de poliacrilamida com gradiente desnaturante dos *amplicons* da região V3 do gene rRNA 16S de *Archaea*, das amostras de solo coletadas na profundidade de 0-20 cm, em áreas de floresta nativa com predomínio de araucária (FN), reflorestamento de araucária (RF) e reflorestamento de araucária com queima acidental (RQ), no PECJ. 1-10: numeração das repetições dentro de cada área de amostragem.

Considerava-se que o domínio *Archaea* fosse composto por micro-organismos que viviam em ambientes extremos em condições anóxicas. No entanto, a alta diversidade de micro- ambientes encontrados no solo evidencia a presença de *Archaea* também em ambientes mais comuns, como o solo, sedimentos e ecossistemas marinhos, demonstrando a contribuição deste grupo na biomassa global (Sandaa et al., 1999; Röling et al., 2004; Sekiguchi, 2006) e na ciclagem biogeoquímica, sobretudo do C e N.

Muito da variação na composição da comunidade microbiana nos solos pode estar relacionado com fatores químicos do solo, específicos para cada área. Neste caso, ao associar através de técnicas multivariadas de análise os dados químicos obtidos nos pontos de amostragem ao perfil de *Bacteria* encontrado nos mesmos, verificou-se na floresta nativa de araucária, sua associação aos maiores teores de P, Ca e Mg; enquanto a variabilidade da estrutura das comunidades de *Bacteria* na área de reflorestamento esteve mais relacionada aos maiores valores de pH encontrados na área. Já na área com histórico de queima não foi possível relacionar com grande precisão os atributos responsáveis pela similaridade com as demais áreas, não sendo clara a associação com variáveis químicas específicas, como as que reforçam a hipótese que esta área está em processo de transição em direção a FN.

A análise de DGGE pode fornecer evidências na mudança da estrutura da comunidade microbiana de *Archaea* e, sobretudo, de *Bacteria,* no solo das diferentes áreas com florestas de araucária. Entretanto, essa análise não permite identificar quais grupos de micro-organismos estão presentes nas áreas e qual sua abundância relativa dentro de cada área. Para tanto, uma análise mais específica, com objetivo de estimar a riqueza de espécies e a distribuição dos diferentes táxons através do sequenciamento de clones da região V1-V3 do gene rRNA 16S, revelou que em FN houve o maior número de filos de *Bacteria* (nove filos). Para as áreas RF e RQ foram detectadas representantes de seis filos. A partir destes resultados pode-se verificar que os solos das três áreas são diferentes quanto ao número de unidades taxonômicas operacionais (UTOs) estimadas.

Bactérias do filo *Proteobacteria* foram as mais frequentes, representando aproximadamente 48% do total do DNA do solo analisado das áreas de FN e RQ e 38% das sequências de RF. O segundo e o terceiro filo de maior ocorrência foram *Acidobacteria* e *Actinobacteria* com aproximadamente 21, 24 e 19%, nas áreas FN, RF e RQ, respectivamente, para o primeiro filo e com 6, 3 e 4% nas mesmas áreas para o segundo. Filos como *Bacteroidetes* e *Firmicutes* foram encontrados com menor frequência nas três áreas, representando menos de 7% do total. Os filos *Planctomycetes* e *Verrucomicrobia* foram detectados apenas na área FN, e os filos *Cyanobacteria* e *Gemmatimonadetes* não foram detectados em RQ e RF, respectivamente.

De modo geral, verificou-se que as comunidades microbianas

encontradas no solo das áreas FN, RF e RQ foram diferentes entre si, sugerindo participações diferenciadas nos processos biogeoquímicos. Dentro dos nove filos detectados, as sequências foram afiliadas a treze classes, sendo as classes *Alphaproteobacteria* e *Acidobacteria* as de maior frequência em todas as áreas. Na área FN foram detectadas representantes de onze classes, e a esta seguiram as áreas RF e RQ, com dez e oito classes, respectivamente. Classes como *Actinobacteria*, *Gammaproteobacteria* e *Betaproteobacteria* foram abundantes nas três áreas.

Solos de ecossistemas florestais como os de terra preta e floresta primitiva da Amazônia Ocidental (Kim et al., 2007), floresta Atlântica Paranaense (Faoro, 2006), florestas nativas no Estado de São Paulo (Pereira et al., 2006; Silveira et al., 2006) e floresta natural na Áustria (Hackl et al., 2004), apresentam o filo *Proteobacteria* como o segundo de maior frequência em seus estudos, sendo o filo *Acidobacteria* o mais frequente nestes ecossistemas. Para todos esses estudos a classe *Alphaproteobacteria* foi a de maior frequência dentro do filo *Proteobacteria*. Fierer et al. (2007) sugerem que a abundância de organismos copiotróficos e oligotróficos nos solos seja regulada pela abundância de formas lábeis de C, e que as taxas de decomposição, as quais são ditadas pela respiração heterotrófica do solo, variam diretamente com a abundância de bactérias copiotróficas. Por exemplo, em ambientes com baixa disponibilidade de C, grupos oligotróficos como os pertencentes ao filo *Acidobacteria*, seriam mais abundantes, enquanto em condições de alta disponibilidade de C, grupos de bactérias copiotróficas como *Proteobacteria* e *Bacteroidetes* apresentariam maior abundância relativa (Fierer et al., 2007). Essa teoria se encaixa com o predomínio de *Proteobacteria* nos solos das três áreas estudadas, com elevado conteúdo de material orgânico.

Das seis ordens pertencentes à classe *Alphaproteobacteria* foram detectadas, no presente estudo, os seguintes representantes: *Caulobacterales*, *Rhizobiales*, *Rhodospirillales* e *Rickettsiales*, sendo as ordens *Caulobacterales* e *Rickettsiales* as de menor frequência, somente encontradas em sequências pertencentes à área FN. Detectada nas três áreas amostradas, a ordem *Rhizobiales* foi a de maior frequência dentro de *Alphaproteobacteria*, representada por três famílias (*Beijerinckiaceae*, *Bradyrhizobiaceae* e *Hyphomicrobiaceae*) com quatro gêneros classificados (*Methylocapsa*,

Methylocella, *Bradyrhizobium* e *Rhodoplanes*). As Rhizobiales incluem membros com uma grande variedade de características morfológicas, fisiológicas e biológicas distribuídas em onze famílias (Garrity et al., 2004), a qual inclui grupos de micro- organismos envolvidos com o ciclo do N (Lee et al., 2005), fundamentais para o estabelecimento e desenvolvimento vegetal. Os estudos ainda mostraram que as três áreas estudadas apresentam um grande número de sequencias não afiliadas taxonomicamente, podendo representar novas espécies.

Referências Bibliográficas

Alef, K.; Nannipieri, P. 1995. Enzyme activities p. 311- 374 In: Alef, K.; Nannipieri, P. Methods in applied soil microbiology and biochemistry. Academic Press. San Diego, CA, USA.

Alef, K. 1995. Soil respiration p. 214- 219 In: Alef, K.; Nannipieri, P. Methods in applied soil microbiology and biochemistry. Academic Press. San Diego, CA, USA.

Allison, F.E. 1973. Soil organic matter and its role in crop production. Elsevier, New York, NY, USA.

Altieri, M.A. 1999. The ecological role of biodiversity in agroecosystems. Agriculture Ecosystem Environmental 74:19-31.

Anderson, J.P.E.; Domsch, K.H. 1985. Determination of ecophysiological maintenance for carbon requirements of soil microorganisms in a dormant state. Biology and Fertility of Soils 1, p. 81-89.

Anderson, T.H., Domsch, K.H. 1986. Carbon assimilation and microbial activity in soil. Journal of Plant Nutrition and Soil Science 149, 457-468.

Anderson, T.H.; Domsch, K.H., 1990. Application of eco-physiological quotients (qCO2 and qD) on microbial biomasses from soils of different cropping histories. Soil Biology and Biochemistry 22: 251-255.

Anderson, T.H.; Domsch, K.H., 2010. Soil microbial biomass: the eco-physiological approach. Soil Biology and Biochemistry 42: 2039-2043.

Bandick, A.K.; Dick, R.P. 1999. Field management effects on soil enzyme activities. Soil Biology and Biochemistry 31: 1471-1479.

Baldrian, P.; Voříšková, J.; Dobiášová, P.; Merhautová, V.; Lisá, L.; Valášková, V. 2011. Production of extracellular enzymes and degradation of biopolymers by saprotrophic microfungi from the upper layers of forest soil. Plant and Soil 338: 111-125.

Baretta, D. Fauna do solo e outros atributos edáficos como indicadores de qualidade ambiental em áreas com Araucaria angustifolia no Estado de São Paulo. 2007. 158 p. Tese (Doutorado em Solos e Nutrição de Plantas) - Escola Superior de Agricultura "Luiz de Queiroz", Universidade de São Paulo,

Piracicaba, 2007.

Baretta, D.; Santos, J.C.P.; Figueiredo, S.R.; Klauberg-Filho, O. 2005. Efeito do monocultivo de Pinus e da queima do campo nativo em atributos biológicos do solo no planalto sul catarinense. Revista Brasileira de Ciência do Solo 29: 715-724.

Bastida, F.; Moreno, J. L.; Hernández, T.; García, C. 2006. Microbiological activity in a soil 15 years after its devegetation. Soil Biology and Biochemistry 38: 2503–2507.

Bertini, S.C.B. Indicadores microbiológicos de qualidade do solo em Florestas de Araucária no Estado de São Paulo. 2011. 110 p. Tese (Doutorado em Microbiologia Agrícola) - Escola Superior de Agricultura "Luiz de Queiroz", Universidade de São Paulo, Piracicaba, 2011.

Bertini, S.C.B.; de Azevedo, L.C.B; de Carvalho M.I.; CARDOSO, E.J.B.N. 2014. Hierarchical partitioning for selection of microbial and chemical indicators of soil quality. Pedobiologia, DOI: 10.1016/j.pedobi.2014.06.001.

Bélenger, N.; Côté, B.; Fyles, J.W.; Courchesne, F.; Hendershot, W.H. 2004. Forest regrowth as the controlling factor of soil nutrient availability 75 years after fire in a deciduous forest of Southern Quebec. Plant and Soil 262:363-372.

Borneman, J.; Triplett, E.W. 1997. Molecular microbial diversity in soils from eastern Amazonia: evidence for unusual microorganisms and microbial population shifts associated with deforestation. Applied and Environmental Microbiology 63:2647–2653.

Bubb, K.A.; Xu, Z.H.; Simpson, J.A.; Safigna, P.G. 1998. Some nutrient dynamics associated with litterfall and litter decomposition in hoop pine plantations of southeast Queensland, Australia. Forest Ecology and Management 110: 343-352.

Burket, J.Z.; Dick, R.P. 1998. Microbial and soil parameters in relation to N mineralization in soils of diverse genesis under differing management systems. Biology and Fertility of Soils 27:430–438.

Cadillo-Quiroz, H.; Brauer, S.; Yashiro, E.; Sun, C.; Yavitt, J.; Zinder, S. 2006. Vertical profiles of methanogenesis and methanogens in two contrasting acidic peatlands in central New York State, USA. Environmental Microbiology 8:1428-1440.

Carvalho, F. Atributos bioquímicos como indicadores da qualidade de solo em florestas de *Araucaria angustifolia* (Bert.) O. Ktze. no estado de São Paulo. 2005. 95 p. Dissertação (Mestrado em Ecologia de Agroecossistemas) - Escola Superior de Agricultura "Luiz de Queiroz", Universidade de São Paulo, Piracicaba, 2005.

Clegg, C. D. 2006. Impact of cattle grazing and inorganic fertilizer additions to managed grasslands on the microbial community composition of soils. Applied Soil Ecology 31:73-82.

David, M.B., Mitchell, M.J., Nakas, J.P., 1982. Organic and inorganic sulfur constituents of a forest soil and their relationship to microbial activity. Soil Science Society of America Journal 46, 847-852.

De Boer, W.; Kester, R.A. 1996. Variability of nitrification potentials in patches of undergrowth vegetation in primary Scots Pine stands. Forest Ecology and Management 86:97-103.

DeLong, E. F.; N. R. Pace. 2001. Environmental Diversity of Bacteria and Archaea, Systematic Biology 50:1-9.

Dick, R.P., 1994. Soil enzyme activities as indicators of soil quality p. 107-124. In: Doran, J.W.; Coleman, D.C.; Bezdicek, D.F.; Stewart, B.A. eds., Defining Soil Quality for a Sustainable Environment. Soil Science Society of America. Madison, WI, USA.

Dick, R.P. 1997. Enzyme activities as integrative indicators of soil health p. 121-156. In: Parkhurst, C.E.; Doube, B.M.; Gupta, V.V.S.R. Biological indicators of soil health. CAB International, Oxon, UK.

Dick, W.A.; Tabatabai, M.A. 1992. Significance and potential uses of soil enzymes p. 95–225. In: Metting Jr, F.B. eds. Soil Microbial Ecology: Applications in Agricultural and Environmental Management.New York: Marcel Dekker, New York, NY. USA.

Dilly, O; Nannipieri, P. 2001. Response of ATP content, respiration rate and enzyme activities in an arable and a forest soil to nutrient additions. Biology and Fertility of Soils 34:64-72.

Fang, J; Chan, O; Kato, C; Sato, T; Peeples, T; Niggemeyer, K. 2003. Phospholipid fatty acid profiles of piezophilic bacteria from the deep sea. Lipids 38, 885-887.

Faoro, H. Determinação da biodiversidade de Archaea e Bacteria da Mata Atlântica Paranaense. 2006. 183 p. Dissertação (Mestrado em Ciências Bioquímicas) - Universidade Federal do Paraná, Curitiba, PR.

Feigl, B.J.; Sparling, G.P.; Ross, D.J.; Cerri, C.C. 1995. Soil microbial biomass in Amazonian soils: Evaluation of methods and estimates of pool sizes. Soil Biology and Biochemistry 27, 1467-1472.

Fierer, N.; Bradford, M.A.; Jackson, R.B. 2007. Towards an ecological classification of soil bacteria. Ecology 88:1354-1364.

Ford, D.J; Cookson, W.R; Adams, M.A.; Grierson, P.F. 2007. Role of soil drying in nitrogen mineralization and microbial community function in semi-arid grasslands of north-west Australia. Soil Biology and Biochemistry 39: 1557-1569.

Galand, P.E.; Fritze, H.; Conrad, R.; Yrjala, K. 2005. Pathways for methanogenesis and diversity of methanogenic Archaea in three boreal peatland ecosystems. Applied and Environmental Microbiology 71:2195-2198.

Garrity, G.M.; Bell, J.A.; Lilburn, T.G. Taxonomic outline of the Prokaryotes. Bergey's manual of systematic bacteriology, 2nd ed. Release 5.0. New York: Springer, 2004.

Gelsomino, A.; Azzellino, A. 2011. Multivariate analysis of soils: microbial biomass, metabolic activity, and bacterial-community structure and their relationships with soil depth and type. Journal of Plant Nutrition and Soil Science 174: 381-394.

Giller, K.E.; Beare, M.H., Lavelle, P.; Izac, A.M.N.; Swift, M.J. 1997. Agricultural intensification, soil biodiversity and agroecosystem function. Applied Soil Ecology 6:3-16.

Gliessman, S.R. 2001. Agroecologia: processos ecológicos em agricultura sustentável. 2 ed.,: Ed. Universidade/UFRGS, Porto Alegre, RS.

Grayston, S.J.; Prescott, C.E. 2005. Microbial communities in forest floors under four tree species in coastal British Columbia. Soil Biology and Biochemistry 37:1157– 1167.

Griffiths, R.; Whiteley, A.; O'Donnell, A.G.; Bailey, M.J. 2000. Rapid method for coextraction of DNA and RNA from natural environments for analysis of ribosomal DNA and rRNA-based microbial community composition. Applied and Environmental Microbiology 66:5488–5491.

Guckert, J.B.; Hood, M.A.; White, D.C. 1986. Phospholipid esterlinked fatty acid profile changes during nutrient deprivation of Vibrio cholerae: increases in the trans/cis ratio and proportions of cyclopropyl fatty acids. Applied and Environmental Microbiology 52:794–801.

Hackl, E.; Zechmeister-Boltenstern, S.; Bodrossy, L.; Sessitsch, A. 2004. Comparison of diversities and compositions of bacterial populations inhabiting natural forest soils. Applied and Environmental Microbiology 70:5057–5065.

Heipieper, H.J.; Meulenbeld, G.; Oirschot, Q.V.; de Bont, J.A.M. 1996. Effect of environment factors on trans/cis ratio of unsaturated fatty acids in Pseudomonas putida S12. Applied and Environmental Microbiology 62:2773– 2777.

Haack, S.H.; Garchow, H.; Odelson, D.A.; Forney, L.J.; Klug, M.J. 1994. Accuracy, reproducibility, and interpretation of fatty acid methyl ester profiles of model bacterial communities. Applied and Environmental Microbiology 60:2483–2493.

Henckel, T.; Jäckel, U.; Schnell, S.; Conrad, R. 2000. Molecular analyses of novel methanotrophic communities in forest soil that oxidize atmospheric methane. Applied and Environmental Microbiology 66:1801–1808.

Hugenholtz, P.; Pace, N. R. 1996. Identifying microbial diversity in the natural environment: a molecular phylogenetic approach. Trends in Biotechnology 14, 190-197.

Hu, C.; Ying-Chun, Q. 2011. Soil biological and biochemical quality of wheat-maize cropping system in long-term fertilizer experiments. Experimental Agriculture 47:593-608.

Ibekwe, A.M.; Kennedy, A.C. 1998. Phospholipid fatty acid profiles and carbon utilization patterns for analysis of microbial community structure under field and greenhouse conditions. FEMS Microbiology Ecology 26:151-163.

Jenkinson, D.S.; Ladd, J.N. 1981. Microbial biomass in soils: measurement and turnover p. 415–471. In: Paul, E.A.; Ladd, J.N., eds. Soil biochemistry. Marcel Decker, New York, NY, USA.

Kasel, S.; Bennett, L.T. 2007. Land-use history, forest conversion, and soil organic carbon in pine plantations and native forests of south eastern Australia. Geoderma 137: 401-413.

Kennedy, A.C.; Smith, K.L. 1995. Soil microbial diversity and the sustainability of agricultural soils. Plant and Soil 170:75-86.

Killham, K. 1994. Soil ecology.: Cambridge University Press, Cambridge, UK.

Kim, J. S.; Sparovek, G.; Longo, R.M.; Demelo, W.J.; Crowley, D. 2007. Bacterial diversity of terra preta and pristine forest soil from the Western Amazon. Soil Biology and Biochemistry 39: 684-690.

Klironomos, J.N. 2003. Variation in plant response to native and exotic arbuscular mycorrhizal fungi. Ecology 84:2292-2301.

Klose, S.; Moore, J.M.; Tabatabai, M.A. 1999. Arylsulfatase activity of microbial biomass in soils as affected by cropping systems. Biology and Fertility of Soils 29: 46-54.

Kotsyurbenko, O.R.; Chin, K.; Glagolev, M.V.; Stubner, S.; Simankova, M.V.; Nozhevnikova, A.N.; Conrad, R. 2004. Acetoclastic and hydrogenotrophic methane production and methanogenic populations in an acidic West-Siberian peat bog. Environmental Microbiology 6:1159-1173.

Lambais, M.R.; Cury, J.C.; Maluche-Baretta, C.; Bull, R.C. 2005. Diversidade Microbiana nos Solos: Definindo Novos Paradigmas. p. 43-84. *In:* Vidal-Torrado, P.; Alleoni, L. R. F.; Cooper, M.; Silva, A. P.; Cardoso, E. J.B.N, eds. Tópicos em ciência do solo. Sociedade Brasileira de Ciência do Solo, Viçosa, MG, Brasil.

Laverman, A.M.; Braster, M.; Röling, W.F.M.; van Verseveld, H.W. 2005.

Bacterial community structure and metabolic profiles in a forest soil exhibiting spatially variable net nitrate production. Soil Biology and Biochemistry 37:1581-1588.

Lechevalier, H.; Lechevalier, M.P. 1988. Chemotaxonomic use of lipids—an overview. p. 869–902. In: Ratledge, C.; Wilkinson, S.C. (Ed.). Microbial lipids. Academic Press London, UK.

Leckie, S.E. 2005. Methods of microbial community profiling and their application to forest soils. Forest Ecology and Management 220:88-106.

Lee, K.; Liu, C.; Anzai, Y.; Kim, H.; Aono, T.; Oyaizu, H. 2005. The hierarchical system of the 'Alphaproteobacteria': description of Hyphomonadaceae fam. Nov., Xanthobacteraceae fam. Nov. and Erythrobacteraceae fam. nov. International Journal of Systematic and Evolutionary Microbiology 55:1907-1919.

Luxhøi, J.; Fillery, I.R.P.; Recous, S.; Jensen, L.S. 2008. Carbon and N turnover in moist sandy soil following short exposure to a range of high soil temperature regimes. Australian Journal of Soil Research 46: 710-718.

Macalady, J.L.; Mack, E.E.; Nelson, D.C.; Scow, K. M. 2000. Sediment Microbial Community Structure and Mercury Methylation in Mercury-Polluted Clear Lake, California. Applied and Environmental Microbiology 66:1479-1488.

Maluche-Baretta, C.R.D. Diversidade microbiana em solos sob florestas de *Araucaria angustifolia.* 2007. 184 p. Tese (Doutorado em Solos e Nutrição de Plantas) - Escola Superior de Agricultura "Luiz de Queiroz", Universidade de São Paulo, Piracicaba, 2007.

Marshall, V.G. 2000. Impacts of forest harvesting on biological processes in northern forest soil. Forest Ecology and Management 133: 43-60.

Mercante, F.M.; Otsubo, A.A.; Garib, D.M.; Francelino, C.S.F.; Gancedo, M. 2004. Alterações na Biomassa Microbiana do Solo em Cultivos de Mandioca sob Diferentes Coberturas Vegetais. Dourados: Embrapa Agropecuária Oeste, Dourados, MS, BR.

Muñoz-Leoz, B.; Ruiz-Romera, E.; Antigüedad, I.; Garbisu, C. 2011. Tebuconazole application decreases soil microbial biomass and activity. Soil Biology and Biochemistry 43, 2176-2183.

Muyzer, G.; Dewaal, E. C.; Uitterlinden, A. G. 1993. Profiling of complex microbial populations by denaturing gradient gel-electrophoresis analysis of polymerase chain reaction- amplified genes-coding for 16S ribosomal-RNA. Applied and Environmental Microbiology 59:695–700.

Nannipieri, P.; Kandeler, E.; Ruggiero, P. 2002. Enzyme Activities and Microbiological and Biochemical Processes in Soil p. 1-34. In: Burns, R.G.; Dick, R.P. Enzymes in the environment. Marcel Dekker, New York, NY, USA.

Nannipieri, P.; Ascher, J.; Ceccherini, M.T.; Landi, L.; Pietramellara, G.; Renella, G. 2003. Microbial diversity and soil functions. European Journal of Soil Science 54: 655-670.

Nogueira, M.A.; Albino, U.B.; Brandão-Junior, O.; Braun, G.; Dias, M.F.B.A.; Duarte, R.T.D.; Gioppo, N.M.R.; Menna, P.; Orlandi, J.M.; Raimam, M.P.; Rampazo, L.G.L.; Santos, M.A.; Silva, M.E.Z.; Vieira, F.P.; Torezan, J.M.D.; Hungria, M.; Andrade, G. 2006. Promising indicators for assessment of agroecosystems alteration among natural, reforested and agricultural land use in southern Brazil. Agriculture, Ecosystems and Environment 115:237- 247.

Odum, E.P. 1969. The strategy of ecosystem development. Science 164, 262-270.

Oliveira, J.R.A.; Mendes, I.C.; Vivaldi, L.J. 2001 Carbono da biomassa microbiana em solos de cerrado: comparação dos métodos fumigação-incubação e fumigação-extração. Planaltina: Embrapa Cerrados, Planaltina, DF, BR.

O'Leary, W.M.; Wilkinson, S.G. 1988. Gram-positive bacteria. . p. 117–202. *In: Ratled*ge, C.; Wilkindon, S.C. eds. Microbial lipids. Academic Press, London, UK.

Øvreås, L. 2000. Population and community level approaches for analyzing microbial diversity in natural environments. Ecology Letters 3: 236-251.

Pereira, J.M.; Baretta, D.; Bini, D.; Vasconcellos, R.L.F.; Cardoso, E.J.B.N. 2013. Relationships between microbial activity and soil physical and chemical properties in native and reforested Araucaria angustifolia forests in the state of São Paulo, Brazil. R. Bras. Ci. Solo, 37:572-586.

Pereira, R.M. 2003. Diversidade bacteriana de um Latossolo sob cultivo intensivo e floresta através da análise metagenômica. 75 p. Dissertação (Mestrado em Microbiologia Agropecuária) - Universidade Estadual Paulista Júlio de Mesquita Filho, Jaboticabal, Brasil.

Petra, M.; David, C.; Ching, H.Y. 2004. Development of specific rhizosphere bacterial communities in relation to plant species, nutrition and soil type. Plant and Soil 261: 199-208.

Ratledge, C.; Wilkinson, S.G. 1988. Microbial lipids. Academic Press, London, UK.

Rawlings, D.E.; Dew, D.; Du Plessis, C. Biomineralization of metal-containing ores and concentrates. TRENDS in Biotechnology Vol.21 No.1 January 2003

Richardson, A.E.; Barea, J.M.; McNeill, A.M.; Prigent-Combaret, C, 2009 Acquisition of phosphorus and nitrogen in the rhizosphere and plant growth promotion by microorganisms. Plant and Soil 321: 305-339.

Röling, W.F.M.; Brito, I.R.C.; Swannell, R.P.J.; Haed, M.I. 2004. Response of community in beach sediments of spilled oil bioremediation. Applied and Environmental Microbiology 71:2614–2620.

Rosado, A.S.; Duarte, G.F. 2002. Utilização de eletroforese em gel com gradiente desnaturante (DGGE) e gel com gradiente de temperatura (TGGE) para estudar diversidade microbiana. p.97-128. *In: Melo*, I.S. ed. Recursos genéticos e melhoramento. Embrapa Meio Ambiente, Jaguariúna, SP, Brasil.

Rosselló-Mora, R.; Amann, R. 2001 The species concept for prokaryotes. FEMS Microbiology Review 25: 39-67.

Sandaa, R.A.; Enger, O.; Torsvik, V. 1999. Abundance and diversity of Archaea in heavy- metal contaminated soils. Applied and Environmental Microbiology 65:3293–3297.

Sasser, M. 1990. TN 101: identification of bacteria by gas chromatography of cellular fatty acids. Newark.

Schipanski, M.; Drinkwater, L.; Russelle, M. 2010. Understanding the variability in soybean nitrogen fixation across agroecosystem. Plant and Soil. 329, 379-397.

Sekiguchi, H. 2006. Yet-to-be culture microrganisms relevant to methane fermentation process. Microbes and Environments 21:1-15.

Sicardi, M.; Garcıa-Préchac, F.; Frioni, L. 2004. Soil microbial indicators sensitive to land use conversion from pastures to commercial Eucalyptus grandis (Hill ex Maiden) plantations in Uruguay. Applied Soil Ecology 27: 125- 133.

Silveira, E.L.; Pereira, R.M.; Scaquitto, D.C.; Pedrinho, E.A.; Val-Moraes, S.P.; Wickert, E.; Carareto-Alves; Lemos, E.G.M. 2006. Bacterial diversity of soil under eucalyptus assessed by 16S rDNA sequencing analysis. Pesquisa Agropecuária Brasileira 41:1507-1516.

Sotta, E.D.; Corre, M.D.; Veldkamp, E. 2008. Differing N status and N retention processes of soils under old-growth lowland forest in Eastern Amazonia, Caxiuanã, Brazil, Soil Biology and Biochemistry 40, 740-750.

Solórzano-Filho, J. A.; Kraus, J. E. 1999. Breve história das matas de araucária. p.37-40. *In Socied*ade brasileira para a valorização do meio ambiente - BIOSFERA (Rio de Janeiro, RJ), Forest 99. Rio de Janeiro, RJ, Brasil.

Sparling, G.P. 1997. Soil microbial biomass, activity and nutrient cycling as indicators of soil health p. 97-119. In: Pankhurst, C.; Doube B. M.; Gupta, V.V.S.R., eds. Biological indicators of soil health, Cambridge: CAB International. Cambridge, UK.

Schutter, M.E.; Dick, R.P. 2000. Comparison of Fatty Acid Methyl Ester (FAME) Methods for Characterizing Microbial Communities. Soil Science Society of America Journal 64:1659–1668.

Tabatabai, M.A. 1994. Soil Enzymes p. 778-833. In: Weaver, R.W.; Angle, S.; Bottomley, P.S.; Bezdicek, D.; Smith, S.; Tabatabai, A.; Wollum, A. eds. Methods Of Soil Analysis. Pt 2: Microbiological and biochemical properties. Madison: Soil Science Society Of America, Madison, WI, USA.

Torsvik, V.; Øvreås, L. 2002. Microbial diversity and function in soil: from genes to ecosystems. Current Opinion in Microbiology 5:240-245.

Turgay, O.C.; Erdogan, E.E.; Karaca, A. 2010. Effect of humic deposit (leonardite) on degradation of semi-volatile and heavy hydrocarbons and soil quality in crude-oil-contaminated soil. Environmental Monitoring Assessment 170:45-58.

Treusch, A.H.; Leininger, S.; Kletzin, A.; Schuster, S.C.; Klenk, H.; Schleper, C. 2005. Novel genes for nitrite reductase and Amo related proteins indicate a role of uncultivated mesophilic crenarchaeota in nitrogen cycling. Environmental Microbiology 7:1985–1995.

Valentine, D.L. 2007. Adaptations to energy stress dictate the ecology and evolution of the Archaea. Nature Reviews Microbiology, London 5:316–323.

Whittaker, R.H. 1969. New concepts of kingdoms of organisms. Science, 163:150-160.

Wilkinson, S.C.; Anderson, J.M.; Scardelis, S.P.; Tisiafouli, M.; Taylor, A.; Wolters, V. 2002. PLFA profiles of microbial communities in decomposing conifer litters subject to moisture stress. Soil Biology and Biochemistry 34:189-200.

Woese, C.R. 1987. Bacterial evolution. FEMS Microbiology Reviews 51:221- 271.

Zelles, L. 1999. Fatty acid patterns of phospholipids and lipopolysaccharides in the characterisation of microbial communities in soil: a review. Biology and Fertility of Soils 29:111– 129.

9

Rizobactérias promotoras do crescimento de plantas (RPCP) em Araucária

Carlos Marcelo Ribeiro, Marina M. Horta, Rafael L. de F. Vasconcellos, Rafaela Neroni, Daniel R. Lammel & Elke J.B.N. Cardoso

9.1 O que são RPCP?

O solo é habitado por uma enorme diversidade de micro-organismos que podem ser prejudiciais, neutros ou benéficos às plantas. Dentre as bactérias que beneficiam os vegetais, podemos destacar o grupo denominado de "Rizobactérias Promotoras de Crescimento de Plantas" (RPCP) ou Plant Growth Promoting Rhizobacteria (PGPR). Esse grupo é representado por bactérias de vida livre que podem se associar às raízes e favorecer o crescimento do sistema radicular e parte aérea das plantas. O termo PGPR foi proposto originalmente em 1978, por Kloepper & Schroth, estudiosos deste grupo de bactérias em culturas agrícolas.

9.2 Mecanismos de ação

O grupo das bactérias promotoras do crescimento pode beneficiar as plantas através de inúmeros mecanismos de ação, que podem ser diretos ou indiretos. Os mecanismos diretos de promoção do crescimento destas bactérias incluem a produção de substâncias que regulam o desenvolvimento da planta ou o aumento da disponibilização de nutrientes na rizosfera. Já os mecanismos indiretos são exercidos por meio da produção de substâncias que suprimem patógenos da rizosfera, ou ainda, pela privação de determinados elementos no solo, dificultando a absorção por outros grupos de micro-organismos.

Tabela 9.1- Mecanismos de promoção do crescimento em bactérias isoladas de raízes e rizosfera de ***Araucaria angustifolia.***

Mecanismos diretos	Mecanismos indiretos
Disponibilização de nutrientes (solubilização de fosfato e síntese de fosfatases)	Estimulação da micorrização
Produção de fitormônios (ácido indol-acético)	
	Produção de substâncias antimicrobianas e inibição de fungos fitopatogênicos
Fixação assimbiótica de nitrogênio	Produção de sideróforos
	Síntese de enzimas (quitinases, β-glucanases e celulases)

Fonte: Cardoso et al.(2011)

9.3 Mecanismos diretos de promoção do crescimento

9.3.1 Fixação Biológica de Nitrogênio (FBN)

O nitrogênio (N) é um elemento essencial para os organismos vivos. É constituinte de importantes moléculas, como aminoácidos e ácidos nucléicos, e a ciclagem deste elemento dentro dos ecossistemas é de vital importância para a sobrevivência e manutenção da vida. O nitrogênio presente nos ecossistemas é proveniente direta ou indiretamente do N2 atmosférico, o qual não pode ser assimilado diretamente pelos organismos vivos, com exceção das bactérias diazotróficas. Para que o N2 atmosférico seja incorporado aos ecossistemas é necessário que seja transformado, ou seja, fixado em forma absorvível pelos demais organismos (Moreira & Siqueira, 2006).

A fixação e incorporação de N nos sistemas ocorre por meio de três maneiras principais:

1- a incorporação por chuva, sendo que a fixação do N ocorre por descargas elétricas (raios e relâmpagos), 2- fixação artificial, realizada pelo homem através da produção de fertilizantes para fins principalmente agrícolas e 3- o mais importante em termos globais e de desenvolvimento na vida da terra, que é a fixação biológica, realizada por bactérias diazotróficas (Moreira & Siqueira, 2006).

Esse mecanismo de fixação biológica de N é um dos que mais se destaca na promoção de crescimento vegetal. Neroni & Cardoso (2007) e Ribeiro & Cardoso (2012) isolaram bactérias do solo e rizosfera de araucária e investigaram a fixação de nitrogênio. Nos dois trabalhos os autores encontraram indícios de fixação como o crescimento destas bactérias em meio de cultura livre de nitrogênio, aumento na quantidade de nitrogênio no meio de cultura e redução de acetileno, que é realizada pela mesma enzima responsável pela fixação de nitrogênio. Dentre as bactérias isoladas por Ribeiro e Neroni, os principais gêneros fixadores foram Bacillus, Burkholderia, Pseudomonas e representantes da família Enterobacteriaceae, todos já descritos anteriormente como sendo capazes de realizar a fixação biológica de nitrogênio.

Dentre as bactérias diazotróficas, destacam-se as associativas, as rizosféricas e os rizóbios. As bactérias associativas podem se associar com plantas, como endofíticos, ou vivendo na rizosfera de plantas. Já os rizóbios podem formar simbiose com as raízes de leguminosas (plantas da família Leguminosae-Fabaceae), formando nódulos.

9.3.1.1 Bactérias Associativas e Rizosféricas

A maioria das bactérias diazotróficas é de vida livre, ocorrendo em diversos ecossistemas. Algumas são encontradas em simbiose com várias espécies vegetais, enquanto outras estabelecem relações menos especializadas com plantas, sendo denominadas de associativas. Algumas bactérias diazotróficas podem, além de colonizar abundantemente a rizosfera, ocorrer endofiticamente, ou seja, invadir o córtex e colonizar tecidos internos em diversas espécies vegetais (Moreira & Siqueira, 2006).

Além da fixação biológica, outros efeitos benéficos são associados aos diazotróficos, como a produção de fitormônios, solubilização de fosfatos, controle biológico de organismos patogênicos, entre outros.

Como as espécies diazotróficas que se associam a plantas não leguminosas não formam estruturas anatômicas diferenciadas, como os nódulos das leguminosas, seu isolamento é feito colocando-se amostras de solo, rizosfera, raiz ou outro material vegetal em meios de cultura semi-sólidos sem adição de N, como o NFb, o LGI e o JNFb (Döbereiner et al., 1995). Espécies de bactérias diazotróficas associativas já foram isoladas de raízes e partes aéreas de gramíneas e palmeiras (Magalhães & Döbereiner, 1984; Döbereiner, 1992; Baldani et al., 1997; Fernandes et al., 2001; Sala et al., 2005), mandioca (Balota, et al., 1999), cafeeiro (Jiménez-Salgado et al., 1997; Estrada-de Los Santos et al., 2001) e fruteiras (Weber et al., 1999).

Ao contrário das plantas cultivadas, muito pouco é conhecido sobre a FBN e sobre bactérias diazotróficas associadas a espécies florestais como a araucária.

A FBN por bactérias de vida livre e bactérias associativas já foi demonstrada em solos com florestas por Limmer & Drake (1996). Em florestas com predominância de coníferas no Oregon, Estados Unidos, verificou-se a fixação de nitrogênio por bactérias encontradas em resíduos de madeira no solo e estas foram identificadas como pertencentes ao gênero *Azospirillum* em quase todas as amostras (Crawford et al., 1997). Rózycki et al. (1999) realizaram estudos sobre a ocorrência, identificação e potencial de atividade de nitrogenase, enzima responsável pela redução do N2, de bactérias diazotróficas no solo e nas raízes de Pinus (*Pinus sylvestris*) e carvalho (*Quercus robur*). A maioria das bactérias isoladas das raízes destas plantas pertencia aos gêneros *Pseudomonas* e *Bacillus* que apresentavam atividade da nitrogenase.

Neroni (2007) obteve 73 isolados de bactérias potencialmente diazotróficas a partir de amostras de solo e raízes de *A. angustifolia.* Destas, quatro mostraram a atividade da enzima nitrogenase *in vitro* pelo aumento da concentração do N-total no meio de cultivo e pela análise de redução do acetileno (Tabela 9.2). Estas pertecem a grupos genotípicos relacionados a bactérias diazotróficas e a rizobactérias promotoras do crescimento de plantas já descritas. Isto demonstra a importância potencial de bactérias diazotróficas em ecossistemas florestais, podendo contribuir para o crescimento de espécies nativas através da fixação de N2 e de outros mecanismos de promoção de crescimento que podem auxiliar no desenvolvimento de práticas de recuperação e conservação em Florestas de Araucária, evitando a sua extinção.

Tabela 9.2 - Concentração de nitrogênio total (N-total) em culturas puras de bactérias diazotróficas após 7 dias de crescimento em meio JNFb, LGI ou CC (Rennie, 1981), a 28°C, e atividade de redução de acetileno (ARA) nas mesmas, após 48 horas de crescimento em meio CC, a 28°C

Isolado	Taxonomia adotada	N-total* (%)		ARA* (ppm etileno h^{-1} $cultura^{-1}$)	
		JNFb	**LGI**	**CC**	**CC**
S32153	*Burkholderia* sp.	0,2135a	n.a.	0,2482b	25,40 a
S32154	*Pseudomonas* sp.	0,1407b	n.a.	0,2596b	22,19 a
S32155	*Brucella* sp.	0,1068b	n.a.	0,2648b	16,25 a
S32274	*Novosphingobium* sp.	n.a.	0,2189a	0,3712a	15,54 a
Controle	Sem inóculo	0,0999b	0,1550b	0,1544c	3,74 b
R33140**	*Pseudomonas* sp.	0,1004	n.a.	0,1532	2,84 b
C.V.%		15,97	2,02	8,65	13,45

(n.a.) não avaliado. * Médias de três repetições. ** Utilizado como controle negativo no ensaio de ARA por não ter apresentado aumento na concentração de N-total, não foi considerado na análise estatística de N-total. Médias seguidas pela mesma letra na coluna não diferem entre si pelo teste de Tukey ($P<0,05$).

9.3.1.2 Rizóbios

Dentre as bactérias diazotróficas, as mais estudadas pelo homem e que, aparentemente, possuem maior eficiência e importância quanto à fixação de nitrogênio são os rizóbios (Sprent, 2001). Estes micro-organismos, pertencentes ao filo Proteobacteria do domínio Bacteria, realizam simbiose com plantas da família Leguminosae (*syn.* Fabaceae), formando uma estrutura chamada nódulo, no qual ocorre a fixação biológica de nitrogênio.

O uso deste processo em sistemas agrossilvipastoris pode trazer vantagem econômica, que se dá pela redução ou isenção da aplicação de fertilizantes nitrogenados no plantio e cultivo das plantas. Um bom exemplo é aquele obtido no cultivo da soja (*Glycine max* (L.) Merrill), em que a inoculação por *Bradyrhizobium sp.* garantiu o suprimento adequado de nitrogênio para a cultura e causou reduções significativas nos custos de produção em relação ao suprimento químico por fertilizantes. Estima-se que no Brasil ocorra a economia de 2 bilhões de reais por ano devido ao uso desta tecnologia (Furtado, 2007), considerando-se apenas a cultura da soja.

Em ecossistemas naturais, a fixação biológica de nitrogênio apresenta grande importância, em especial a realizada por rizóbios em simbiose com leguminosas, estando inclusive relacionada à sustentabilidade de florestas (Franco & Faria, 1997; Zahran, 2001). As Florestas de araucária podem apresentar em sua composição algumas espécies de leguminosas florestais que merecem destaque, como a bracatinga (*Mimosa scabrella*), o angico (*Parapiptadenia rigida* (Bentham) Brenan) e o ingá (*Inga sessilis* (Vellozo) Martius), que, além de fixar nitrogênio, apresentam interesse para a silvicultura (Carvalho, 2007; Capítulo 4). Sendo assim, o estudo das leguminosas, da ocorrência de nodulação e da diversidade de rizóbios pode colaborar com um melhor entendimento do ciclo do nitrogênio em florestas de araucária e servir de base para melhores práticas de manejo destas florestas, para a recuperação de áreas degradadas ou para plantios com fins comerciais.

Inicialmente, acreditava-se que os rizóbios pertenciam exclusivamente ao filo Proteobacteria, sub-classe Alfaproteobacteria, ordem Rhizobiales. A partir da comprovação de que as bactérias da sub-classe Betaproteobacteria também são capazes de formar nódulos em leguminosas (Moulin et al. 2001, Chen et al., 2003) os termos α-rizóbios e β-rizóbios foram sugeridos para separação de bactérias pertencentes às sub-classes Alphaproteobacteria e Betaproteobacteria, respectivamente. Atualmente sabe-se que as leguminosas de Florestas de araucária se associam com Alpha e Beta- rizóbios. Em estudo no Parque Estadual Campos do Jordão, incluindo oito espécies de leguminosas nativas, Lammel (2007) isolou predominantemente *Burkholderia* spp. do interior de nódulos radiculares (Tabela 9.3).

Tabela 9.3 – Levantamento de rizóbios associados a leguminosas arbóreas nativas do Parque Estadual Campos do Jordão "em parênteses bactérias isoladas dos nódulos, mas ainda não confirmadas como simbióticas".

Leguminosa	Bactérias isoladas dos nódulos
Collaea speciosa	*Bradyrhizobium sp., Rhizobium sp., Burkholderia spp*
Galactia crassifolia	*Bradyrhizobium spp., Burkholderia spp.*
Mimosa dolens	*Burkholderia sp*
M. furfuracea	*Bradyrhizobium sp., Burkholderia sp. (Pantoea sp., Pseudomonas sp.)**
M. filipetiola	*Burkholderia spp. (Pantoea sp.)*
M. pilulifera	*Burkholderia sp. (Pantoea sp.)*
M. scabrella	*Burkholderia spp (Pseudomonas sp.)*
Mimosa sp	*Burkholderia sp.*

* Em parênteses bactérias não confirmadas como nodulantes. Fonte: Lammel (2007).

Ainda pouco se sabe sobre a contribuição específica de cada uma dessas associações planta/bactéria para o aporte total de nitrogênio nas Florestas de araucária. Estudos com plantio exclusivo de bracatinga (*M. scabrella*) mostram que o aporte pode chegar a 200 kg N ha-1 em um ano, mas não há dados sobre a contribuição em comunidades mistas de plantas.

O plantio de leguminosas em consórcio com a araucária pode favorecer o desenvolvimento e regeneração destas florestas, contribuindo com aporte de nitrogênio para o sistema. Como a araucária apresenta crescimento lento, o consórcio com outras espécies também favorece um rendimento econômico mais rápido, devido à possibilidade de exploração do plantio consorciado (EMBRAPA, 1982; Franco & Faria, 1997; Sprent, 2001). Além da escolha da leguminosa adequada, é imprescindível o conhecimento sobre as bactérias fixadoras de N a serem utilizadas, já que estas são fundamentais para que a fixação biológica de nitrogênio ocorra. Sendo assim, os rizóbios em simbiose com espécies de leguminosas podem ser utilizados em métodos de manejo de recuperação de áreas degradadas e para favorecer a regeneração de Florestas de araucária.

9.3.2 Solubilização de Fosfato

Além do N, outro nutriente limitante para o desenvolvimento da araucária é o fósforo. Esse elemento está presente na molécula de DNA e em outros componentes celulares, como a parede celular e a molécula de ATP, que é a moeda energética da célula. Esse elemento é encontrado no solo principalmente em formas não disponíveis para a absorção pelas plantas, estando ligado a moléculas orgânicas ou inorgânicas. O fósforo que está presente no solo, mas não disponível, é chamado de P fixado.

Existem bactérias que são capazes de disponibilizar o P para as raízes principalmente pela ação de ácidos orgânicos. Ribeiro & Cardoso (2012), ao investigar mecanismos de promoção de crescimento nos isolados rizosféricos de araucária, constataram que 96% das estirpes isoladas em meio de cultura King B, pertencentes aos gêneros *Enterobacter, Ewingella, Pseudomonas* e *Rahnella,* foram capazes de solubilizar fosfato de cálcio. Contudo, nenhum isolado pertencente ao gênero *Bacillus* foi capaz de solubilizar esta fonte inorgânica de P. Os autores relacionaram a solubilização de fosfatos com a produção de ácidos orgânicos e consequente diminuição do pH do meio de cultura que, ao final do crescimento bacteriano, apresentou valores entre 3,2 e 5,6.

Já a produção de fosfatases (Figura 9.1) foi encontrada tanto nos isolados pertencentes ao gênero *Bacillus* quanto aos outros acima mencionados. Levando em consideração todos os isolados, 85% deles foram capazes de produzir esta enzima responsável pela solubilização do fosfato orgânico, alguns deles liberando altas quantidades de fósforo disponível.

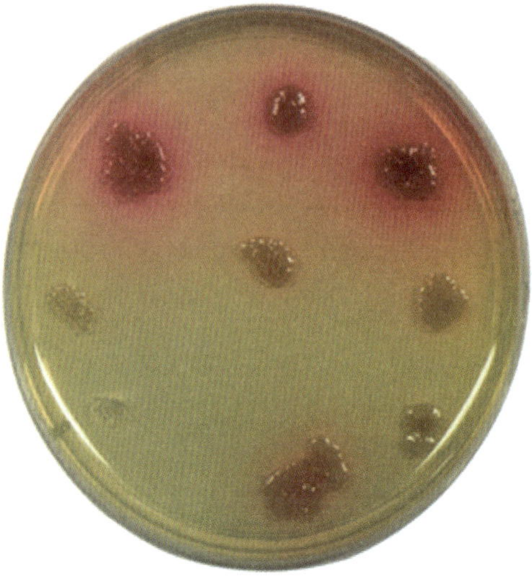

Figura 9.1 - Isolados bacterianos produtores de fosfatases apresentam um halo róseo ao redor das colônias. Meio de cultura TSA contendo difosfato de fenolftaleína (0,5%). As placas foram incubadas por 24-48 h a 28 °C. Para a confirmação do ensaio foram depositadas gotas de hidróxido de amônia (8,4%) na tampa das placas de Petri, procedendo-se a avaliação após 15 minutos.

9.3.3 Produção de fitormônios

A produção de fitormônios por micro-organismos já é estudada há algum tempo. São conhecidos micro-organismos capazes de produzir giberelinas, hormônios responsáveis pela germinação de sementes, além do alongamento e divisão celular; auxinas, como o ácido indol-acético (AIA), responsáveis pelo alongamento celular e regulador do crescimento vegetal; citocininas, que retardam o envelhecimento das plantas, estimulam as divisões celulares e o desenvolvimento das gemas laterais; ácido abcísico, responsável pelo fechamento de estômatos e envelhecimento de folhas, além da dormência de sementes e gemas; e o etileno, responsável pelo amadurecimento de frutos e abcisão de folhas. Além destes existem outros fitormônios menos estudados conhecidos como hormônios secundários como, por exemplo, o ácido jasmônico e estrigolactonas.

A produção de AIA por actinobactérias provenientes da rizosfera de *A. angustifolia* foi observada em 36% dos 103 isolados estudados (Vasconcellos et al., 2010), sendo que alguns isolados testados produziram AIA a concentrações próximas a 40 μg mL^{-1}. Os mesmos autores também destacam a importância de se utilizar diferentes meios de cultura para seleção de actinobactérias da rizosfera de araucária. As actinobactérias isoladas da floresta de aracuária foram capazes de promover o crescimento de mudas de *Pinus taeda*, mesmo na ausência de ectomicorriza, em condições experimentais controladas de casa de vegetação. Isso indica grande potencial de utilização desses isolados como biofertilizantes.

Ribeiro & Cardoso (2012) também detectaram em seus isolados a produção de ácido indol-acético (AIA), muitas vezes em níveis mais altos do que aqueles citados na literatura. O isolado *Enterobacter aerogenes* R43, por exemplo, foi capaz de produzir 126 μg mL^{-1} de AIA, em apenas 24 h de incubação, em meio de cultura LB líquido, demonstrando, assim, o potencial de determinados isolados bacterianos como promotores do crescimento em mudas de araucária. Estudos posteriores conduzidos em sistemas gnotobióticos demonstraram que tanto o AIA comercial, quanto o AIA produzido pelos isolados bacterianos promoveram o crescimento em plântulas de araucária. Esse favorecimento foi diretamente proporcional ao aumento das concentrações do hormônio avaliado. O incremento das plântulas foi constatado quando se aplicaram concentrações de AIA de até 90 μg mL^{-1} (Gumiere et al, 2014).

9.4 Mecanismos indiretos

9.4.1 Estimulação de micorrização

A araucária é uma espécie altamente dependente de fungos micorrízicos arbusculares (Moreira et al., 2006, Capítulo 7), principalmente em função de sua necessidade de P. Desta forma, a capacidade que alguns isolados bacterianos possuem de estimular a micorrização traz um grande benefício à araucária. No trabalho de Vasconcellos (2008), o contato de esporos de FMA (*Gigaspora rosea*) com metabólitos produzidos por actinobactérias estimulou a germinação dos mesmos (Figura 9.2). Já Miyauchi (2012) encontrou resultado diferente em experimento *in vitro,* com actinobactérias inibindo a germinação dos esporos de *G. rosea*. No entanto, em experimento *in vivo,* a micorrização em plantas inoculadas com actinobactérias foi maior do que em plantas não inoculadas com as bactérias.

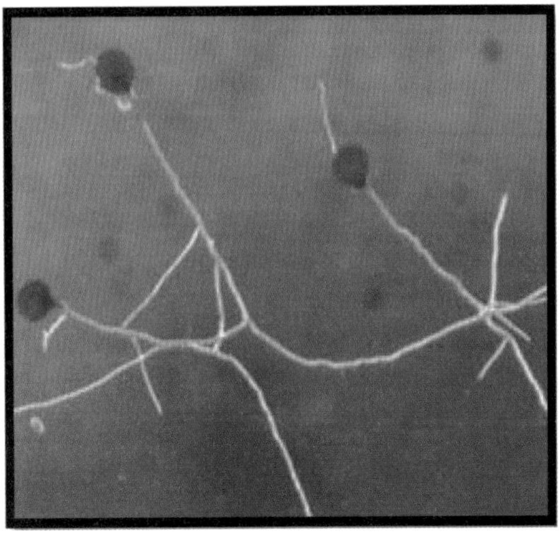

Figura 9.2 – Germinação de esporos de FMA (*Gigaspora rosea*) previamente desinfestados e incubados em phytagel 0,25% por 7 dias em contato com metabólitos de actinobactérias.

9.4.2 Produção de substâncias antimicrobianas

A produção de substâncias antimicrobianas pode ser benéfica para a planta, sendo considerada uma característica de RPCP a partir do momento em que estas substâncias atuam em outros micro-organismos que podem causar doenças às plantas e até mesmo a morte. São exemplos de substâncias antimicrobianas algumas enzimas produzidas por estas bactérias, como celulases, β-glucanases e quitinases, que atuam na destruição da parede de fungos, a produção de antibióticos, como estreptomicinas e muitas outras que são produzidas principalmente por bactérias da família Streptomycetaceae. A produção de ácido cianídrico, ainda, pode ocorrer durante o crescimento de fungos e bactérias, bem como a de vários antibióticos.

Vasconcellos & Cardoso (2009), Ribeiro & Cardoso (2012) e Miyauchi (2012) encontraram em seus trabalhos bactérias capazes de inibir o crescimento de fungos fitopatogênicos (Figura 9.3), como *Armillaria* sp., *Cylindrocladium candelabrum*, *C. pteridis* e *Fusarium oxysporum*, importantes patógenos causadores de apodrecimento das raízes, tombamento de plântulas, manchas foliares e cancros em diversas espécies vegetais, dentre as quais as coníferas (Auer et al., 2001; Lombard et al., 2009). No caso específico da *Armillaria* sp., alguns extratos contendo metabólitos de espécies do gênero Streptomyces, isoladas da rizosfera da araucária, foram capazes de inibir em 100 % o crescimento das rizomorfas (Figura 9.3), principal estrutura fúngica responsável pela infecção das plantas. A maioria dos isolados da rizosfera de araucária com atividade de biocontrole foi encontrada entre as Actinobactérias (Figura 9.4) e os gêneros Pseudomonas e Bacillus. Reconhecidos por suas atividades como PGPR no controle de patógenos, a presença desses grupos na rizosfera de araucária mostra o grande potencial existente nesses ambientes para o desenvolvimento de novas biotecnologias no controle de doenças de plantas. Em alguns isolados foi detectada a produção de substâncias como celulases, β-glucanases e quitinases (Vasconcellos et al., 2010, Miyauchi 2012).

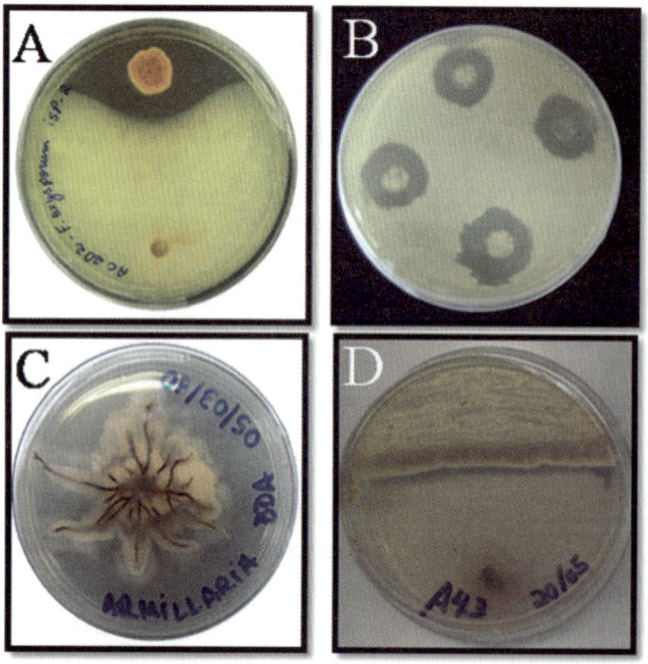

Figura 9.3 – Imagens de fungos fitopatogênicos e de sua inibição por actinobactérias isoladas da rizosfera de araucária. (A) inibicação do fungo patogênico *Fusarium* sp. pelo isolado Ac 202 em meio ISP2. (B) efeito do extrato obtido da colônia do isolado A43 sobre o crescimento de *Bacillus* sp. (C) Placa de petri contendo um isolado do fungo patogênico *Armillaria mellea,* apresentando a produção de rizormorfas em meio BDA. (D) inibição do fungo *A. mellea* em meio ISP2 pelo isolado A43. (fotografias: C.M. Ribeiro, M.Y.H. Miyauchi, R.Vasconcellos).

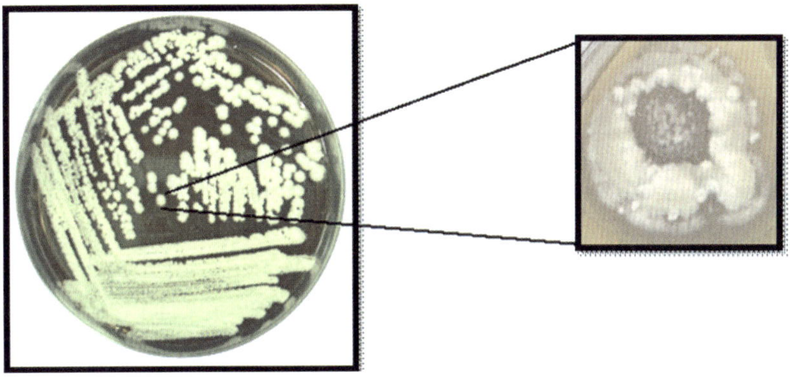

Figura 9.4 – Características de uma placa inoculada em estrias com inóculo de um isolado da actinobacteria A43, cultivada em meio ISP2 a 28 °C, proveniente da rizosfera de araucária. No recorte uma colônia do isolado A43 com maior aumento. Esse isolado se mostrou o mais promissor para o crescimento de planta e para o controle biológico de fungos patogênicos (fotografia: R.Vasconcellos, 2008).

9.4.3 Sideróforos

Os sideróforos são substâncias orgânicas de alto peso molecular que são capazes de se ligar ao ferro (Fe) existente no solo. Os sideróforos são substâncias cuja atuação pode ser classificada tanto em mecanismos diretos quanto em mecanismos indiretos de promoção de crescimento de plantas, pois a sua produção pode ao mesmo tempo disponibilizar Fe para as plantas e reduzir este nutriente para patógenos que estejam presentes no solo. Existem diversos tipos de sideróforos, produzidos por fungos e também pelas plantas. No caso dos sideróforos produzidos por fungos, estes têm menor afinidade ao Fe quando comparados aos de origem bacteriana. Desta forma, a produção de sideróforos por bactérias pode inibir o crescimento de fungos fitopatogênicos através da privação deste nutriente. A produção desta substância por isolados bacterianos foi verificada por Ribeiro & Cardoso (2012) e também por Miyauchi (2012), em alguns isolados dos gêneros *Bacillus, Enterobacter, Ewingella, Pseudomonas e Streptomyces.*

9.5 Conclusão e perspectivas futuras

Muitas bactérias com características de RPCP foram isoladas da rizosfera de *A. angustifolia.* Essas bactérias foram capazes de solubilizar fosfato, produzir fosfatases, sintetizar AIA, estimular a micorrização, liberar sideróforos e inibir fungos patogênicos a espécies arbóreas, especialmente coníferas. Desse modo, apresenta-se a importância de estudos detalhados desses isolados em testes *in vivo,* buscando-se a aceleração do crescimento de *A. angustifolia* em programas de produção de mudas e reflorestamento de áreas degradadas. Também surge a possibilidade de se empregar inoculantes com base em RPCP, como uma ferramenta complementar à nutrição e proteção vegetal, visando a redução da utilização indiscriminada de fertilizantes sintéticos e de agroquímicos, produtos que são geralmente prejudiciais ao ambiente.

Referências Bibliográficas

Auer, C.G.; Grigoletti Júnior, A.A.; Santos, A.F. 2001. Doenças em pinus: identificação e controle. Embrapa Florestas, Colombo, PR, Brasil.

Baldani, J. I.; Caruso, L.; Baldani, V.L.D.; Goi, R.S.; Döbereiner, J. 1997. Recent advances in BNF with non legume plants. Soil Biology and Biochemistry 29 (5/6): 911-922.

Balota, E.L.; Lopes, E.S.; Hungria, M.; Döbereiner, J. 1999. Ocorrência de bactérias diazotróficas e fungos micorrízicos arbusculares na cultura da mandioca. Pesquisa Agropecuária Brasileira 34 (7): 1265-1276.

Cardoso, E.J.B.N.; Vasconcellos, R.L.F.; Ribeiro, C.M.; Miyauchi, M.Y.H. 2011. PGPR in coniferous trees. p. 345-359. *In*: Maheshwari, D.K., ed. Bacteria in Agrobiology: Crop Ecosystems. Springer-Verlag, Heidelberg, Germany.

Carvalho, P.E.R. 2007. Espécies Florestais Brasileiras: Recomendações silviculturais, potencialidades e uso da madeira. Disponível em: http://www.cnpf.embrapa.br/pesquisa/efb/index_especies.htm. Acesso em: 23 fev 2012.

Chen, W.M.; Moulin, L.; Bontemps, C.; Vandamme, P.; Béna, G.; Boivni-Masson, C. 2003. Legume Symbiotic Nitrogen Fixation by β-Proteobacteria is widespread in Nature. Journal of Bacteriology 185 (24): 7266-7272.

Crawford, R.H.; Li, C.Y.; Floyd, M. 1997. Nitrogen fixation in root-colonized large woody residue of Oregon coastal forests. Forest Ecology and Management, Amsterdam 92 (1/3): 229-234.

Döbereiner, J. 1992. History and new perspectives of diazotrophs in association with non- leguminous plants. Symbiosis 13: 1-13.

Döbereiner, J.; Baldani, J. I.; Baldani, V.L.D. 1995. Como isolar e identificar bactérias diazotróficas de plantas não leguminosas. EMBRAPA, SPI, Brasília, DF.

EMBRAPA (Empresa Brasileira de Pesquisa Agropecuária). 1982. Associações biológicas entre espécies florestais e microorganismos para aumento da produtividade econômica dos reflorestamentos. 33-52 p. *In*:

Seminário sobre atualidades e perspectivas florestais. EMBRAPA- URPFCS, Curitiba, PR.

Estrada-de-los-Santos, P.; Bustillos-Cristales, R.; Caballero-Mellado, J. 2001. Burkholderia, a genus in plant-associated nitrogen fixers with wide environmental and geographic distribution. Applied and Environmental Microbiology 67 (6): 2790-2798.

Fernandes, M.F.; Fernandes, R.M.; Rodrigues, L.S. 2001. Bactérias diazotróficas associadas a coqueiros na região de baixada litorânea em Sergipe. Pesquisa Agropecuária Brasileira 36 (12):1509-1517.

Franco, A.A.; Faria, S.M. 1997. The contribution of N2-fixing tree legumes to the reclamation and sustainability in the tropics. Soil Biology and Biochemistry 29 (5/6): 897-903.

Furtado, R. 2007. A pesquisa que revolucionou a agricultura. Disponível em: http://www2.uol.com.br/sciam/conteudo/materia/materia_42.html. Acesso 23 fev. 2012.

Gumiere, T.; Ribeiro, C.M.; Vasconcellos, R.L.F.; Cardoso, E.J.B.N. 2014. Indole-3-acetic acid producing root-associated bacteria on growth of Brazil Pine (Araucaria angustifolia) and Slash Pine (Pinus elliottii). Antonie van Leeuwenhoek, 105:663 -669.

Jiménez-Salgado, T.; Fuentes-Ramírez, L.E.; Tapia-Hernández, A.; Mascarúa-Esparza, M.A.; Martínez-Romero, E.; Caballero-Mellado. J. 1997. *Coffea arabica* L.: a new host plant for *Acetobacter diazotrophicus* and isolation of the nitrogen fixing acetobacteria. Applied and Environmental Microbiology 63: 3676-3683.

Kloepper, J.W.; Schroth, M.N. 1978. Plant growth-promoting rhizobacteria on radishes. p. 879-882.*In:* International Conference on Plant Pathogenic Bacteria, 4. Angers. Proceedings... Angers: Institute National de la Recherche.

Lammel, D.R. 2007. Diversidade de rizóbios em Florestas de Araucária no Estado de São Paulo. Dissertação de Mestrado, Escola Superior de Agricultura Luiz de Queiroz, Universidade de São Paulo, Piracicaba, SP.

Limmer, C.; Drake, H.L. 1996. Nonsymbiotic N2-fixation in acid and pH-neutral forest soils: Aerobic and anaerobic differentials. Soil Biology and Biochemistry 28 (2):177-183.

Lombard, L.; Rodas, C.A.; Crous, P.W.; Wingfield, B.D.; Wingfield, M.J. 2009. *Calonectria* (*Cylindrocladium*) species associated with dying *Pinus* cuttings. Persoonia 23, 41-7.

Magalhães, F.M.M.; Döbereiner, J. 1984. Ocorrência de *Azospirillum amazonense* em alguns ecossistemas da Amazônia. Revista de Microbiologia 15: 246-252.

Miyauchi, M.Y.H. 2012. Biocontrole de fungos fitopatogênicos por actinobactérias isoladas de rizosfera de *Araucaria angustifolia.* Tese de Doutorado, Escola Superior de Agricultura Luiz de Queiroz, Universidade de São Paulo, Piracicaba, SP.

Moreira, F.M.S.; Siqueira, J.O. 2006. Microbiologia e bioquímica do solo. Editora UFLA Lavras, MG.

Moreira, M.; Baretta, D.; Tsai, S.M.; Cardoso, E.J.B.N. 2006. Spore density and root colonization by arbuscular mycorrhizal fungi in preserved or disturbed *Araucaria angustifolia* (Bert.) O. Ktze. ecosystems. Scientia Agricola 63 (4):380-385.

Moulin, L.; Munive, A.; Dreyfus, B.; Boivin-Masson, C. 2001. Nodulation of legumes by members of the β-subclass of Proteobacteria. Nature 411: 948-950.

Neroni R.D., Cardoso E.J.B.N. 2007. Occurrence of diazotrophic bacteria in *Araucaria angustifolia.* Scientia Agricola 64:303–304.

Neroni, R.F. 2007. Diversidade de bactérias diazotróficas associadas à *Araucaria angustifolia* no Estado de São Paulo. Dissertação de Mestrado, Escola Superior de Agricultura Luiz de Queiroz, Universidade de São Paulo, Piracicaba, SP.

Rennie, E.M. 1981, A single medium for the isolation of acetylene-reducing (nitrogen-fixing) bacteria in soils. Canadian Journal of Microbiology 27: 8-14.

Ribeiro C.M.; Cardoso E.J.B.N. 2012. Isolation, selection and characterization of root-associated growth promoting bacteria in Brazil Pine (*Araucaria angustifolia.*). Microbiological Research 167 (2): 69–78.

Rózycki, H.; Dahm, H.; Strzelczyk, E.; Li, C.Y.1999. Diazotrophic bacteria in root-free soil and the root zone of pine (*Pinus sylvestris* L.) and oak (*Quercus robur* L.). Applied Soil Ecology 12 (3): 239-250.

Sala, V.M.R.; Freitas, S.S.; Donzeli, P.; Freitas J.G.; Gallo, P.B.; Silveira, A.P.D. 2005. Ocorrência e efeito de bactérias diazotróficas em genótipos de trigo. Revista Brasileira de Ciência do Solo 29: 345-352.

Sprent, J. I. 2001.Nodulation in legumes. The Cromwell Press, Kew.

Vasconcellos R.L.F. Actinobactérias da rizosfera de *Araucaria angustifolia* com potencial biotecnológico. 2008. 73 p. Dissertação (Mestrado em Agronomia) – Escola Superior de Agricultura "Luiz de Queiroz", Piracicaba, SP.

Vasconcellos R.L.F.; Cardoso, E.J.B.N. 2009. Rhizospheric streptomycetes as potential biocontrol agents of *Fusarium* and *Armillaria* pine rot and as PGPR for *Pinus taeda*. BioControl54: 807–816.

Vasconcellos, R.L.F.; Silva, M.C.P.; Ribeiro, C.M.R; Cardoso, E.J.B.N. 2010. Isolation and screening for plant growth-promoting (PGP) actinobacteria from *Araucaria angustifolia* rhizosphere soil. Scientia Agricola 67 (6): 743-746.

Weber, O.B.; Baldani, V.L.D.; Teixeira, K.R.S.; Kirchhof, G.; Baldani, J.I.; Döbereiner, J. 1999. Isolation and characterization of diazotrophic bacteria from banana and pineapple plants. Plant and Soil 210 (6): 103-113.

Zahran, H. H. 2001. Rhizobia from wild legumes: diversity, taxonomy, ecology, nitrogen fixation and biotechnology. Journal of Biotechnology 91: 143-153.

10

Interações ecológicas

Priscila Trigo, Júlia Lima, Rafaela Neroni, Daniel Lammel & Elke J.B.N. Cardoso

10.1 Interações entre minhocas e fungos micorrízicos arbusculares (FMA)

A Floresta Ombrófila Mista, cuja principal representante é a araucária, é um ecossistema único na América do Sul, rico em espécies endêmicas e detentor de alta diversidade. Dentre a grande biodiversidade dos seus solos, as minhocas e os FMA podem ser considerados organismos chaves para a fertilidade do solo e o crescimento das plantas (Six et al., 2002). Através de mecanismos distintos, estes organismos edáficos atuam na ciclagem de nutrientes e nas propriedades físicas do solo. O estudo sobre as interações entre minhocas e FMA é importante dentro do conceito de qualidade e sustentabilidade dos solos (Karlen et al., 2001), mas ainda é pouco abrangente.

Os primeiros trabalhos sobre a interação entre os dois organismos demonstraram que as minhocas podem se alimentar de esporos e propágulos infectivos de FMA e estes permanecerem viáveis em seus coprólitos (Edwards & Bohlen, 1996). Desta forma, as minhocas atuariam como vetores de propágulos de FMA, aumentando, principalmente, a dispersão dos esporos no solo e podendo influenciar a taxa de colonização radicular pelos FMA (Tabela 10.1). Alguns estudos posteriores, no entanto, obtiveram resultados contrários, como o de Pattinson et al. (1997), que não observaram efeito da minhoca *Aporrectodea trapezoides* na dispersão de esporos do FMA *Glomus intraradices*, e relataram diminuição da colonização radicular pelo FMA em trevo (*Trifolium subterraneum*).

Tabela 10.1 - Trabalhos sobre os efeitos da interação entre minhocas e FMA na colonização radicular (CR) e produção de biomassa.

Artigo	Espécie minhoca	Espécie FMA	Espécie vegetal	CR*	Interação**
Azevedo, 2010	*Amynthas corticis*	*Gigaspora rosea*	*Araucaria angustifolia*	=	-
Milleret et al., 2009	*Allolobophora chlorotica*	*Glomus intraradices*	*Allium porrum*	<	-
Eisenhauer et al., 2009	*Aporrectodea caliginosa* e *Lumbricus terrestris*	*Glomus intraradices*	*Lolium perenne*, *Trifolium pratense* e *Plantago lanceolata*	=	N
Zarea et al., 2009	*Pheretima* sp.	*Glomus mosseae*	*Trifolium* spp.	>	+
Ortiz-Ceballos et al., 2007	*Balanteodrilus pearsei*	Não identificada	*Zea mays*	>	+
Ma et al., 2006	*Pheretima guillelmi*	*Glomus* spp.	*Leucaena leucocephala*	>	+
Yu et al., 2005	*Pheretima* sp.	*Glomus mosseae e G. intraradices*	*Lolium multiflorum*	>	+
Wurst et al., 2004	*Aporrectodea trapezoides*	*Glomus intraradices*	*Plantago lanceolata*	=	+
Tuffen et al., 2002	*Aporrectodea caliginosa*	Não identificada	*Allium porrum*	=	N
Brown et al., 2000	*Pontoscolex corethrurus*	Não identificada	*Brachiaria decumbens*	<, >, =	+, –
Patrón et al., 1999	*Pontoscolex corethrurus*	Não identificada	*Brachiaria decumbens*	<	+
Pattinson et al., 1997	*Aporrectodea trapezoides*	*Glomus intraradices*	*Trifolium subterraneum*	<	N

*Aumento (>), diminuição (<) ou manutenção (=) da taxa de colonização radicular (CR) na presença de minhoca; **Interação positiva (+), negativa (-) ou nula (N) em relação a maior, menor ou mesma produção de biomassa da planta, respectivamente.

Como as minhocas se deslocam pelo perfil, movimentam grande quantidade de solo (Scheu, 1987) e, determinadas espécies seletivamente se alimentam de micélio (Bonkowski et al., 2000). Em algumas situações, como condições experimentais em que há restrição de espaço e alimento, as minhocas podem causar danos físicos às hifas e diminuir a colonização radicular pelo FMA. Jasper et al. (1989) afirmam que os distúrbios mecânicos do solo reduzem a infecção das raízes pelas hifas de FMA. Outra hipótese que explicaria indiretamente o efeito negativo das minhocas na colonização radicular é o aumento na disponibilidade de nutrientes no solo proporcionado pela atividade das minhocas, que pode reduzir a dependência da planta à micorrização (Wurst et al., 2004).

Estudos recentes mostram que os efeitos da interação minhoca e FMA também podem ser observados no conteúdo total de nutrientes da solução do solo (Milleret et al., 2009) e no desenvolvimento das plantas, normalmente avaliado pela produção de biomassa da parte aérea e raiz. A Tabela 10.1 apresenta os resultados dos principais trabalhos sobre este assunto; a maioria deles mostra que o efeito da inoculação de minhocas e FMA em conjunto é favorável ao crescimento das plantas, mas alguns trabalhos obtiveram efeitos negativos ou nulo.

Milleret et al. (2009) apresentam três possíveis causas para os resultados contraditórios nos estudos de interação minhocas e FMA: a) as diferentes espécies de FMA, plantas e minhocas estudadas, visto que a simbiose FMA e planta pode ser mais generalista ou específica, e que as diversas categorias ecológicas das espécies de minhocas influenciam diferentemente os FMA e o crescimento das plantas; b) o estado nutricional do solo, principalmente em relação ao N e P do solo, pois em condições limitantes de P, os FMA têm efeito dominante no desenvolvimento vegetal ao aumentar a absorção de P da planta, enquanto que em situações onde o N é limitante, as minhocas desempenham o papel principal através da mineralização da MO e disponibilidade de N nas formas assimiláveis para a planta ($NH4^{+}$ e $NO3^{-}$); c) a duração e o delineamento experimental. Os autores também destacam a importância de mensurar os parâmetros físicos e químicos do solo quando se avalia as interações entre os organismos do solo e seus efeitos no desenvolvimento das plantas.

A fertilização com N, P e K também pode influenciar na interação entre os organismos. Brown et al. (2000) obtiveram resultados diferentes para colonização radicular e biomassa de planta, dependendo do tipo e quantidade de fertilizante aplicado. Em geral, as condições de disponibilidade de nutrientes, de forma balanceada, inibem uma boa colonização do FMA, ou até mesmo impedem que a simbiose se estabeleça, resultando em efeitos pouco expressivos na planta (Cardoso, 1985; Cardoso et al., 1986; Smith & Gianinazzi-Pearson, 1988; Nogueira & Cardoso, 2006).

Em mudas de araucária, o efeito da interação entre minhocas e FMA não se mostrou tão importante quanto o efeito da inoculação de somente FMA sobre o desenvolvimento vegetal; desde as primeiras semanas de experimento, os vasos inoculados somente com FMA apresentaram maior altura e ramificações das plantas (Figura 10.1).

Figura 10.1 - Mudas de araucária aos 60 dias após o transplantio. Controle: sem inoculação de FMA e minhoca; FMA+M: inoculação de FMA e minhoca. Foto: Azevedo, P.T.M.

A presença da minhoca *Amynthas corticis* diminuiu a taxa de colonização radicular avaliada aos 150 dias após o transplantio das mudas, provavelmente devido às condições experimentais, onde o espaço para as minhocas foi restrito e elas podem ter consumido ou danificado hifas e raízes, limitando o desenvolvimento dos FMA (Figura 10.2). No entanto, a densidade de esporos de *Gigaspora rosea* e os outros parâmetros vegetais avaliados (massa seca da parte aérea e raiz e concentração de fósforo e nitrogênio da parte aérea) não foram alterados na presença das minhocas.

Figura 10.2 - Sistemas radiculares de *Araucaria angustifolia* aos 150 dias após o transplantio das mudas. Foto: Azevedo, P.T.M.

A inoculação com FMA propiciou uma maior concentração de fósforo (P) na parte aérea das araucárias, principalmente na primeira avaliação do experimento, aos 150 dias após o transplantio (Figura 10.3).

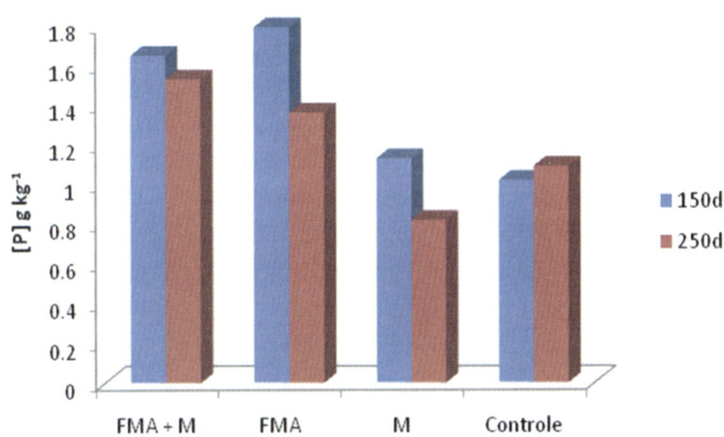

Figura 10.3 - Concentração de fósforo [P] da parte aérea vegetal (em g kg^{-1}) aos 150 e 250 dias após o transplantio de mudas de araucária (Azevedo, 2010). Controle: sem inoculação de FMA e minhoca; FMA+M: inoculação de FMA e minhoca; FMA: inoculação de somente FMA; M: inoculação de somente minhoca.

Ao final do experimento, as minhocas parecem ter reduzido o efeito positivo dos FMA na produção de biomassa da parte aérea das araucárias (Figura 10.4).

Figura 10.4 - Mudas de araucária aos 240 dias após o transplantio. CONTROLE: sem inoculação de FMA e minhoca; FMA+M: inoculação de FMA e minhoca; FMA: inoculação de somente FMA. Foto: Azevedo, P.T.M.

A espécie de minhoca utilizada neste estudo, *Amynthas corticis*, foi a mais abundante em áreas naturais preservadas com araucária (Baretta et al., 2007), o que justificou o seu uso, mas possui algumas características que podem ter limitado seus efeitos benéficos, como i) o tamanho grande (cada minhoca com, aproximadamente, dois centímetros) em relação à unidade experimental (vaso de dez litros), ii) a formação de galerias verticais e horizontais e iii) o possível consumo e dano às hifas e raízes. Provavelmente estas características não são limitantes no ambiente natural, o solo. Estudos que envolvam outras espécies de minhocas, principalmente as nativas e endogeicas, poderão esclarecer melhor o efeito da interação destes organismos edáficos nas araucárias.

Na produção comercial de mudas de araucária, a inoculação de minhocas do gênero Amynthas nos substratos não traria benefícios à atividade, pois o efeito da inoculação de somente minhoca foi nulo, não diferindo do tratamento controle. Já a inoculação de FMA aumenta o desenvolvimento vegetal da araucária em substratos pobres em fósforo e deveria ser utilizada no plantio em campo se existissem inoculantes desta natureza no mercado. Um estudo de viabilidade econômica também seria sugerido, embora o custo dessa tecnologia em geral seja muito baixo.

10.2 Interações entre FBN e FMA

Interações podem ocorrer na coinoculação de bactérias fixadoras de nitrogênio (FBN) e fungos micorrízicos arbusculares. Em geral, as interações observadas são indiretas, como por exemplo, a simbiose de bactérias FBN é dependente de fósforo, elemento que pode ser disponibilizado às plantas pelas micorrizas (Tajini et al., 2012). Outras interações podem ser diretas, como algumas bactérias que ajudam a colonização de FMA (Sundram et al., 2011). Segundo Crawford et al. (1997), a absorção seletiva de nutrientes propiciada pela micorriza e a exsudação pela planta de substâncias ricas em carbono, conjuntamente com a baixa tensão de oxigênio na micorrizosfera, propicia uma estimulação seletiva de bactérias fixadoras de N2 microaerofílicas e disponibiliza nitrogênio para as plantas.

Existem vários relatos dos efeitos benéficos propiciados pela interação FMA - bactérias diazotróficas (Clark et al., 1999; Bhowmik & Singh, 2004; Barea et al., 2005), principalmente com os FMA dos gêneros *Glomus* e *Acaulospora*, que são os mais eficientes e abundantes nos solos agrícolas (Graham & Abbott, 2000).

Pouco se conhece sobre estas interações em Florestas de Araucária. Discutiremos a seguir alguns experimentos realizados com Araucária e com leguminosas que crescem no sub-bosque dessas florestas.

10.2.1 Coinoculação de bactérias FBN e FMA em Araucária

Moreira-Souza et al. (2003) verificaram que a *A. angustifolia* é colonizada por FMA e ocorre grande diversidade de espécies a ela associadas em condições de floresta nativa (Capítulo 7). Neroni (2007), ao avaliar a ocorrência e diversidade de bactérias diazotróficas associativas em florestas de araucária, em três estados de conservação, recuperou 73 isolados bacterianos a partir de amostras de solo e raízes de *A. angustifolia*, dos quais quatro tiveram o caráter diazotrófico confirmado através do aumento na concentração de nitrogênio total e da análise de redução de acetileno (Capítulo 9).

De Lima et al. (2009) avaliaram o efeito de bactérias diazotróficas, obtidas por Neroni (2007), associadas à *A. angustifolia* sobre o crescimento e desenvolvimento de mudas desta espécie, na ausência e na presença de fungos micorrízicos arbusculares dos gêneros *Gigaspora rosea* e *Glomus clarum*. No experimento não se obteve efeito significativo (teste de Tukey $P<0.05$) da interação de bactérias diazotróficas e FMA na formação das mudas no período avaliado (8 meses), provavelmente por causa da grande variabilidade dos dados. Apesar disso, visualmente foi unânime o destaque no desenvolvimento das plantas nos tratamentos com coinoculação (Figura 10.5). A inoculação com somente bactérias diazotróficas não afetou significativamente o desenvolvimento das plantas, mas a inoculação só com fungos micorrízicos arbusculares influenciou no desenvolvimento das mudas, causando aumento do diâmetro, da produção de matéria seca da parte aérea e das raízes das plantas.

As raízes das mudas que foram inoculadas com FMA foram analisadas e não se conseguiu observar a colonização. Contudo, a presença de esporos no substrato comprova que ocorrera colonização radicular em um dado momento, provavelmente perto de 40 dias após o transplante, quando se observou que as plantas com FMA começaram a se ramificar, diferenciando-se das plantas sem FMA, que só iniciaram a ramificação aproximadamente um mês depois; isto além da diferenciação entre as plantas com e sem FMA em relação ao diâmetro do caule, medido no fim do experimento.

A presença de bactérias capazes de fixarem N2 na micorrizosfera demonstra a importância e o potencial das interações microbianas, podendo-se compreender melhor a ecologia na micorrizosfera de *A. angustifolia* e a capacidade funcional desses micro-organismos. Existem possibilidades de coinoculação, possibilitando múltiplos benefícios a esta espécie em perigo de extinção (Grayston et al., 1997). Mais informações são necessárias para transformar tais observações em técnicas de manejo no campo.

Figura 10.5 - Plantas de *Araucaria angustifolia*, na sequência: inoculação com isolado de bactéria diazotrófica (S32274 – Neroni, 2007) sem FMA; controle sem bactéria diazotrófica e sem FMA; inoculação com isolado diazotrófico e com FMA; sem bactéria diazotrófica, mas com FMA; sem bactéria e sem FMA, mas com N mineral, aos 334 dias após o transplante (observar o maior vigor da planta no terceiro vaso).

10.2.2 Coinoculação de rizóbios isolados em Florestas de Araucária e FMA em leguminosas arbóreas da floresta ombrófila mista.

O efeito de coinoculação de bactérias FBN e FMA em leguminosas, em geral, é sinérgico (Ding et al., 2012; Guo et AL., 2010; Tavasolee, et al., 2011; Ugwuoke & Eze, 2010), mas pode também ser neutro ou antagônico (Rydlová et al., 2011; Scheublin, et al., 2006).

Como existem poucos estudos sobre esta interação, ainda pouco se sabe sobre os efeitos em diferentes níveis de fertilidade e a interação com diferentes espécies de rizóbios, FMA e plantas.

Avaliou-se o efeito da coinoculação do β-rizóbio *Burkholderia* sp. e da espécie de FMA *Glomus clarum* em bracatinga (*M. scabrella*), em substrato deficiente em nitrogênio, em um experimento de vasos e a inoculação somente com FMA em outro, obtendo-se efeitos diferentes entre si.

No primeiro experimento, os resultados mostraram significante efeito da inoculação com rizóbio, que estava suprindo a escassez de nitrogênio, mas nenhum efeito do FMA no crescimento da planta (Tabela 10.2).

Tabela 10.2 – Efeito da coinoculação de micorriza e rizóbio em bracatinga, após 90 dias de crescimento.

Tratamento	Matéria Seca (g)		Eficiência
Adubação Nitrogenada	5.6	a*	100%
Burkholderia sp+ *G. clarum* **	4.0	b	71%
Burkholderia sp.	3.8	b	68%
Glomus clarum	2.6	c	46%
Controle negativo	2.7	c	48%

*** Médias na coluna seguidas de diferentes letras diferem estatisticamente pelo teste de Duncan ($p<0.05$). ** Não houve diferença significante entre níveis de colonização por FMA e entre número de nódulos nas plantas inoculadas com apenas um ou ambos os simbiontes.**

No outro estudo, envolvendo teste de FMA em bracatinga, em diferentes níveis de fertilidade, ficou evidente a importância de FMA, especialmente em baixa fertilidade (Lammel et al., 2009). A diferença entre as plantas micorrizadas e as não-micorrizadas foi de até o dobro do crescimento.

Estes experimentos preliminares mostram evidências de que ambos os simbiontes podem ser fundamentais para o desenvolvimento de leguminosas no sub-bosque de *A. angustifolia.* Futuros experimentos com diferentes espécies de plantas, micro-organismos e condições experimentais ajudarão a melhor entender as interações desses simbiontes com plantas de Florestas de araucária.

Referências Bibliográficas

Azevedo, P.T.M. 2010. Minhocas, fungos micorrízicos arbusculares e bactérias diazotróficas em mudas de *Araucaria angustifolia*. 76p. Dissertação (mestrado), Escola Superior de Agricultura "Luiz de Queiroz", Piracicaba, SP.

Barea, J.M.; Pozo, M.J.; Azcón, R.; Azcón-Aguilar, C. 2005. Microbial co-operation in the rhizosphere. Journal of Experimental Botany 56(417):1761–1778.

Baretta, D.; Brown, G.G.; James, S.W.; Cardoso, E.J.B.N. 2007. Earthworm populations sampled using collection methods in Atlantic forests with *Araucaria angustifolia.* Scientia Agricola 64:384-392.

Bhowmik, S.N.; Singh, C.S. 2004. Mass multiplication of AM inoculum: Effect of plant growth-promoting rhizobacteria and yeast in rapid culturing of *Glomus mosseae.* Current Science 86 (5):705–709.

Bonkowski, M.; Griffiths, B.S.; Ritz, K. 2000. Food preferences of earthworms for soil fungi. Pedobiologia 44:666–676.

Brown, G.G.; Trejo, D.; Lara, L. 2000. Interacción entre lombrices de tierra (*Pontoscolex corethrurus*) y los hongos micorrízicos arbusculares en la nutrición y producción del pasto *Brachiaria decumbens*. p. 16-38. *In:* Alarcón, A.; Ferrera-Cerrato, R., eds. Ecologia, fisiologia e biotecnologia de la micorriza arbuscular. Mundi Prensa, México D.F.

Cardoso, E.J.B.N. 1985. Efeito de micorriza vesículo-arbuscular e fosfato de rocha na simbiose soja-Rhizobium. Revista Brasileira de Ciência do Solo 9:125-130.

Cardoso, E.J.B.N; Antunes, V.; Silveira, A.P.D.; Oliveira M.H.A. 1986. Eficiência de FMA em porta-enxertos de citrus. Revista Brasileira de Ciência do Solo 10:25-30.

Clark, R.B.; Zeto, S.K.; Zobel, R.W. 1999. Arbuscular mycorrhizal fungal isolate effectiveness on growth and root colonization of *Panicum virgatum* in acidic soil. Soil Biology and Biochemistry 31:1757-1763.

Crawford, R.H.; Li, C.Y.; Floyd, M. 1997. Nitrogen fixation in root-colonized large woody residue of Oregon coastal forests. Forest Ecology and Management 92 (1/3):229-234.

De Lima, J. E.; Vasconcellos, R.L.F.; Cardoso, E.J.B.N. 2009. The tripartite symbiosis between diazotrophic bacteria, arbuscular mycorrhizal fungi and *Araucaria angustifolia* seedlings. In: International Conference on Mycorrhiza,. 6th International Conference on Mycorrhiza "Beyond the Roots", Belo Horizonte, MG.

Ding, X.; Sui, X.; Wang, F.; Gao, J.; He, X.; Zhang, F.; Gu, J.Y. 2012. Synergistic interactions between *Glomus mosseae and Bradyrhizobium japonicum* in enhancing proton release from nodules and hyphae. Mycorrhiza 22:51–58.

Edwards, C.A.; Bohlen, P.J. 1996. Biology and ecology of earthworms. Chapman & Hall, London, UK.

Eisenhauer, N.; König, S.; Sabais, A.C.W.; Renker, C.; Buscot, F.; Scheu, S. 2009. Impacts of earthworms and arbuscular mycorrhizal fungi (*Glomus intraradices)* on plant performance are not interrelated. Soil Biology and Biochemistry 41:561–567.

Graham, J.H.; Abbott, L.K. 2000. Wheat responses to aggressive and non-aggressive arbuscular mycorrhizal fungi. Plant and Soil 220: 207–218.

Grayston, S.J.; Vaughan, D.; Jones, D. 1997. Rhizosphere carbon flow in trees, in comparison with annual plants: The importance of root exudation and its impact on microbial activity and nutrient availability. Applied Soil Ecology 5:29-56.

Guo, Y.; Ni, Y.; Huang, J. 2010. Effects of Rhizobium, arbuscular mycorrhiza and lime on nodulation, growth and nutrient uptake of lucerne in acid purplish soil in China. Tropical Grasslands.44: 109–114.

Jasper, D.A.; Abbott, L.K.; Robson, A.D. 1989. Soil disturbance reduces the infectivity of external hyphae of VA mycorrhizal fungi. New Phytologist 112:91-99.

Karlen, D.L.; Andrews, S.S.; Doran, J.W. 2001. Soil quality: Current concepts and applications. Advances in Agronomy 74:1-40.

Lammel, D. R.; Mescolotti, D.L.C.; Sturmer, V.R.P.; Cardoso E.J.B.N. 2009. Eficiência simbiótica de FMAs em bracatinga (*Mimosa scabrella*) e maricá (*Mimosa bimucronata*) cultivadas em 2 níveis de adubação. Congresso Brasileiro de Ciências de Solo, Fortaleza, CE.

Ma, Y.; Dickinson, N.M.; Wong, M.H. 2006. Beneficial effects of earthworms and arbuscular mycorrhizal fungi on establishment of leguminous trees on Pb/Zn mine tailings. Soil Biology and Biochemistry 38:1403-1412.

Milleret, R.; Le Bayon, R.C.; Gobat, J.M. 2009. Root, mycorrhiza and earthworm interactions: their effects on soil structuring processes, plant and soil nutrient concentration and plant biomass. Plant Soil 316:1–12.

Moreira-Souza, M.; Cardoso, E.J.B.N. 2003. Practical Method for Germination of *Araucaria angustifolia (B*ert.) O. Ktze. Seeds. Scientia Agricola 60(2):389-391.

Neroni, R.F. 2007. Diversidade de bactérias diazotróficas associadas à *Araucaria angustifolia* no Estado de São Paulo. Dissertação de Mestrado, Escola Superior de Agricultura Luiz de Queiroz, Universidade de São Paulo, Piracicaba, SP.

Nogueira, M.A.; Cardoso, E.J.B.N. 2006. Plant growth and phosphorus uptake in mycorrhizal rangpur lime seedlings under different levels of phosphorus. Pesquisa Agropecuária Brasileira 41:93-99.

Ortiz-Ceballos, A.; Peña-Cabriales, J.; Fragoso, C.; Brown, G. 2007. Mycorrhizal colonization and nitrogen uptake by maize: combined effect of tropical earthworms and velvet bean mulch. Biology and Fertility of Soils 44:181–186.

Patrón, J. C.; Sánchez, P.; Brown, G. G.; Brossard, M.; Barois, I.; Gutiérrez, C. 1999. Phosphorus in soil and plants as affected by the geophagous earthworm *Pontoscolex corethrurus* and P fertilization. Pedobiologia 43:547-556.

Pattinson, G.S.; Smith, S.E.; Doube, B.M. 1997. Earthworm *Aporrectodea trapezoides* had no effect on the dispersal of a vesicular-arbuscular mycorrhizal fungi, *Glomus intraradices.* Soil Biology and Biochemistry 29:1079-1088.

Rydlová, J.; Püschel, D.; Sudová, R.; Gryndler, M.; Mikanová, O.; Vosátka, M. J. 2011. Interaction of arbuscular mycorrhizal fungi and rhizobia: Effects on flax yield in spoil-bank clay. Journal of Plant Nutrition and Soil Science174:128–134.

Scheu, S. 1987. The role of substrate feeding earthworms (Lumbricidae) for bioturbation in a beechwood soil. Oecologia 72:192–196.

Scheublin, T.; Heijden, M. 2006. Arbuscular mycorrhizal fungi colonize nonfixing root nodules of several legume species. New Phytologist. 172(4): 732-738.

Six, J.; Feller, C.; Denef, K.; Ogle, S.M.; Sa, J.C.D.; Albrecht, A. 2002. Soil organic matter, biota and aggregation in temperate and tropical soils – effects of no-tillage. Agronomie 22:755–775.

Smith, S.E.; Gianinazzi-Pearson, V. 1988. Physiological interactions between symbionts in vesicular-arbuscular mycorrhizal plants. Plant Molecular Biology 39:221-244.

Sundram, S.; Meon, S.; Seman, I.A.; Othman, R. 2011. Symbiotic interaction of endophytic bacteria with arbuscular mycorrhizal fungi and its antagonistic effect on *Ganoderma boninense.* Journal of Microbiology 49(4):551-7.

Tajini, F.; Trabelsi, M.; Drevon, J. 2012. Combined inoculation with *Glomus intraradices* and *Rhizobium tropici CIA*T899 increases phosphorus use efficiency for symbiotic nitrogen fixation in common bean (*Phaseolus vulgaris L.). S*audi Journal of Biological Sciences 19(2):157-163.

Tavasolee, A.; Aliasgharzad, N.; Salehi, G.; Mardi, M.; Asgharzadeh, A.; Akbarivala, S. 2011. Effects of Co-Inoculation with Arbuscular Mycorrhizal Fungi and Rhizobia on Fungal Occupancy in Chickpea Root and Nodule Determined by Real-Time PCR. Current Microbiology 63:107–114.

Tuffen, F.; Eason, W.R.; Scullion, J. 2002. The effect of earthworms and arbuscular mycorrhizal fungi on growth of and ^{32}P transfer between *Allium porrum* plants. Soil Biology and Biochemistry 34:1027-1036.

Ugwuoke, K.I.; Eze, S.C. 2010. The effect of mycorrhiza (*Glomus geosporum),* Rhizobium and *Meloidogyne incognita* on growth and development of cowpea (*Vigna unguiculata* L. Walp). Research Journal of Agriculture and Biological Sciences 6(6): 937-941.

Wurst, S.; Dugassa-Gobena, D.; Langel, R.; Bonkowski, M.; Scheu, S. 2004. Combined effects of earthworms and vesicular–arbuscular mycorrhizas on plant and aphid performance. New Phytologist 163:169–176.

Yu, X.; Cheng, J.; Wong, M.H. 2005. Earthworm mycorrhiza interaction on Cd uptake and growth of ryegrass. Soil Biology and Biochemistry 37:195-201.

Zarea, M.J.; Ghalavand, A.; Goltapeh, E.M.; Rejali, F.; Zamaniyan, M. 2009. Effects of mixed cropping, earthworms *(Pheretima* sp.), and arbuscular mycorrhizal fungi (*Glomus mosseae)* on plant yield, mycorrhizal colonization rate, soil microbial biomass, and nitrogenase activity of free-living rhizosphere bacteria. Pedobiologia 52:223-235.